环境景观设计实例与分析

张国栋　主编

黄河水利出版社

内 容 提 要

环境是人们赖以生存和发展的各种因素的总体。因此,为了改善人们的生存环境和提高人们的生活质量,对环境景观的设计和改造就显得尤为重要。本书对环境各个细部的设计方法进行了详细的叙述,同时辅助以大量、充分的实例使读者更深入地了解环境景观的具体设计方法和步骤,并积累丰富的设计经验。本书有很强的实用性和可操作性,对大中专院校园林设计及相关专业的师生,以及园林设计从业人员将会有相当大的帮助。

图书在版编目(CIP)数据

环境景观设计实例与分析/张国栋主编. —郑州:黄河水利出版社,2008.5

ISBN 978-7-80734-417-9

Ⅰ.环… Ⅱ.张… Ⅲ.景观—环境设计 Ⅳ.TU-856

中国版本图书馆 CIP 数据核字(2008)第 047897 号

策划编辑:余甫坤 电话:0371-66024993 E-mail:yfk7300@126.com

出 版 社:黄河水利出版社

地址:河南省郑州市金水路 11 号 邮政编码:450003

发行单位:黄河水利出版社

发行部电话:0371-66026940 传真:0371-66022620

E-mail:hhslcbs@126.com

承印单位:黄河水利委员会印刷厂

开本:787mm×1 092mm 1/16

印张:11.75

字数:271 千字 印数:1—3 100

版次:2008 年 5 月第 1 版 印次:2008 年 5 月第 1 次印刷

定价:23.00 元

编　委　会

前　言

随着我国经济的迅速发展，人们生活水平的逐步提高，生态环境也遭到了严重的破坏。因此，近些年来，全国各地掀起了争创园林城市、争创卫生城市的热潮，环境问题备受关注。

正是基于这种状况，各个农林院校的园林专业开始成为热门专业，园林专业设计及施工人员也变得炙手可热。然而要想设计出好的景观作品并非易事，专业人员必须经过对理论知识的熟练掌握和对实践经验的不断积累，二者缺一不可。由于园林设计专业队伍相对薄弱，有不少园林设计工作尤其是在中小城镇由其他行业人员兼职，因此影响了环境景观设计的质量，未能充分发挥环境景观建设的综合效益，也有的造成事倍功半、达不到预期目的之憾事。

为促进和帮助园林设计、景观设计人员及其爱好者了解并掌握环境设计的基本知识、技能和方法，本书详细介绍了环境设计的原则、规律以及基本方法，并对景观设计的各个要素进行了详尽的阐述，同时对各种环境下的优秀景观作品加以分析说明。编者在撰写过程中注重实用性，选择典型例子具体引路，做到图文并茂，剖析深入浅出，易懂易学，尤其是编者不仅分析了实例的成功之处，也指出了其中的不足，使读者对设计有更理性的认识。

为了编好此书，编者倾注了很多的心血，并参考了大量的文献资料，以使本书更加完善。但由于近些年来优秀的景观作品不断涌现，而一本书无法概全，因此不足之处在所难免，欢迎广大同行与读者批评赐教，以便今后改进。在此表示衷心感谢！

本书在编写过程中得到了许多同行的支持与帮助，借此表示感谢。由于编者水平有限和时间的限制，书中难免有错误和不妥之处，望广大读者批评指正。如有疑问，请登录 www.gclqd.com（工程量清单计价网）或 www.jbjsys.com（基本建设预算网）或 www.jbjszj.com（基本建设造价网）或发邮件至 dlwhgs@tom.com 与编者联系。

编　者

目　录

第一章　总　论

环境景观设计是以艺术设计学的设计方法为基础，对环境景观设计进行研究的一门新兴的边缘学科。它涉及到自然景观和人文景观以及相关领域的基本理论和设计方法。

环境景观设计是一门新兴的边缘学科，因此它的研究必然要涉及众多学科，如地理学、建筑学、城市设计、城市规划、设计美学、社会学、文化学、民族学、史学、宗教学、考古学以及心理学等方面。

环境景观设计研究中引入地理学研究的自然景观和人文景观的成果，尤其是地理学中的自然景观与人文景观所构建的许多科学概念及方法。它们是环境景观设计的基础之一。

环境景观设计中由于要涉及到大量有关自然地理和人文地理的研究理论，因此环境景观设计中吸收了与地理学有关的自然景观和人文景观的研究方法与成果。

第一节　环境以及环境景观的概念

环境，是指影响人类生存和发展的各种天然的及经过人工改造的自然因素的总体，包括大气、水、海洋、土地、矿藏、森林、草原、野生生物、自然遗迹、人文遗迹、自然保护区、风景名胜区、城市和乡村等。

这一定义把环境分为两大类：一类是“天然的自然因素总体”，即通常所说的自然环境，其特点是天然形成，无人工干预；另一类是“经过人工改造的自然因素总体”，即在天然的自然因素基础上，人类经过有意识的劳动而构造出的有别于原有自然环境的新环境。如人文遗迹、风景名胜区、城市和乡村等。

环境若按其构成因素的性质为依据进行分类，则可以分为自然环境、人工环境、社会环境三个组成部分。

自然环境是由山脉、平原、水域、水滨、森林、草原等自然形式和风、霜、雨、雪、雾、阳光等一系列自然现象所共同构成的系统。人工环境是指人主观创造的实体环境，由建筑物、构筑物及其他形式所构成的系统，包括它们所围合、限定的空间。社会环境是人类创造的非实体环境，由社会结构、生活方式、价值观念和历史传统等构成的整个社会文化体系。它往往存在于人们的头脑和思维之中，却又无时无刻不反映在社会生活的每个方面。

我们所生活的环境是三者共同作用所构成的。对于我们的生活环境而言，自然环境是其存在和发展的基础，人的创造活动是主要的动力源，而社会文化则是环境生成、变化的依据和背景。

环境景观是研究环境景观设计的基础。它研究地球表面自然现象和人文现象的形成，以及它们之间的相互关系和区域分异特点。

地理学中的景观概念是一个含义比较广泛的术语。对景观有几种理解：一是指某个区域的综合特征，包括自然、经济、人文等方面；二是指一般自然综合体或者一种区域单位，与综合自然区划分等级系统中最小一级的自然区域任何区域分类单位相当。

从人类开发利用和建设的角度出发，景观分为自然景观和人为景观。自然景观是天然景观和人为景观的自然方面的总称。天然景观是指只受到人类间接、轻微影响而原有自然面貌未发生明显变化的景观，如极地、高山、大荒漠、大沼泽和热带雨林等。人为景观是指受到人类直接影响和长期作用，而使自然面貌发生明显变化的景观，如城市、村镇等。人为景观也可称为文化景观，它们又可分为经济景观、宗教景观、聚落景观等。聚落景观包括建筑景观、村镇和城市景观等。

景观还可理解为景与观的统一体。“景”是指一切客观存在的事物，在词典中的“景”，有景物、景色、景象、风景等意思；“观”是指人对“景”的各种主观感受的结果，在词典中的“观”有观察、观测、观摩、观赏、观光等意思。

环境的概念和划分因学科而异，行为学的环境概念是指人类赖以生存的、从事生产和生活的外部客观世界。一般可划分为自然环境、社会环境和人工环境等。

自然环境是指山水、树木等自然物质形态以及风雨、地震等自然现象。

社会环境由人群构成，文化是其核心要素。美国学者索尔 1925 年在其《景观的形态》一书中，将文化定义为由于人类活动添加在自然景观上的各种形式，人类按照其文化的标准，对其天然环境中的自然和生物现象施加影响，并把它们改变成为文化景观。

人工环境以建筑环境为主体，由人工构筑物和建筑物构成。它是环境景观设计构成的主体。

环境与行为的关系，本质上是一种双向交互作用，环境必然会影响行为，对行为起到限定和促进作用，当然行为也反作用于环境，使环境发生改变。

地理学中的环境概念，是指围绕人类的自然现象的总体。人类的环境概念在不同的时期有不同的含义，可分为人类环境和地理环境。人类环境是指随人类社会和技术的进步而能达到的范围，其范围和内涵不断扩大。地理环境是指人类赖以生存和发展的基本环境，相当于地球表层的范围。地理环境分自然环境和社会文化环境。自然环境是由岩石、地貌、土壤、水、气候、生物等自然要素构成的自然综合体。社会文化环境是由人类社会本身所形成的一种地理环境。它包括人口、社会、国家、民族、语言、文化和民俗方面的地域分布，以及各种人群对周围事物的心理感应和相应的社会行为。

在地球表面各种自然景观和人文景观组成一个巨大的地表综合体。其具有的特征是，地球表面是由五个同心圈组成的整体。这五个圈层是人类圈、生物圈、水圈、岩石圈上部和大气对流层。每个圈层由不同的要素组成，在地表综合体中具有不同的功能。

人类圈形成于第四纪初。人类的出现对地球表面景观形成和发展具有极大影响，随着人类圈的扩大，改造自然景观和建造人文景观范围由局部逐步扩展到整个地球表面。

生物圈是有生命活动的圈层，包括植物、动物和微生物。它们不仅为人类生存与发展提供了物质基础，生物圈与其他圈层的交互作用，组成一个巨大的、复杂的自然综合体。

水圈主要由液态水组成，以海洋、陆地地表水和地下水为主。水圈是生物圈和人类圈得以生存与发展的基础，并且水圈为地球表面形成丰富的自然景观和人文景观提供了物质基础与条件。

岩石圈上部主要由固体物质组成,它是生物圈和人类圈赖以生存的场所,也是自然景观和人文景观形成固体物质的基础与条件。

大气对流层主要由气态物质组成,对地球表面其他圈层的性质和特征具有制约作用。其要素为气温、气压、风速、风向等,对自然景观和人文景观的形成有着密切的关系。

人文景观是环境景观设计研究的主要内容,在地理学中人文景观有广义与狭义之分。广义人文景观包括政治、经济等内容。而我们这里所提到的人文景观的概念是属于狭义的人文景观的一个分支,就是以人类居住聚落的人文景观研究为主线,它包含乡村、集镇、城市环境景观形态的形成、发展。

第二节 环境景观设计研究的目的

为了使人们对环境景观有着正确认识,方便人们合理地利用和开发,环境景观设计研究通过对环境景观的特性和特色构成的原因进行了解析,并在如何继承、保持和发展人文景观特色的基础上创造出具有连续性、持续性的新的环境景观,使生活空间形态、实体形态具有鲜明的个性和特色,使生活环境、景观空间形态保持多样性。以上是研究、学习环境景观设计的根本目的和出发点,而环境景观设计的核心就是以研究自然景观和人文景观构成为基础,使我们所生活的城市、乡村以及所有的环境景观具有鲜明的特色和个性。

特色的环境景观设计是成功的设计。环境景观特色,反映一个民族的特定历史和特定地区。环境景观特色在当地人民的社会生活、精神生活以及当地人民的习俗和生活情趣之中得以体现。不同的地区,环境景观特色具有不可替代的形态、形象和形式。它的形成主要受环境区域分异规律的影响。

环境景观特色易于在封闭环境中形成。同时,在封闭中也容易保持特色。社会不断发展,世界各个地区的环境景观相互模仿,尤其是在发展中国家,盲目地模仿发达国家文化景观,出现了"特色危机"。因此,保持环境景观多样性的任务更加艰巨。

中国现已公布了99座城市为历史文化名城。它们都具有很高的历史文化价值和艺术价值。根据它们的自身特色,可归纳如下:

(1)民族特色型城市:拉萨、大理等;

(2)中外交流型城市:武汉、上海、天津等;

(3)古都型城市:西安、洛阳、开封、南京等;

(4)江南水乡型城市:苏州、杭州等。

只有真正掌握环境景观设计研究的目的,才能设计出具有特色的成功作品。

第三节 环境景观区域分异规律

环境景观区域分异规律是导致环境景观形成不同特色的最基本规律。

人文景观是人文地理学研究的中心课题之一。它着眼于对人类文化区域活动的复杂体系组成的相互联系的研究。文化区域特征是由文化的各个方面的特征共同决定,也是以某种特定的文化体系为主的,它主要表现在建筑风格等物质形态之中。人文地理学一般将文化中的单个要素确定为人文景观特征。不同的文化综合体会有共同的文化特征存在,这就可能把某些文化综合体组成为文化体系。像我国的文化体系包括许多不同特征的文化综合体,并由牢固的文化键联成一体。

长期以来,地表上的文化景观,一直是环境景观设计研究的主要内容。一种文化显示出一个地区的特征,一种景观能反映、揭示出文化环境的特征。

环境景观的区域分异是地球表面最基本的特征。地球表面是不均一的层面,存在着明显的区域分异。造成环境景观区域分异的主要原因:①太阳能在地球表面分布的不均匀性,而太阳能分布的不均匀,直接影响气温、气压、风向、湿度和降水等气候要素的区域差异,进而造成植被、土壤的分布不均一;②控制海陆分布及其起伏、构造活动和岩浆活动过程的地球内能分布的不均匀性,而地球内能引起的区域分异,明显地表现在地球表面海陆分布的差异,这也是形成自然环境景观和人文环境景观基本分异的基础。

人类是在不同的自然地理环境中生存与发展的,因此人类的政治、经济、文化等社会活动也存在着明显的区域差异。

由于人类居住的建筑景观、乡村景观、集镇景观和城市景观以及民风习俗都互不相同,在地球不同的空间和区域中形成了不同的人文景观板块,具体如下:

人文景观板块
- 东亚人文景观:以儒教文化为中心
- 拉丁人文景观:以天主教文化为中心
- 南亚人文景观:以印度教文化为中心
- 阿拉伯人文景观:以伊斯兰教为中心
- 欧美人文景观:以基督教文化为中心

自然地理景观分异变化直接影响了人类环境景观变化,但环境景观变化也反作用于自然地理景观,两者是互相影响的。

第四节　环境景观设计的特点

环境景观设计将自然景观与人文景观,尤其是城市环境景观、建筑环境景观的设计作为我们环境景观设计研究的主要对象。它主要运用艺术设计方法研究环境景观的艺术创作与设计,同时它又联系建筑学、城市规划学、城市设计学、历史学、美学、心理学、宗教等内容。因而形成了环境景观设计的四个特点,即区域性、动态性、综合性及方法的多样性。

1. 环境景观设计的区域性

环境景观的区域性特点是研究获得自然景观和人文景观特色形成的重要手段与方法,具有积极意义。环境景观设计研究的区域性是由自然景观和人文景观空间分布的不均一所决定的,区域性特点是指地域分异规律在环境景观中的具体表现。因为不同地区存在不同的自然景观和人文景观形态,一种要素在一个地区呈现出的变化规律在另一个地区不可能是一样的。所以研究环境景观区域性特点时,要解析不同区域内部的结构,包括不同要素之间的关系及其在区域整体中的作用和区域之间的联系,以及它们之间在发展变化中的制约关系。

2. 环境景观设计的动态性

环境景观设计须以动态的观点和方法去研究,这是因为自然景观和人文景观特点是不断变化的,而动态性方法就是将环境景观现象作为历史发展的结果和未来发展的起点,研究不同历史时期环境景观现象的发生、发展及其演变规律,这是一种重要方法。

3. 环境景观设计的综合性

环境景观设计是一个多种要素相互作用的综合体,主要包括自然景观系统和人文景观系统,形成了环境景观设计研究的综合性特点。环境景观设计不仅要研究其各个要素,更重要的是把它作为统一的整体,综合地研究其组成要素及它们的组合关系。环境景观有其自身的复杂性,我们在对某一要素进行研究时,根据环境景观的不同对象特点,要运用不同的研究方法和设计方法。

4. 环境景观设计方法的多样性

环境景观设计方法的多样性,是由环境景观的复杂性决定的,它的研究主要采用实地考察的方法,包括实测、摄影、绘画等。

总之,环境景观设计特点应体现为"顺应自然、尊重历史、发展特色、整体设计、长期完善"的方针政策。

第二章　环境景观形成规律

环境景观设计主要是一种人工建造的空间或实体形态。这种景观形态必然要具备能够满足人们一定的使用功能和精神方面的需求。因此,环境景观就必然具有实用和艺术两种属性。而以政治、文化和纪念为主的环境景观,其精神性和艺术性的要求会更高。

人们在建造环境景观时,必然要涉及形式规律问题,这就需要运用形式美的规律来进行构思、设计并把它实施、建造出来。

形式美规律不同于审美观念。形式美应更具普遍性和共性。而审美观念具有较多的不确定因素,因为它会因时间、地区和民族的不同而产生比较大的差异。正像中国孔子所言,性相近,习相远。形式美是属于性相近的范畴,而审美则属于习相远的范畴。

一种美学理论认为,美是形式上特殊关系所造成的基本效果,如高度、宽度大小或色彩等要素。美寓于形式本身之中,是由它们激发起来的。美的感受是一种直接被形式造成的结果。柏拉图认为,合乎比例的形式是美的。这种美学思想在建筑设计领域中引起比例至上的观念。

另一种美学理论认为,无论艺术作品的美表现什么,只要这种表现十分得体,形式就是美的。黑格尔认为,以最完善的方式来表达最高尚的思想是最美的。而叔本华认为应把结构表现当做建筑艺术美的基础来看。从上可以看出不同的思维出发点产生不同的观点,下面介绍几种形式规律。

1. 多样与统一关系

纵观古今中外环境景观设计,无论形式有多么大的变化和差异,基本上都会自觉或不自觉地遵循形式美的规律,这就是多样统一的原理。

在统一中求变化,在变化中求统一的方法就是所谓的多样统一;相反,如果有多样性就会显得杂乱而无序,仅有统一性又显得呆板、单调,因此在一切艺术设计的形式中遵循这个规律非常重要。

只有通过影响环境景观形式美的要素去分析,才能构成环境景观形式上既多样又统一,实现多样统一环境景观中的主与从关系、韵律关系、对比关系,比例关系和尺度关系等都是影响其形式美的因素。

通过环境景观局部构件尺寸、形状、色彩之间的相似关系、共性关系可以将环境景观设计的统一性予以实现。

2. 主从关系

从不同时期环境景观设计实践来看,采用左右对称构图形式是比较普遍的。一主两从或多从的结构是对称的构图的主要表现形式,主体部分位于中央,其他形成陪衬。一般政治性、纪念性和市政交通环境景观宜采用这种形式,而非对称的形式比较自由、活泼。主从结构可以使环境景观形成视觉中心和趣味中心,产生强烈的视觉吸引作用。

3. 韵律与节奏

运用形式因素有规律地重复和交替来作为构图手段，在环境景观设计中比较常见。在城市道路环境景观中也常用重复和交替。

节奏是韵律的基础，排列是节奏的基础。一般认为具有良好的排列称为具有节奏感，同样认为具有良好的节奏称为具有韵律感。韵律和节奏在环境景观的竖向设计和平面设计的形态中有多种变化和体现。

不管形成何种节奏，排列皆具有间歇的相互交替。间歇是指过渡性空间，例如道路灯的排列关系、柱与柱之间的间距关系等。

4. 对比关系

环境景观对比关系有强弱对比、大小对比、色彩对比、几何形状对比等形式。

5. 比例与尺度

(1)环境景观比例

一个事物整体中的局部与自身整体之间的数比关系称为比例。比例是控制景观自身形态变化的最基本的手法之一。要想取得较好的景观视觉表现效果就要正确地确定景观比例。

景观性质和功能决定了环境景观的各个部分、各个尺寸有不同性质的关系。和谐的比例可以引起美感。古希腊的毕达哥拉斯学派认为，数是自然万物最基本的元素，一切现象都由数的原则统摄。这个学派运用此观点研究美学问题，探求音乐、建筑等艺术中何种数比关系能产生美的效果。他们提出了“黄金分割”概念。环境景观设计中，某种确定的数的制约及数比关系在任何组合要素本身或者是局部与整体之间都存在。但是人们在掌握这个制约和数比关系而能产生出的与自己时代、社会的理想化适应的美感形成成果的同时，它却又随着时代变化而发生变化。

(2)环境景观尺度

人与它物之间所形成的数比关系称为尺度。例如，人站在某个广场之中，此时人与广场便形成了一种尺度关系。

任何事物自身整体与自身局部之间的数比关系称为比例。以人的自身尺寸关系与其他物体尺寸之间所形成的特殊数比关系称为尺度。而特殊是指尺度必须是以人的自身尺寸作为基础。在环境景观设计中环境景观的尺度控制是非常重要和关键的。

第三章　环境景观设计的基本方法

1. 设计基本方法

为了使整个工程得以在预先设定的投资限额范围内，并使建成的环境景观可以充分满足使用者和社会所期望的各种要求，设计者按照建设任务书，把施工过程和使用过程中所存在的或可能发生的问题，事先做好整体的构思，是环境景观在改造之前的必做任务，还要定好解决此类问题的办法与方案，并用图纸和文件表达出来，作为备料、施工组织工作和各工种在制作、建造工作中相互配合协作的共同依据。

2. 设计程序和内容

在众多矛盾问题中，先考虑什么，后考虑什么，必须要有一个程序才能使环境景观设计顺利进行，达到事半功倍的效果。由一般环境景观设计实践的规律可知，环境景观设计程序应从宏观到微观、从整体到局部、从大处到细节，一步步深入。

环境景观设计可分为五个阶段：

(1)环境景观设计的搜集资料阶段；

(2)环境景观的初步方案阶段；

(3)环境景观的初步设计阶段；

(4)环境景观的技术设计阶段；

(5)环境景观设计的施工图和详图阶段。

1)环境景观设计的搜集资料阶段

了解并掌握各种有关环境景观的外部条件和客观情况：自然条件，包括地形、气候、地质、自然环境等，城市规划对环境景观要求，城市人文环境使用者对环境景观设计要求，尤其是对环境景观所应具备的各项使用要求，对经济估算依据和所能提供的资金、材料、施工技术和装备等，以及可能影响工程的其他客观因素，都必须在环境景观设计之前完成。此阶段，设计者要经常协助咨询、确定设计任务书，进行可行性研究，提出地段测量和工程勘察的要求，并落实一些建设条件等。

2)环境景观的初步方案阶段

设计者在考虑和处理环境景观与城市规划之间的关系（景观与周围建筑高低、体量的关系，景观对城市交通影响等关系）之前，要对环境景观的功能和形式安排有大概的布局。

3)环境景观的初步设计阶段

此阶段在整个环境景观设计过程中起着关键作用，也是整个设计构思基本成型的阶段。此阶段首先要考虑环境景观的合理布局、空间和交通联系的合理性、景观的艺术效果，还应该使结构与合理性相统一才能取得良好的艺术效果。因此，选择结构方式时应考虑坚固耐久、施工方便及造价的经济合理等因素。

4)环境景观的技术设计阶段

这是初步设计具体化，各种技术问题定案的阶段。技术设计的内容是环境景观的整体和各个局部的具体做法，各部分确切的尺寸关系、装修设计、结构方案的计算和具体内容。各种构造和用料的确定，各种技术工种之间矛盾的合理解决以及设计预算的编制等。

5)环境景观设计的施工图和详图设计阶段

施工图和详图的设计意图及全部设计结果，包括做法和尺寸等需通过图纸表达出来，从而作为工人施工制作的依据。这个阶段在设计工作和施工工作之间起着桥梁作用。施工图和详图必须明晰、周全、表达确切无误。由于施工图和详图工作是整个设计工作的深化和具体化，因此又可称为细部设计。构造方式和具体做法的设计，艺术上的整体与细部、风格、比例和尺度的相互关系主要是由它来解决的。整个环境景观的艺术水平在很大程度上受细部设计水平的影响。

第四章　环境景观设计各个要素的分析及应用

第一节　水　体

园林水体在环境景观设计中起着重要作用，它的用途非常广泛，可粗略归纳为以下九个方面。

1. 园林水体景观

以水体为题材的有喷泉、瀑布等，水成了园林的重要构成要素，无穷尽的诗情画意也油然而生。水也可在非常温状态下进行观赏，如冰雕、冰灯等。

2. 提供生活用水

生活用水中最值得回味的是品茗饮茶，由茶而引发茶圣陆羽在《茶经》中对水的评价："山水上，江水中，井水下"。

3. 提供生产用水

此范围很广泛，其中植物灌溉用水是最主要的。其次是生产养殖用水，如养鱼、蚌等。这两个方面与园林面貌和生产、经营是休戚相关的。

4. 改善环境、调节气候、控制噪音

具有医疗作用的矿泉水，具有清洁作用的负离子，都是不可忽视的。

5. 为观赏性水生动物和植物提供生长环境，为生物多样性创造必需的条件

天鹅、鸳鸯等的饲养和各种水生植物荷、芦苇等的种植。

6. 防灾用水

无论是救火还是抗旱都必需水。而城市园林水体，可救火备用，郊区园林水体、沟渠，又是抗旱天然管网。

7. 防护、隔离

如隔离河、护城河，最自然、最节约的方法就是以水面作为空间隔离。进一步来说，水面创造了园林迂回曲折的线路。隔岸相视，达到可望不可及的效果。

8. 汇集、排泄天然雨水

在认真设计的园林中利用此项功能，可以节省许多地下管线的投资，为植物生长创造良好的立地条件。相反，如果污水倒灌、淹苗，那么只会导致不好的结果。

9. 提供体育娱乐活动场所

如游泳、划船、溜冰等。还有现在休闲的焦点方式——冲浪、漂流、水上乐园等。

以上内容不能面面俱到，每处园林水体，都有其主要功能，其中园林景观的作用是最主要的，也是最普遍的。下面就从四个方面来论述水体景观的形成、工程设计、水质与水量的

要求及景观设计。

一、园林水体景观的形成

1. 常温下水是一种液体

水体无固定形状，而盛水物体的形状、水质和周围的环境，决定了水的观赏效果。

水姿及水的各种形状都和盛器密切相关。水姿由设计的盛器所决定，同时也和水本身的质地有关。由于不同的水体用途不同，对水质要求也不尽相同，一般情况下，要求水是透明、无色、无味的，但是污水就不是如此，它是景观的反面。特殊情况下，为了观赏也有人将水染色。水体观赏效果同时也会受到水体周围环境的影响，如风、温度、光线等。正如刮大风，波涛汹涌的水面又如何观赏倒影？遇温度下降，水就结成冰，湖面就变成了光滑耀眼的冰场，观赏的效果，使用的方向就截然不同。光线对水体观赏效果有着明显作用，众所周知白天和夜晚欣赏水景方式不同。夜晚时为了达到观赏效果，一般需要在水体中补充人工照明，而这时的效果常常比白天的最佳景观好。

2. 园林水体所依靠的盛器，有以下主要区别：

(1)自然状态下的水体。自然界的湖泊、池塘、溪流等，其边坡、底面均是天然形成未经人工加工。

(2)人工状态下的水体。喷水池、游泳池等，其侧面、底面均是在自然状态的基础上的人工构筑物。喷泉为人工状态下的水体，喷泉又因喷头不同而出现多种水姿，如图 4-1 所示为喷泉的几种喷头种类。除此之外，驳岸布置在人工水体中也很重要，如图 4-2 所示为水体的驳岸布置形式。喷泉的水姿形式见表 4-1。

正常条件下，大多数人都很容易区别不同的水体，并熟知它们的名称，如观鱼池、第一泉、彩色音乐喷泉等，但这仅仅是“说文解字”。并且上面所举的例子，也不是绝对的。城市广场的喷水池一般是人工构筑的，但日内瓦的 100m 喷泉，却是在湖中的。如何处置这个“盛器”在设计实践中却极易混淆，常有争执，尤其在自然式园林中。比如，在高级办公楼外的一段溪流，或在高层住宅区内的一段河水，选择做钢筋混凝土的底和驳，还是选择自然坡、泥底，总使开发商竭力思索。曾经有人在公园的自然河底铺砌混凝土板，做游泳池的构想。而最近有把一城市河流岸底封闭，来治理环境污染者，都是这方面的大胆尝试者。但结果都不是很成功，甚至是失败的。

二、水体的设计标高

如果水体的设计标高高于所在地自然常水位标高很多，同时此处土质疏松(砂质土)较难持水，那么为了保持水体有一个较为稳定的标高，达到景观设计要求，就必须构筑防水层。例如，新建的上海虹桥花园中的高水位水池。而低水池一般不是人工底的。

某些水体设计对水质有较高的要求，必须以过滤循环方式保持水质，或定期更换水体，如嬉水池、游泳池等。这时，为了与外界隔断就必须构筑防水层。大多数的音乐喷泉、游泳池、水上世界都是如此。

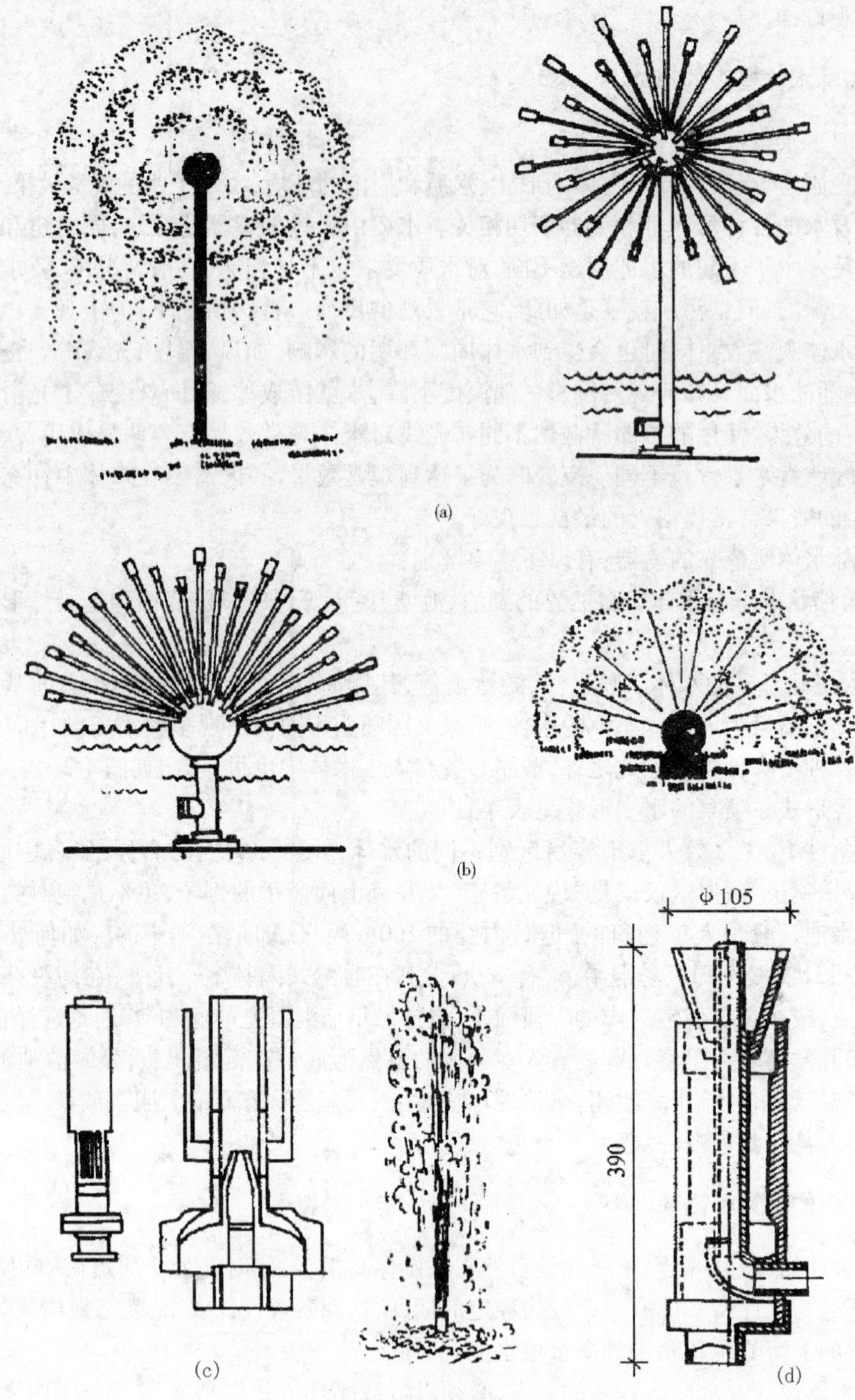

图 4-1　喷泉喷头种类

(a)球形蒲公英喷头;(b)半球形蒲公英喷头;(c)吸力喷头;(d)组合式喷头

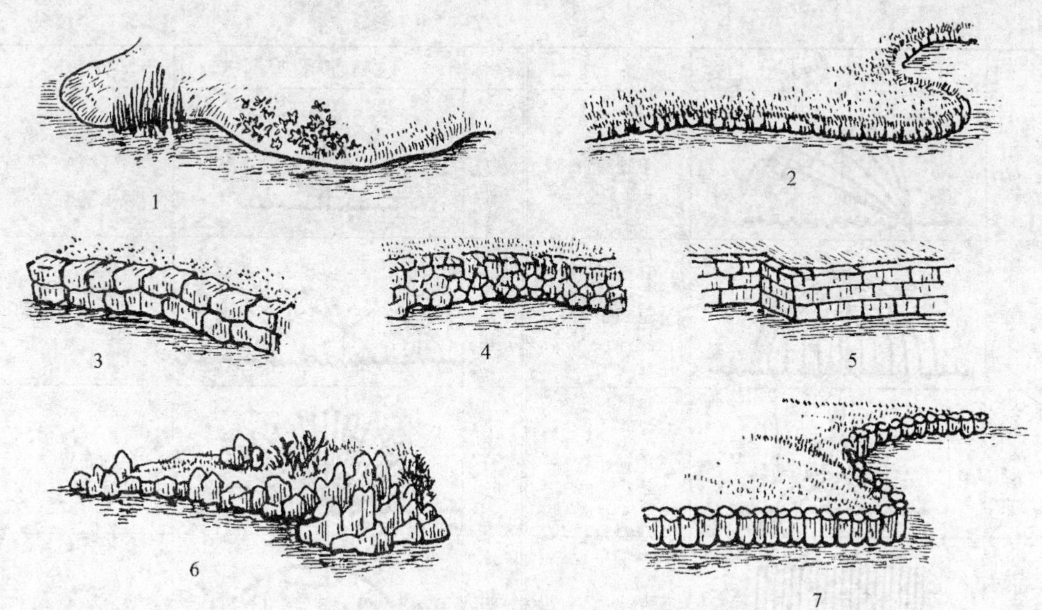

图 4-2　水体的驳岸布置

1—草坡;2—石块边沿上盖草皮;3—粗石块砌叠;

4—乱石砌筑;5—平整条石砌筑;6—天然岩石堆筑;7—木桩排列

表 4-1　喷泉的水姿形式

名称	喷泉水型	备　注	名称	喷泉水型	备　注
单射型		单独布置	圆柱型		在圆周上布置
拱顶型		在圆周上布置	编织型		在圆周上向内编织
屋顶型		布置在直线上	编织型		布置在圆周上向外编织
圆弧型		布置在曲线上	篱笆型		在直线或圆周上编成篱笆
喷雾型		单独布置	旋转型		单独布置

续表

名称	喷泉水型	备注	名称	喷泉水型	备注
扇型		单独布置	吸力型		有吸水型 吸气型 吸水气型
半球型	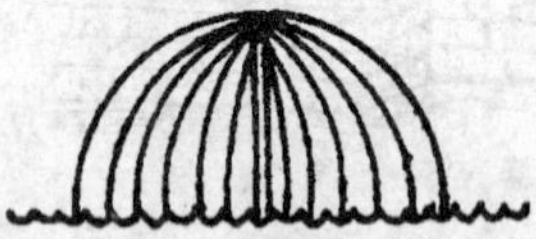	单独布置	洒水型		在曲线上布置
多层花型		单独布置	孔雀型		单独布置
水幕型		在直线上布置	牵牛花型		单独布置
向心型		在圆周上布置	蒲公英型		单独布置

三、水体外界的环境

有些水体附近有地下车库、商场、复杂管网等地下构造物,有些水体就在地下室的上空,为了减少水体渗漏对地下构造物的不利影响就必须设计人工防水层。目前在城市广场经常遇到类似情况。凡是有此种情况的自然式河道、溪涧,都做人工防水层。如图 4-3、图 4-4、图 4-5 所示为园林中的溪涧形态、瀑布及湖的布置情况。

有些水体周围有建筑、道路、密集人群,甚至土质不良,不能形成稳定的自然河坡,特别是大水面、针对主导风向的河坡。为了防止坍塌,水体四周必须构筑人工驳岸以保安全。

上海城市和园林内的许多水体,就是此种情况。但此时的河底究竟是采用自然的还是人工的,需根据上面的要求,不能一概而论。上海是水网地区,但是极大部分河流是自然底,须注意到这一点。

由上面三点要求可知,第一要强调水体的“量”。保持设计标高,实际是保持水量使其不受自然水位涨落的影响。第二要强调水体的“质”。因此,人工环境的水体必须要有一定的面积和容量限制,以控制工程造价和养护费用。一般状况下一个人工景观水体达到几千平方米已是非常大的了,如再大达到几万平方米,那么就称得上一个“湖”了,倒不如让其以自然面貌出现。第三要强调因地制宜,要根据水体的主要功能看周围的环境。

综上所述可知:园林水体能用自然的办法持水最好。一是取得生态平衡(这是非常重要的理念);二是节省投资和管理费用;三是无论怎样,人工水体总是沧海一粟,不必勉为其难。如果采用人工水体，只有严格控制其规模，才不致背上一个旷日持久的包袱，甚至一个城市也为一座喷泉叫苦不迭，何况其使用频率一年中极少超过 1/100。

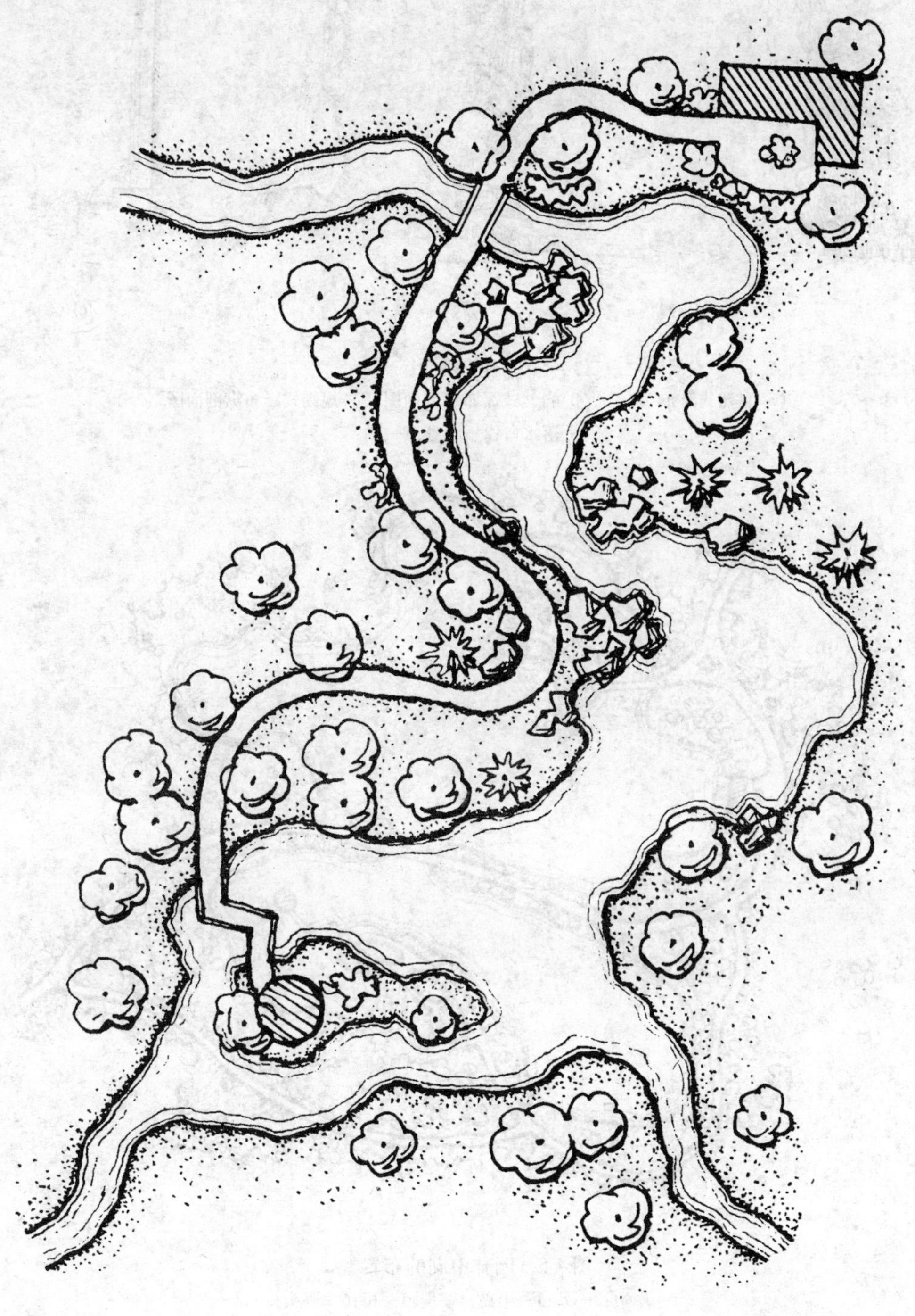

图 4-3　溪涧形态平面图

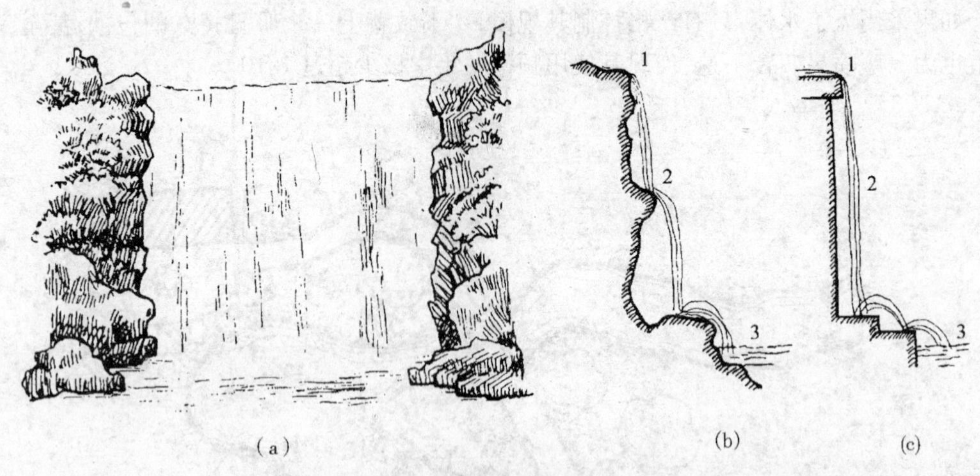

图4-4 瀑布

(a)自然式瀑布立面图;(b)自然式瀑布纵剖面图;(c)规则式瀑布纵剖面图

1—落水口;2—瀑身;3—潭

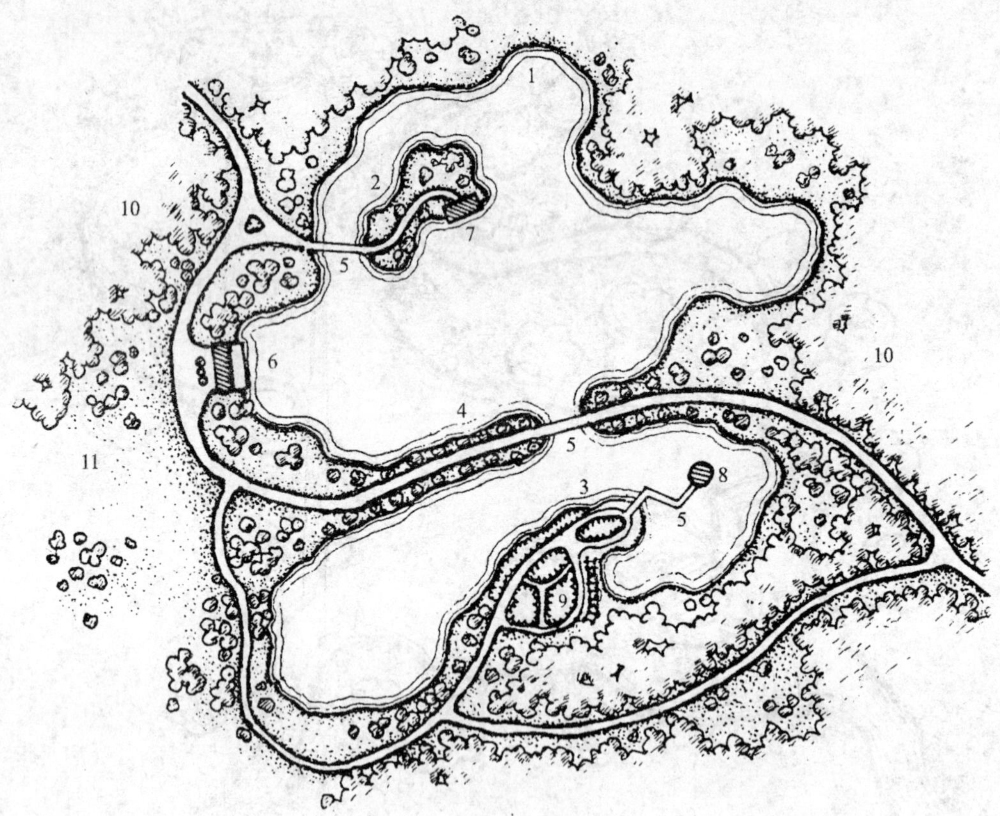

图4-5 园林中湖的布置

1—岸边;2—岛;3—半岛;4—堤;5—桥;6—码头;

7—水榭;8—湖心亭;9—花园;10—森林;11—草地

第二节　植　物

一、树种选择原则

绿化效果是否能达到四季常青、三季有花、郁郁葱葱的效果，关键看树种选择是否得当。如选用恰当，就能够持续多年不衰，环境效益、生态效益越来越好。树种选择的总原则就是要根据当地的气候、土壤条件做到适地适树。以当地树种为主，边缘树种为辅，切忌种植与当地条件差异较大的树种。具体有以下几个方面：

（一）病虫害少或容易防治。

（二）发芽早、落叶迟，可以有较长绿色期。如馒头柳、旱柳、金丝柳（均应选用雄株）、迎春、金银木等（包括常绿针、阔叶树）。

（三）花繁叶茂、花期长。如紫薇、月季等。

（四）不落果、不飞絮、不污染环境。

（五）耐干旱、耐瘠薄土壤。如刺槐、椿树、白蜡等。

（六）寿命长、不需短期更换。如银杏、楸树、槐树、栾树等。

（七）管理粗放，耐践踏的草坪、草种。

二、按栽植地点及应用的树种分类

（一）适宜开阔地栽植的针叶树种

油松、马尾松、黑松、华山松、白皮松、杜松、雪松、龙柏、圆柏、偃柏、香柏、花柏、万峰柏、樟子松、蜀桧、金钱松等。

（二）适合华北、中原地区居住区栽植的常绿阔叶树种

锦熟黄杨、大叶女贞、枇杷、广玉兰、枸橘、大叶黄杨、刺桂、蚊母、火棘、枸骨、夹竹桃、南天竹等。

（三）适合草坪等开阔地栽植的观彩色叶树种

元宝枫、黄栌、紫叶李、红叶桃、紫叶小檗、金叶女贞、金叶接骨木、金叶桧、银杏、柿子、枫香、乌桕、红枫、山麻杆等。

（四）起防护作用的复层混交林树种

毛白杨、立柳、刺槐、加杨、臭椿、绒毛白蜡、银杏、悬铃木、栓皮栎、金银木、海州常山、丁香、小叶女贞、雪柳、天目琼花、核桃等。

（五）冠大荫浓的庭院树种

银杏、垂柳、立柳、馒头柳、榉树、悬铃木、栾树、合欢、臭棒、银杏、元宝枫、枫香、乌桕、楝树、朴树、楸树、鹅掌楸、水杉等。

（六）适合作地面覆盖的木本地被树种

偃柏、铺地柏、铺地龙柏、蔷薇、平枝栒子、常春藤、叉子圆柏、金银花、微型月季、华北香薷等。

(七)适宜居住区的草坪植物

羊胡子草、白三叶、结缕草、剪股颖、黑麦草、野牛草、细叶麦冬等。

(八)适合作花篱的落叶、半落叶花灌木的树种

枸橘、花石榴、枸骨、刺桂、小叶女贞、水蜡、天目琼花等。

(九)适合作绿篱的树种

侧柏、大叶黄杨、珊瑚树、锦熟黄杨、长白侧柏、杜松、圆柏等。

(十)适合作垂直绿化的树种

三叶地锦、紫藤、木香、藤本月季、十姊妹、金银花、南蛇藤、常春藤、扶芳藤、葡萄、野葡萄、五叶地锦、啤酒花、铁线莲、薛荔等。

三、园林植物的配置

种植设计的基础内容就是植物的配置。植物配置的原则是根据园林的功能、艺术构图和生物学特性的要求使三者紧密结合,以达到植物造景的目的。植物配置的基本组合形式有下列几种。

(一)孤植

孤植就是单独1株,或为了构图需要,增强其雄伟感,将2~3株同一树种紧密地种植在一起,或是南方自然生长的丛生竹,形成一个单元,如同一株丛生树干。

孤植应选用高大、茂密、树姿优美,或开花繁茂、香味浓郁,或叶色具有丰富的季相变化的树种,主要表现个体美。例如银杏、丛生竹、栾树、白皮松、油松、香樟、雪松、广玉兰等。

开阔的草坪、道路的转折点、林中空地等处常用孤植。孤植树本身就形成一个构图中心,视线的焦点。古典园林中孤植树也常与山石、亭台、蹬道相结合,起到陪衬作用。

(二)对植

对植就是两株相同的树种对应地种植在构图轴线两侧。对应关系有对称和不对称两种。

对称栽植是指在规则式的构图中,如对称式的大门前、庭院正房两侧等处,两株树应该体量、高矮、繁茂程度一致,达到均衡齐整的效果。

非对称栽植是指在非对称式建筑两侧,或一组山石两侧,选择同一树种的两株树。宜用树姿、形体大小有所差异,相对而立,又可相互呼应,顾盼有情,追求动势相向的效果。

(三)丛植

二株以上至八九株树相组合,形成群体美。如加上低矮的灌木相衬托,总数可达十余株,这种栽植形式称为丛植,如图4-6所示。

1. 2株一丛

两株树紧靠,形成一个单元,与对植中两株遥遥相对的不同。2株一丛栽植,两株树必须既有调和又有对比。二者的大小、姿态有所差异,种在一起,彼此相互联系,或一俯一仰,或一倚一直,或一向左一向右。两株的距离应不大于且不等于两株树冠的半径之和,否则就构不成一丛了。

2. 3株一丛

3株树的搭配宜为大小、姿态不同的同一树种。搭配的原则是3株树要形成一个不等边或等腰三角形。其中最大和最小的靠近为一组,中间大的离远一些作为呼应,形成一个完整的构图。如选用两种不同的树种,应同为一类树种。如同为落叶乔木、或落叶灌木、或常

绿乔木等。这种搭配组合宜使大者与小者为同一树种，中间为另一树种，才能形成既统一又有变化的整体效果。

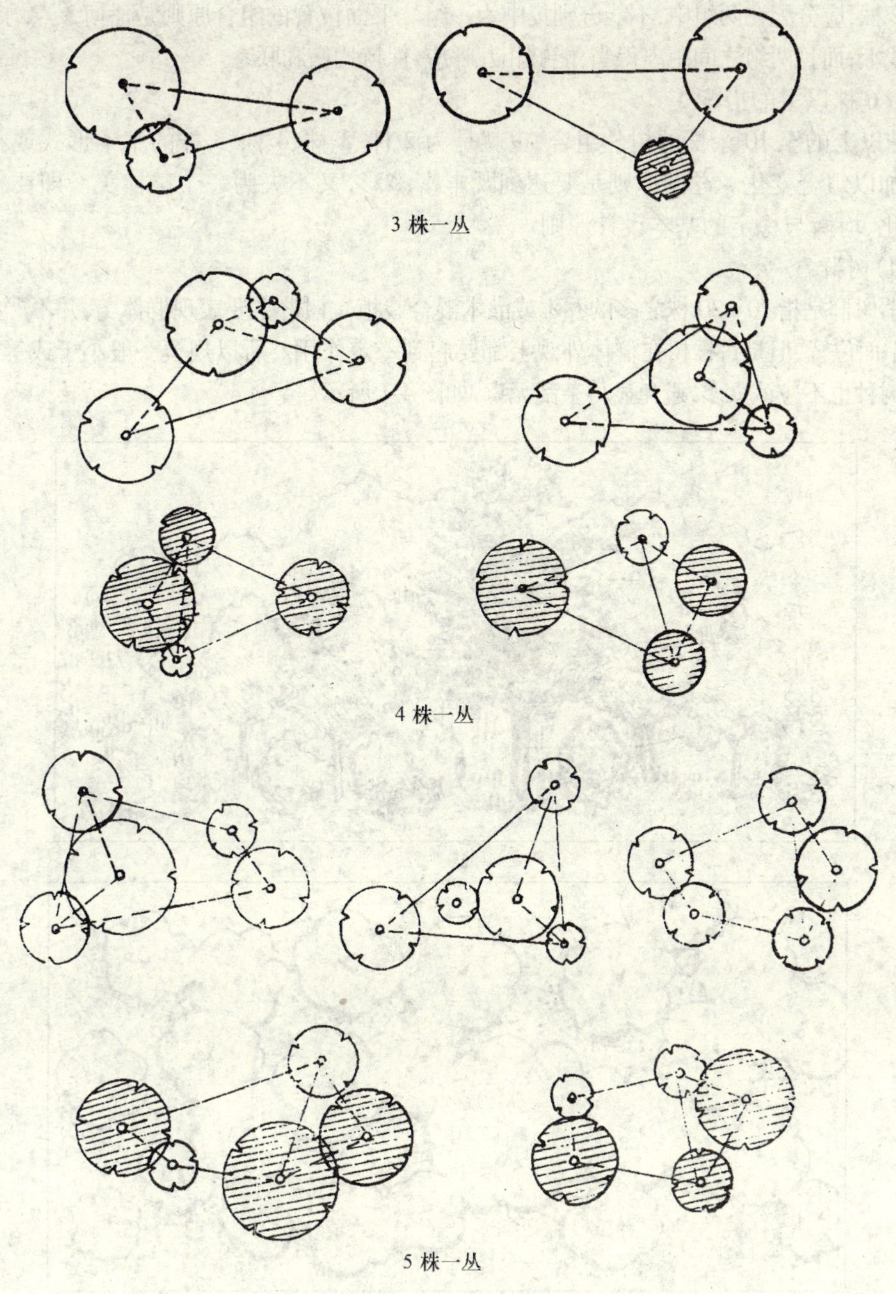

图 4-6　树丛的配置

3.　4 株一丛

4 株一丛搭配宜以大小、姿态不同的同一树种。组合的原则为 3∶1 的组合。但最大的和最小的不能单独为一组，否则导致无法平衡和协调，其平面位置呈不等边三角形或不等边四边形。如选用不同的树种，应使最小的为另外一种，并且种植在紧靠最大者一边。

4. 5株一丛

5株一丛的搭配组合可以是一种树或两种树,分为3:2或4:1两组。若为两种树,一种3株,另一种2株,应分配在两组中,不能分别集中为一组。平面位置的组合原则是任何3点均不得在一条直线上;而且两组之间距离得当,能够相互呼应,保持均衡和联系。

5. 6株以上的搭配

6株以上的至10余株的树丛组合,也就是为2株、3株、4株、5株的基本形式或在此基础上再加以组合变化。总的原则是要达到既丰富多彩,又不失为一个整体美。即要符合统一与变化、均衡与稳定的基本设计原则。

(四)树群

所谓树群是指20~30株之多的乔木或灌木混合栽植。树群主要表现群体美,并不严格要求单株的平面位置,但是每株树在群体外观上都要起到一定作用。所以规模一般小于或等于60m×20m,树种也不应该太多,避免显得杂乱无章,如图4-7所示。

(a)

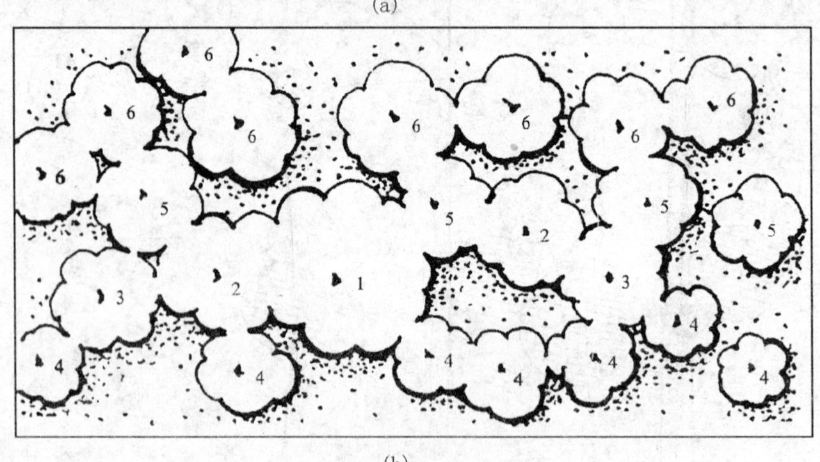

(b)

图4-7 树木群植的结构

(a)立面图; (b)平面图

1—主树;2—宾树;3—从树;4—护基树;5—填充树;6—背景树

(五)树林

树林是指大量树木的组合,其数量大,面积大,具有一定的密度和群落外貌,对环境有着明显的影响作用。树林有密林和疏林之分。

密林:郁闭度在0.7~1.0,很少透入阳光,不便游人进入活动,密林可以是单一树种的纯林,也可以是多树种的混交林。

疏林:郁闭度在0.4~0.6,林间空地较大,阳光可以照射进来。人们可进入林地游憩,进行各种户外活动,园林中植物边植可形成疏林形式,如图4-8所示的边植形式,视野比较开阔。

图4-8　园林中植物边植的形式

1—绿墙;2—绿篱;3—花境的矮边植;4—花坛的矮边植;5—园界的树木高边植

(六)植篱

植篱是指以园林植物按行列式紧密种植,组成不同高度、不同立面形状的篱笆、树墙、栅栏等。由常绿树所组成的称为绿篱,如黄杨绿篱、圆柏绿篱;由花灌木所组成的称为花篱,如贴梗海棠花篱、火棘花果篱、五色梅花篱、变叶木花篱、红桑花篱等。

近年来由于园林空间扩大,多将植篱扩展应用成色带,即利用简洁明快的图案,宽窄不一的流线型线条把植篱变成色带、色块的大面积组合,也就是说规则的等距离方式栽植成不规则平面形状。不同的植物材料在立面上也可以有不同层次的高差,如图4-9所示。

(七)花坛

花坛是指在一定的几何轮廓的植床内,以木本观花、观叶植物或草本观花、观叶花卉组成色彩美丽的几何图案。其设计形式为规则式。花坛花卉要求各种花卉的生长势均匀,花期一致,否则难以整齐美观,难以保持较长的观赏期,如图4-10、图4-11、图4-12、图4-13所示为几种不同的花坛形式。

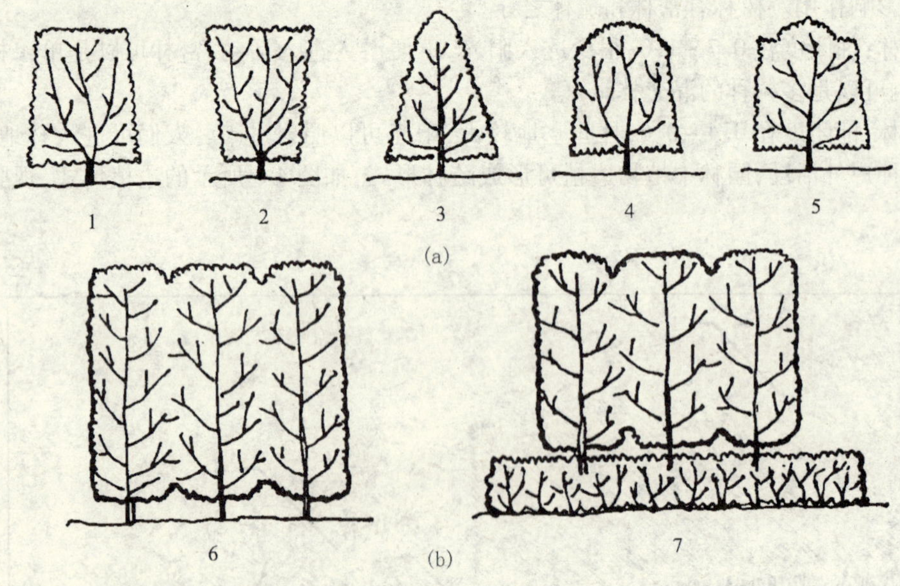

图 4-9　绿篱、绿墙剖面图

(a)绿篱；　(b)绿墙

1—形状正确;2—形状不正确;3—三角形;4—拱顶形;

5—平檐拱顶形;6—单纯绿墙;7—基部加绿篱的绿墙

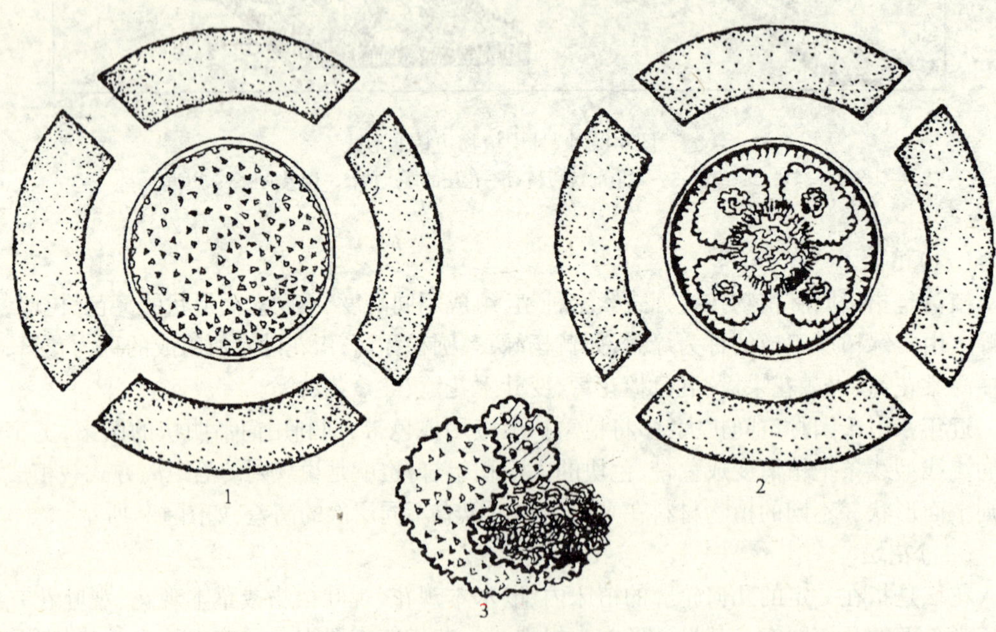

图 4-10　花坛的形式

1—花丛花坛;2—图案花坛;3—自然式花坛

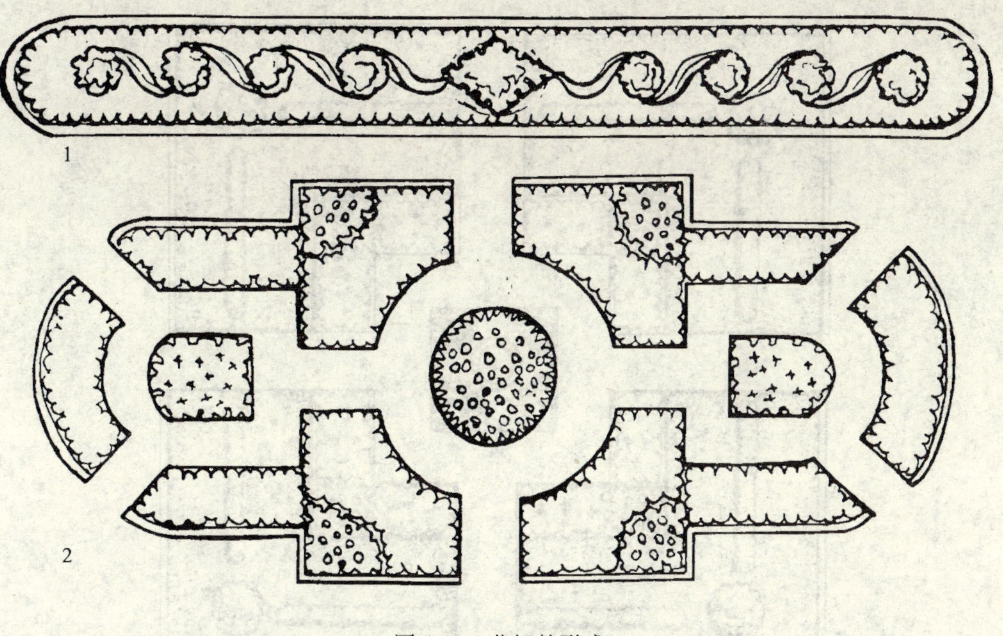

图 4-11　花坛的形式

1—带状花坛;2—复合花坛

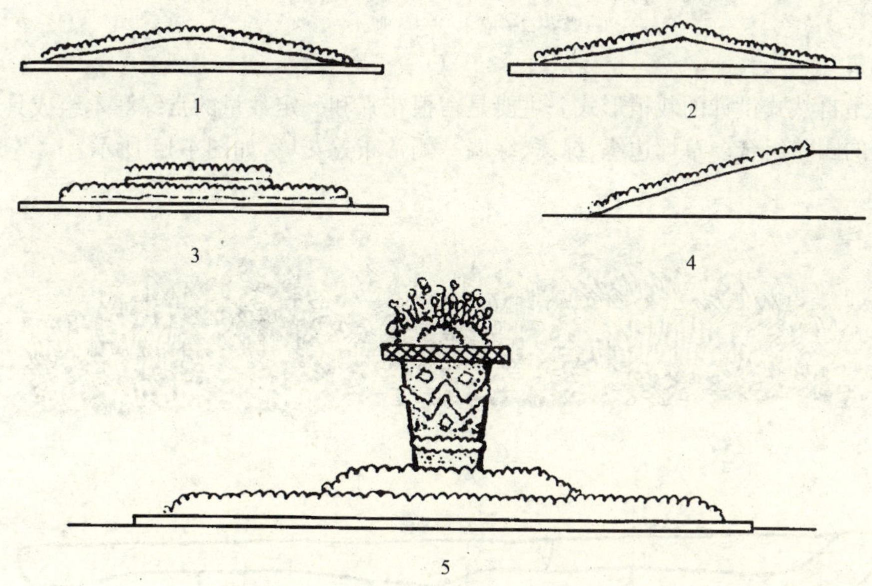

图 4-12　花坛的立面形式

1—拱顶形;2—尖顶形;3—台阶形;4—斜面形;5—立体花坛

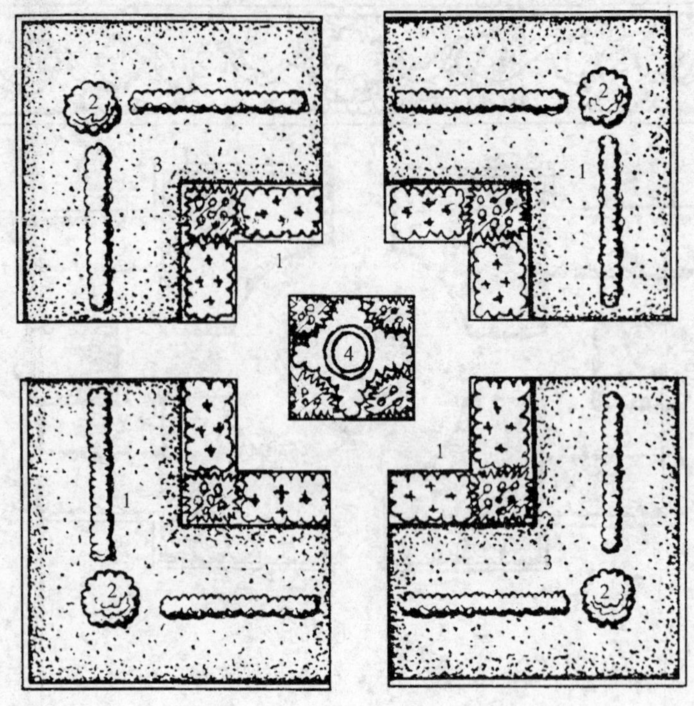

图 4-13　综合花坛

1—草花;2—灌木;3—草地;4—雕塑

(八)花境

花境是自然式设计的栽植形式。主要是宿根花卉和一定数量的常绿灌木组成具有一定自然曲线的团状组合。草坪边缘,绿篱、绿墙一侧常布置花境,如图 4-14 所示。

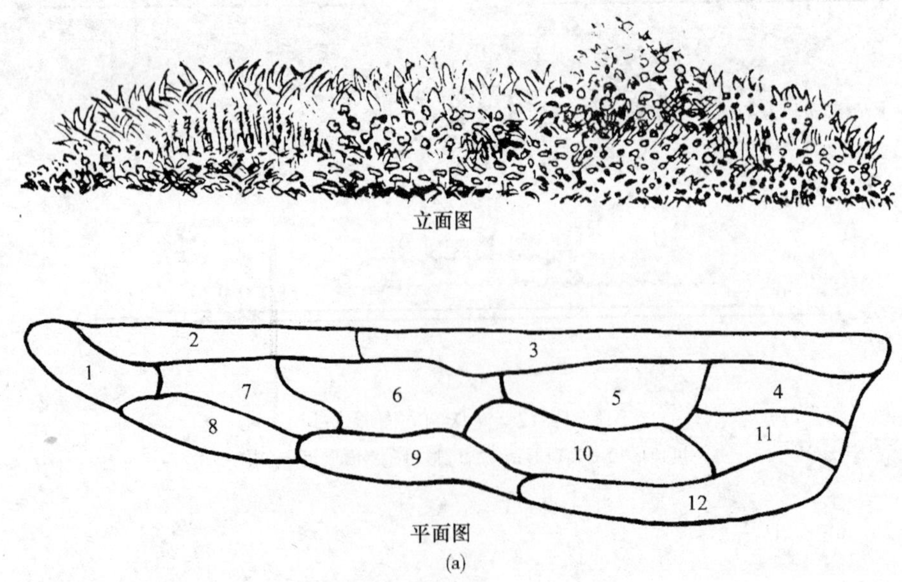

(a)

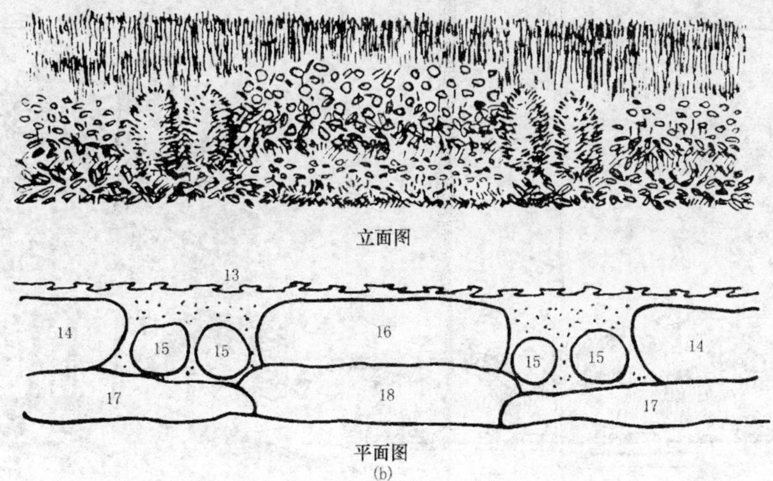

图4-14　花境的形式

(a)自然式；(b)规则式

1—美女樱;2—射干;3—美人蕉;4—波斯菊;5—花葵;6—大丽花;
7——串红;8—彩叶草;9—鸡冠花;10—百日草;11—矮牵牛;12—千日红;
13—九里香(剪齐绿篱);14—百日草;15—地肤;16—大丽花;17—彩叶草;18—万寿菊

(九)草坪与地被植物

草坪在绿地中形成较大的开敞空间,可供观赏,也可供人们户外游憩活动,是居住区绿化设计的重要组成部分。由于草坪面积较大,因此必须保持足够的排水坡度,一般应有0.03~0.05的自然坡度,但游憩草坪坡度应小于或等于0.1(微地形不包括在内),这样既美观又有利于养护管理,可延长草坪寿命和使用期,如图4-15、图4-16所示为草地与地被植物的布置情况。

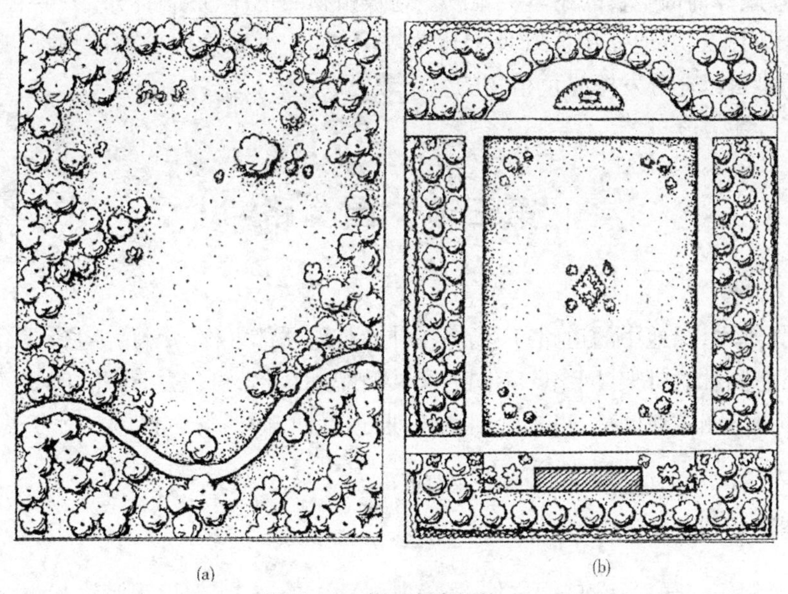

图4-15　草地布置的格式

(a)自然式草地;(b)规则式草地

图 4-16　地被植物的布置

1—地被植物;2—草地

作草坪的单子叶草类如野牛草、狗牙根、结缕草、早熟禾等耐修剪、耐践踏的植物材料以外的诸多双子叶植物或低矮的木本植物材料都称为地被植物。它们种类多、用途广、适应性强,但一般不宜整形修剪,不宜践踏。例如,耐荫的垂盆草、细叶、麦冬、苔草;喜光照充足的二月蓝、白三叶、万青菊、鸭趾草、孔雀草等;还有如匍匐栒子、金银花、叉子圆柏、小叶扶芳藤、地锦、常春藤等匍匐生长的木本类植物。地被植物的色泽、形态各异,多年生尤其是多能耐荫,很适合在林下、坡地使用。管理上比草坪简便,并可充分覆盖裸露地面,避免黄土露天,更明显的是可以充分发挥绿色植物的生态环境效益。

第三节　园　路

在环境景观中,绿地中的道路、广场等各种铺装地坪都可称为园路。它是园林不可或缺的构成要素,是园林的骨架、网络。不同的园林面貌和风格,可以从园路的规划布置中看出来。例如,中国苏州古典园林,讲求峰回路转,曲折迂回,而西欧古典园林凡尔赛宫,讲究平面几何形状。

一、园路的功能

园路除了组织交通、运输功能之外,还有其景观上的要求,如组织游览线路、提供休憩地面等。园路、广场的铺装、色彩、线型等本身也是园林景观的一部分。总之,园路引导游人到景区,园路组织游人休憩观景,园路本身也是一种观赏景观。

二、园路的类型和尺度

一般绿地的园路分为以下4种:

1. 主干道。联系全园作用,因此必须考虑通行、生产、消防、救护、游览车辆。一般宽7~8m。

2. 次干道。主要是沟通各景点、建筑,通轻型车辆及人力车。一般宽3~4m。

3. 滨江道、林荫道和各种广场。

4. 休闲小径、健康步道。双人行走宜1.2~1.5m,单人宜0.6~1m。健康步道是近年来最为流行的足底按摩健身方式。通过行走卵石路,可以按摩足底穴位来健身,同时又为园林一景。

这里要强调以下三点:

(1)园路的铺装宽度和园路的空间尺度,既相互联系又有区别。由于旧城区道路狭窄,街道绿地较少,所以它的空间和路面的宽度一般成正比。而园路是绿地中的一部分,它的空间尺寸既包含路面的铺装宽度,也受四周地形地貌的影响,不能以铺装宽度代替空间尺度要求。

一般园林绿地通车频率较低,人流也较为分散,不需要为追求景观的气魄、雄伟而随意扩大路面铺砌范围,减少绿地面积,增加工程投资。倒是应该注意园路两侧空间的变化,疏密相间,留有透视线,并有适当缓冲草地,用来开阔视野,并可以解决节假日、集会人流的集散问题。园林中最有气魄、最雄伟的是绿色植物景观,而并非人工构筑物。

(2)园路和广场的尺度、分布密度、人流密度宜客观、合理。上述路宽,是一般情况下的参考值。从另一方面来说,人多之地,如游乐场、入口大门等,尺度和密度宜大一些;休闲散步区域,相反宜小一些,达不到此要求,绿地就极易损坏。20世纪60~70年代上海市中心的人民公园草地,被喻为金子铺出来的,就是这个原因。现在很多规划设计,往往夸大第五立面与铺砌地坪的作用,增加建设投资,也导致园路终日曝晒,行人屈指可数,于生态不利,不能不说是一种弊病。

园林绿地的性质、风格、地位与之也有关。例如,动物园比一般休息公园园路的尺度、密度要大一些;市区比郊区公园大一些;中国古典园林建筑密集,铺装地往往也大一些。建筑物和设备的铺装地面,虽然是导游路线的一部分,但它只是园路的延伸和补充,并非园路。

(3)在大型新建绿地,如郊区人工森林公园,规模宏大,一般几千亩至万亩,建设园路时要分清轻重缓急。建园伊始,只要道路能达到生产、运输的要求,例如,每200~500m一条道路的密度就可以,随后再根据园林面貌的逐步形成,再建设其他园路和小径、设施,来节省投资。初期建设也以只建园路路基最为合理有利,如南汇的滨海人工森林公园。

三、园林的线型

(一)规划中的园路,有自由的曲线,也有规则的直线,形成两种不同的园林风格。当然采用一种方式为主的同时,也可以用另一种方式补充。例如,上海杨浦公园整体是自然式的,而入口一段则是规则式的;复兴公园却相反,雁荡路、毛毡大花坛是规则式,而后面的山石瀑布是自然式的。它们相互补充,效果也较好,无论采用何种式样,园路都要避免断头路、回头路,有明显的终点景观和建筑除外。

(二)园路并非对着中轴,两边平行一成不变的,园路也可是不对称的。例如浦东世纪大道:100m 的路幅,中心线向南移了 10m,北侧人行道宽 44m,种了 6 排行道树。南侧人行道宽 24m,种了两排行道树;人行道的宽度加起来是车行道的两倍多。

(三)根据功能需要园路也可以采用变断面的形式。如转折处不同宽窄;坐凳、椅处外延边界;路旁的过路亭;还有园路和小广场相结合等。这样宽窄不一,曲直相济,反倒使园路多变,形象生动,做到一条路上使休闲、停留和人行、运动相结合,各得其所。

(四)园路的转弯曲折。这在天然条件好的园林用地并不成问题:因地形地貌而迂回曲折,十分自然,但上海园路往往设计成婉蜒起伏状态,主要是为了延长游览路线,增加游览趣味,提高绿地的利用率,不过它的园林用地的变化较小,往往一马平川而根据不足。此时就应该人为地创造一些条件来配合园路的转折和起伏。例如,布置一些山石、树木在转折处,或者地势升降,做到曲之有理,路在绿地中;而不是三步一弯、五步一曲,为曲而曲,脱离绿地而存在。陈从周说:"园林中曲与直是相对的,要曲中寓直,灵活运用,曲直自如。"达到"虽由人作,宛自天开"的效果。

(五)园路的交叉要注意以下几个方面:

1. 尽量靠近正交。锐角过小,车辆难转弯,人行要踏绿地。

2. 做到主次分明。宽度、铺装、走向应有明显区别。

3. 避免多路交叉。以免这样路况复杂,导向不明。

4. 要有景色和特点。尤其三叉路口,可形成对景,让人记忆犹新、回味无穷而流连忘返。

(六)园路在山坡上时,坡度≥6°,宜顺着等高线作盘山路状,考虑自行车时,坡度应≤8°,汽车应为≤15°,如果考虑人力三轮车,坡度更小,为≤3°。

人行坡度≥0.1 时,需考虑设计台阶。园路也可和等高线斜交,来回曲折,增加观赏点和观赏面。

(七)安排好残疾人所到范围和用路。

四、园路的铺装

如图 4-17、图 4-18、图 4-19 所示为不同的园林路面铺装情况。

采用块料,如砂、石、木、预制品等面层较好,砂土基层就属于该类型园路。可称之为上可透气、下可渗水的园林—生态—环保道路。上面所述的根据有以下几点:

1. 与园林景观相协调。自然、野趣、人工痕迹较少。特别是郊区人工森林这种类型绿地,粗犷一些也不失为一种景观。

2. 符合绿地生态要求。可透气渗水,除有利于树木的生长之外,还可以减少沟渠外排水量,增加地下水补充。

3. 园林绿地建设是一个长期过程,要不断补充完善。此种路面铺装适合分期建设,甚至可以临时放个过路沟管,抬高局部路面,不像钢性路面那样困难。

4. 园林绿地除建设期间外,园路车流频率较低,重型车也较少。

5. 是我国园林传统做法的继承和延伸。

大卵石　小卵石　中卵石

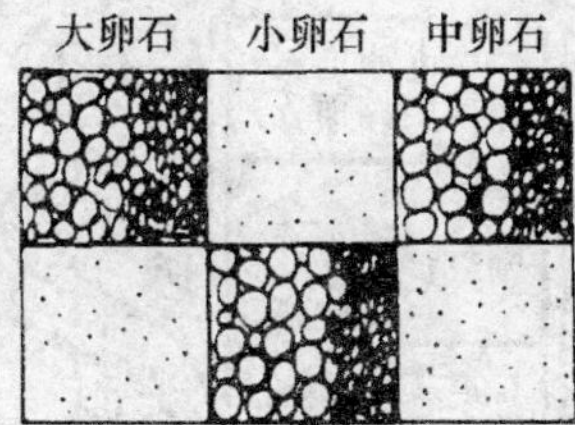

用不同粒径和不同深浅颜色的卵石镶成的地面

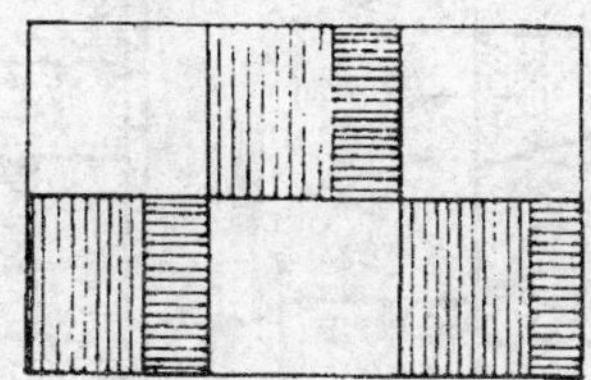

在水泥板上扒出纹理（拉道），由于方向不同，产生的阴影宽窄亦不同，形成明暗对比

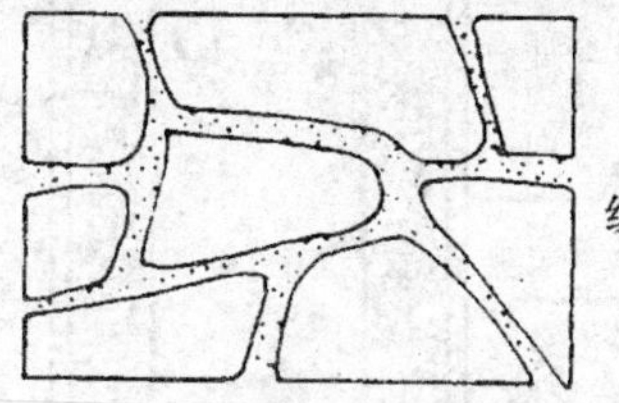

虎皮石冰纹嵌草路面

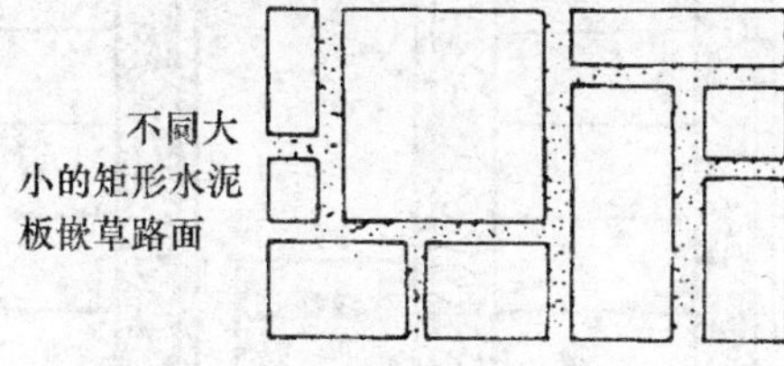

不同大小的矩形水泥板嵌草路面

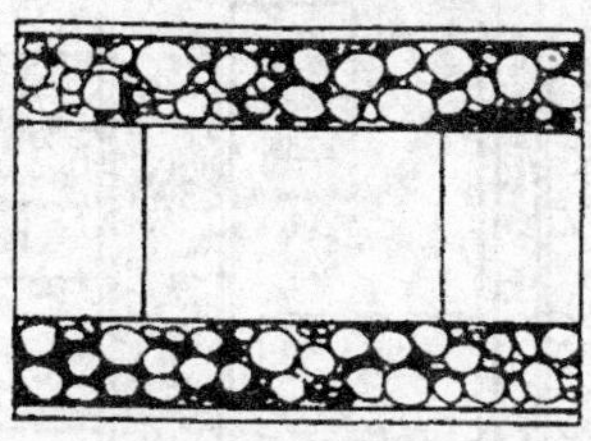

将路面分成宽窄不等的三至五条路带，中间用大块石密缝镶嵌，两边用卵石镶嵌

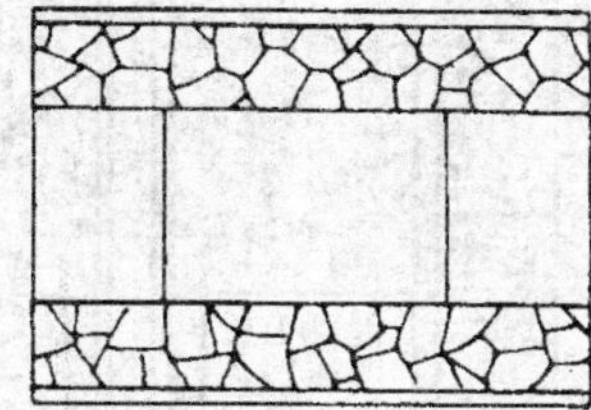

中间用大块石板或水泥板拼装，两边用冰纹块石镶嵌

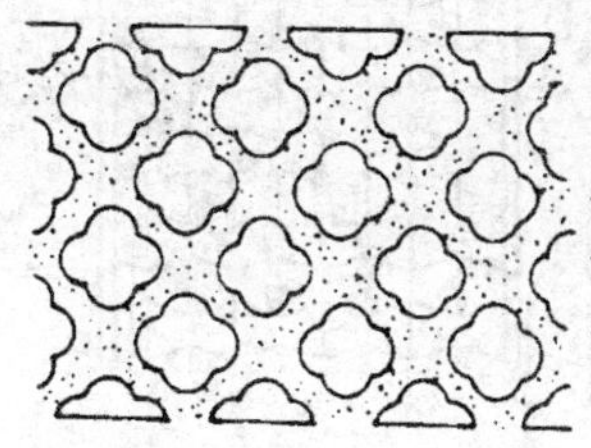

预制梅花块嵌草路面，如用于梅林中小道，有上下呼应的效果

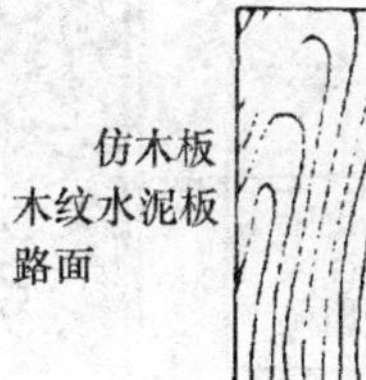

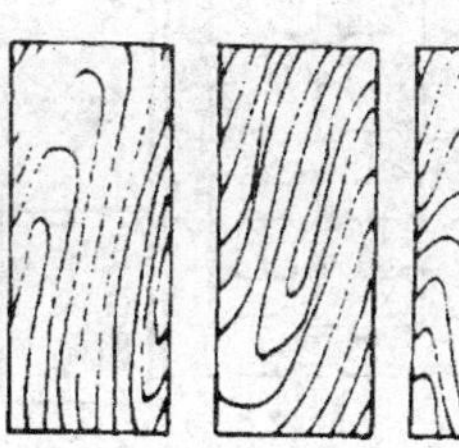

仿木板木纹水泥板路面

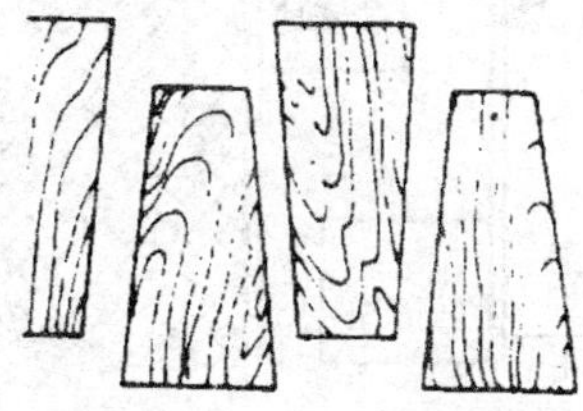

仿木板木纹的楔形水泥板路面

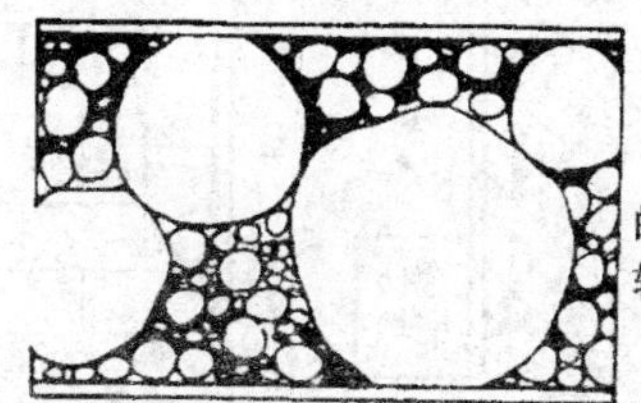

用不同大小的水泥圆板。周转嵌卵石的路面

图 4-17　路面铺装举例

水刷面
混凝土
路面
刮纹
混凝土
路面
水磨石
路面
红
黄
绿
冰纹镶边
路面
冰纹嵌草
路面
小卵石
镶边
路面
露骨料
混凝土板
路面
水刷石
碎拼冰纹
路面
草皮
镶边
路面
混凝土
砌块
路面
混凝土
砌块
路面
金砖
铺地
包袱纹
砖铺地
人字纹
砖铺地

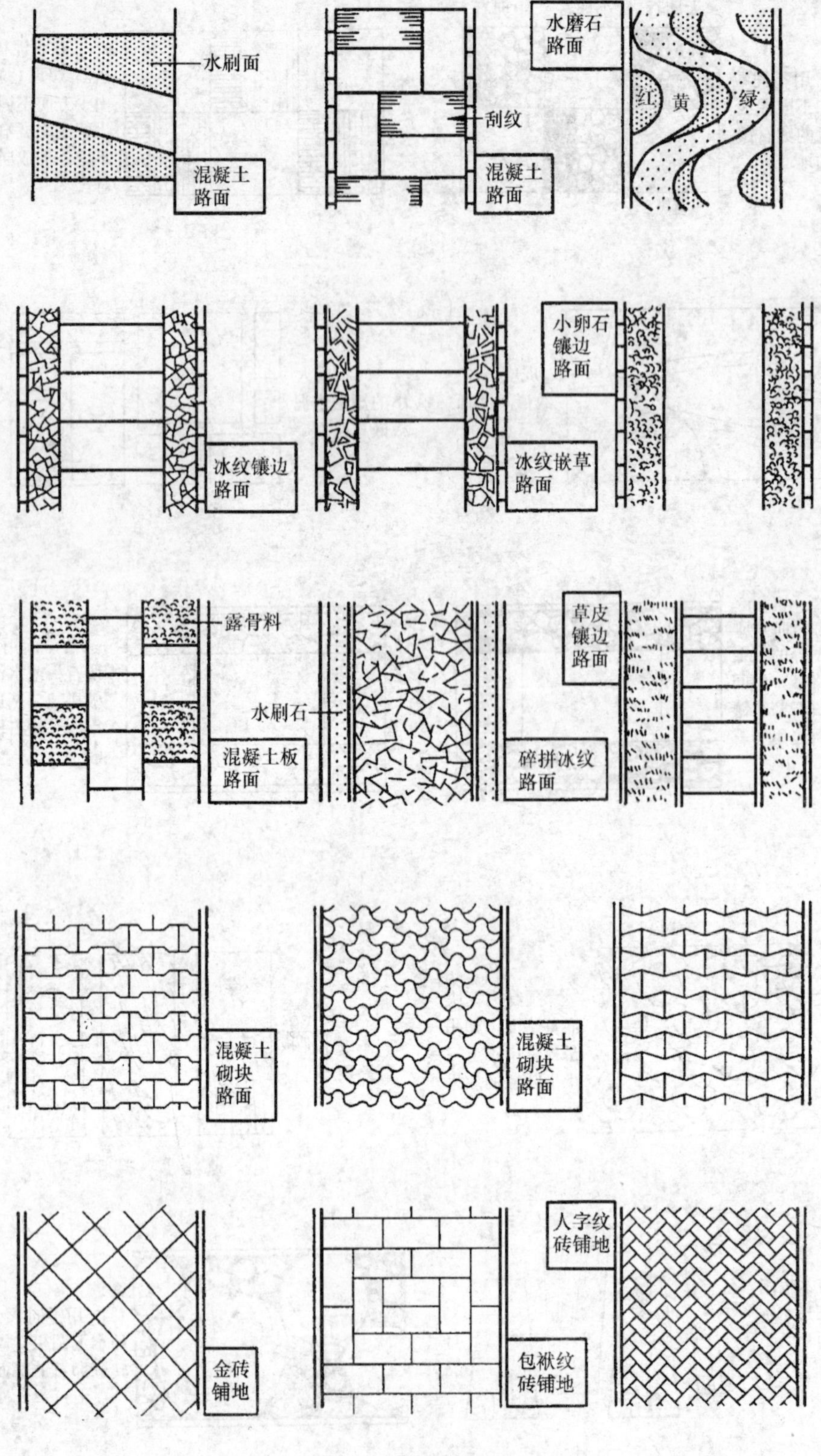

图 4-18

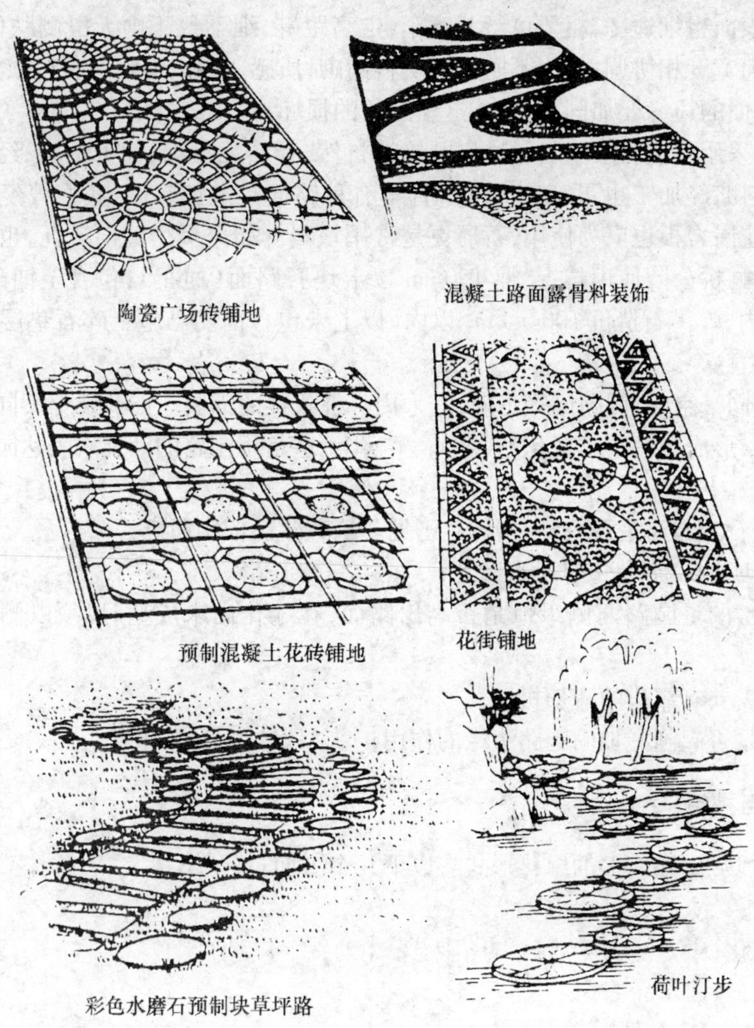

图 4-19　园林路面铺装示例

6. 新建园林，尤其上海园林，常常因地形变更，土方工程使部分甚至大部分园路、广场处于新填土之上。

块料路面的铺砌要注意以下几点：

1. 一种类型铺装内，也可用不同大小、材质和拼装方式的块料来组成，用什么铺装在什么地方是最关键的。例如，主干道、交通性强的地方，要牢固、防滑、平坦、耐磨，线条须简洁大方，便于施工和管理。如用同种石料，变化大小或拼砌方法，便可丰富小径、小空间、休闲林荫道，如我国的古典园林，要创造富于特色、脍炙人口的铺装，就必须深入研究园路所在其园林要素中的特征。例如，杭州的竹径通幽、苏州王峰仙馆和鹤所间的仙鹤图和环境融洽一体，诗情画意，跃然纸上。明代计成在《园冶》中对此早有论述："惟所堂广厦中，铺一概磨砖，如路径盘蹊，长砌多般坡乱石，中庭式宜叠胜，近砌亦可回文，八角嵌方选鹅子铺成蜀锦。"

2. 块料的形状、大小，要与环境、空间相协调，并且适于自由曲折的线型铺砌，这是施工简易的关键;表面粗细适度,粗要可行儿童车,走高跟鞋,细不致于雨天滑倒跌伤;块料尺寸模数,须与路面宽度相协调;使用不同材质块料铺砌,质感、色彩、形状等宜有强烈的对比。

3. 块料路面的边缘要加固,避免从这里开始的损坏。

4. 最好多采用自然材质块料。这样既接近自然,朴实无华,又物美价廉,经久耐用。对那些旧料、废料略经加工也可变废为宝。日本有种路面是散铺粗砂,我们曾经也有煤屑路面;碎大理石花岗岩板也广为使用,石屑更是常用填料。如今拆房的旧砖瓦,也是传统园路的好材料。按虹桥公园使用情况,厚150mm 以上块石路面(通车),包含至铺砌完成,造价150 元/m^2 以内,弹街石造价100 元/m^2 以内(以上未包含前期已施工碎石垫层),足比使用混凝土路面便宜。

5. 广场内同一空间,园路同一走向,宜采用一种式样的铺装。如此几个不同地方不同的铺砌组成全园,形成统一中求变化的效果。事实上,这是用园路的铺装来表达园路的不同性质、用途和区域。

6. 有关侧石。园路是否放侧石,各有已见。笔者建议依实而定:

(1)使用砌块拼砌后,边缘是否整齐;

(2)最关键的是园路两侧绿地是否高出路面,在绿化尚未成型时,须以侧石防止水土冲刷;

(3)是否需要有靠边的清扫机械;

(4)侧石是否起到了加固园路边缘的作用。

五、园路与种植

(一)与广场、园路有关的绿化形式有以下几个方面:

1. 行道树;

2. 两侧绿化;

3. 中心绿岛、回车岛等;

4. 花钵、花树坛、树阵。

如图4-20、图4-21、图4-22、图4-23、图4-24、图4-25、图4-26、图4-27 所示为街道和休息绿地的绿化形式。

(二)林荫夹道应该是最好的绿化效果。

郊区大面积绿化,行道树可与两旁绿化种植结合起来,自由进出,忽略间距而灵活种植,创造路在林中走的意境美,可称之为夹景;一定距离在局部稍作浓密布置,形成阻隔,是障景。障点使人有"山重水复疑无路,柳暗花明又一村"的感受。城市绿地宜多几种绿化形式以减少人为的破坏。对于车行园路,绿化布置须符合行车视距、转弯半径等要求。尤其不要沿路边种植浓密树丛,防止人穿行时刹车不及。

(三)考虑把"绿"引伸到园路、广场之中,相互交叉渗透,也不失为一种佳境:

1. 在园路、广场中嵌入花钵、花树坛、树阵;

2. 使用点状路面,如间隔铺砌的旱汀步;

3. 使用空心砌块,目前使用最多的是植草砖,波兰有种空心砖,绿地占铺砌面超过2/3。

(四)园路与绿地的高低关系。

设计好的园路,常是浅埋于绿地之内,隐藏于绿丛之中的。尤其是山麓边坡外,园路一旦暴露便会留下道道横行痕迹，极不美观，因此设计者常常要求“绿”比“路”高，但路不一定要比“土”低。由此带来汇水问题，这时宜在园路单边式两侧，距路 1m 左右，安排较浅的明沟，降雨时是雨水口，以便汇水泻入，天晴时却是草地的一种起伏变化。

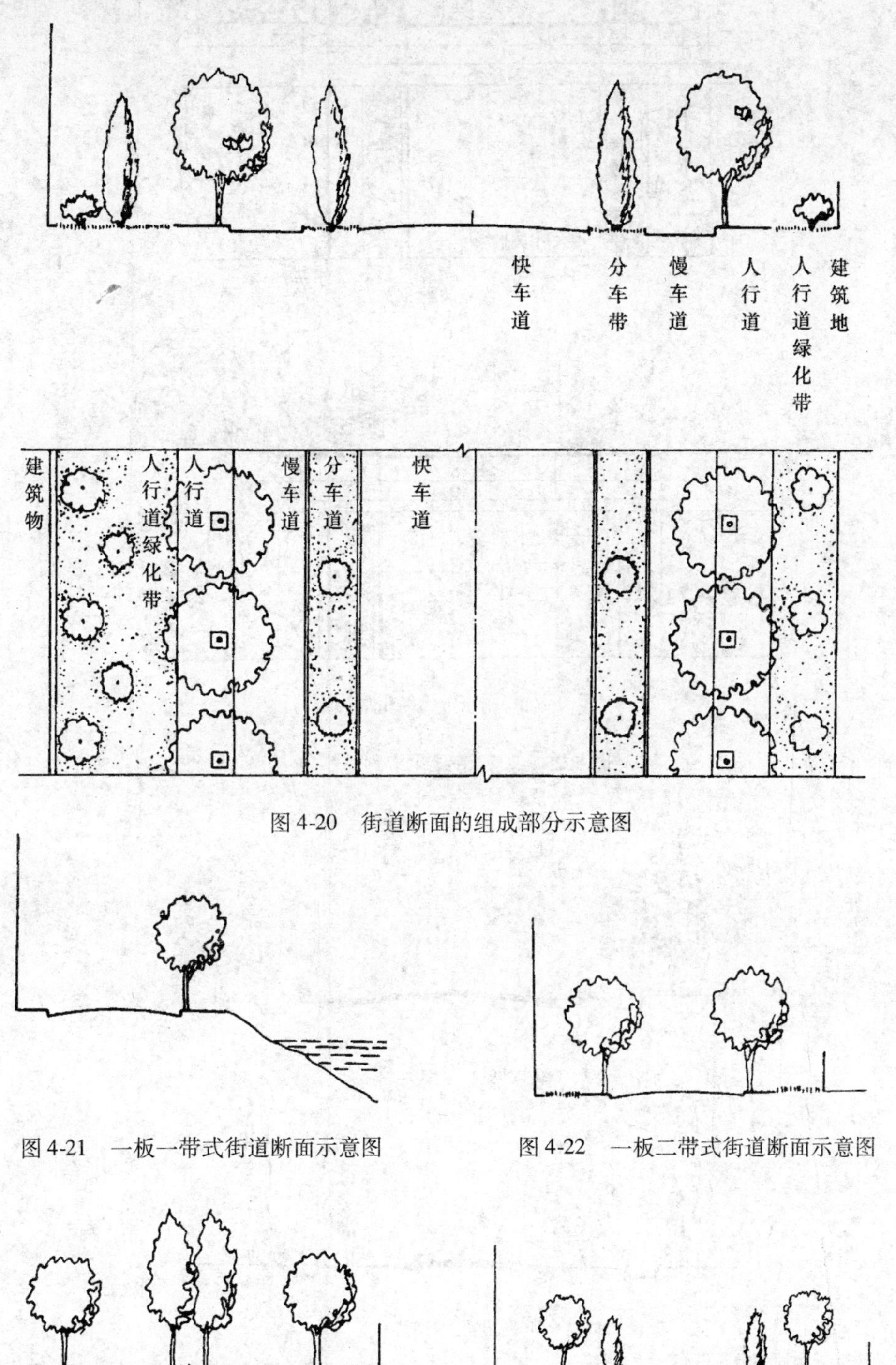

图 4-20　街道断面的组成部分示意图

图 4-21　一板一带式街道断面示意图

图 4-22　一板二带式街道断面示意图

图 4-23　二板三带式街道断面示意图

图 4-24　三板四带式街道断面示意图

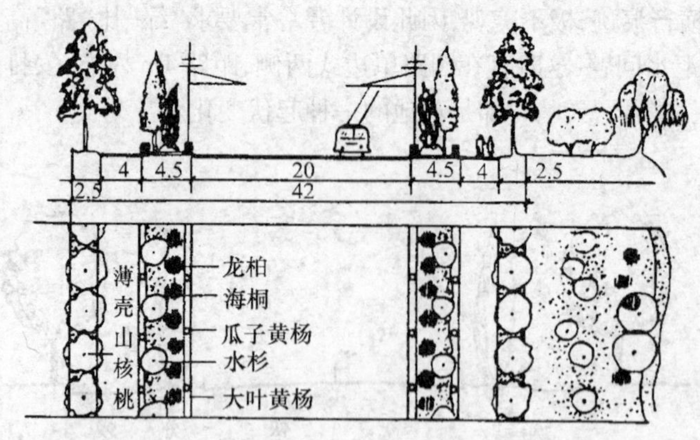

（a）南京市北京东路

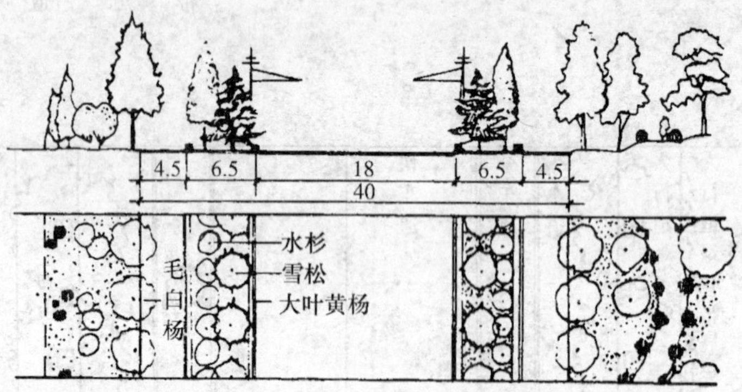

（b）南京市太平北路

图 4-25　人行道绿化带种植举例

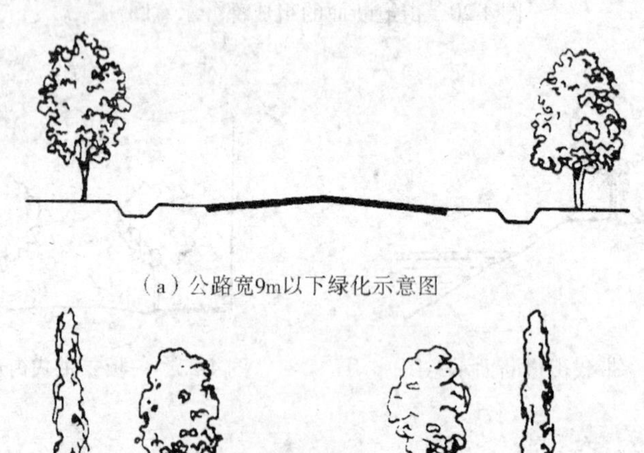

（a）公路宽9m以下绿化示意图

（b）公路宽9m以上绿化示意图

图 4-26　公路绿化断面示意图

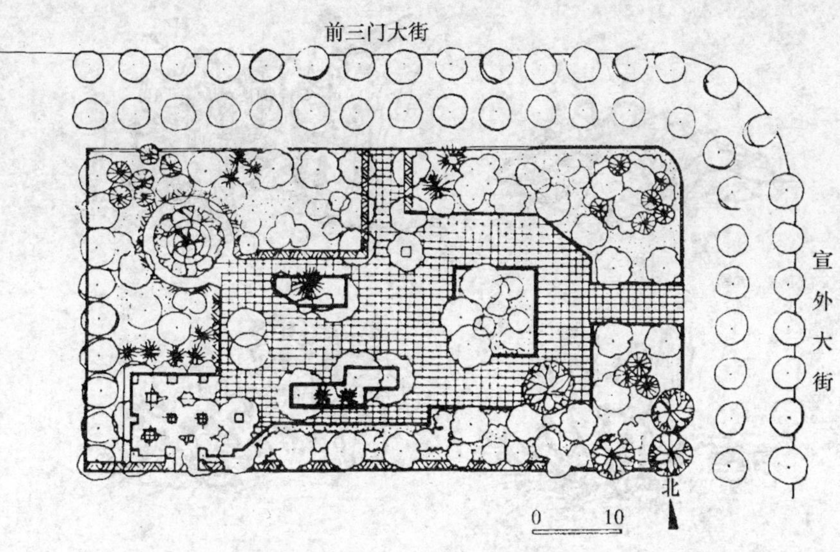

图 4-27　北京宣武门休息绿地

（五）城市道路的绿化，虽和道路的性质有关却也有很大不同，例如高速公路、高架路、景观大道、步行街等。

第四节　山　石

一、园林假山的材料

此处所言的“假山”，是相对于自然形式的“真山”而言的。假山的材料有两种，一种是天然的山石材料，只是在人工砌叠时，用水泥作胶结材料，以混凝土作基础；另外一种是水泥混合砂浆、钢丝网或 GRC（低碱度玻璃纤维水泥）作材料，人工塑料翻模成型的假山，也称“塑石”、“塑山”。如图 4-28 所示为几种假山类型。

经常使用的天然石材有以下几种：

1. 黄石：一种细砂岩。主要为灰色、白色、浅黄不一之色，产于江苏常州一带。材质较硬，因风化冲刷而造成崩落，沿节理面分解，形成很多不规则多面体，石面轮廓分明，锋芒毕露。

2. 英石：一种石灰岩。主要呈青灰色、黑灰色等，常夹有白色方解石条纹，产于广东英德一带。由于山水溶解风化，表面涡洞互套、褶皱繁密。

3. 湖石：一种石灰岩。主要是青黑色、白色、灰色，产于江、浙一带山麓水旁。质地细腻，易与水和二氧化碳溶蚀，表面产生很多皱纹涡洞，好像天然抽象图案。

4. 千层石：一种沉积岩。铁灰色中带有层层浅灰色，变化自然多姿，产于江、浙、皖一带。沉积岩中有多种类型和色彩。

5. 石笋石：一种竹叶状灰岩。主要为淡灰绿色、土红色，带有眼窠状凹陷，产于浙、赣常

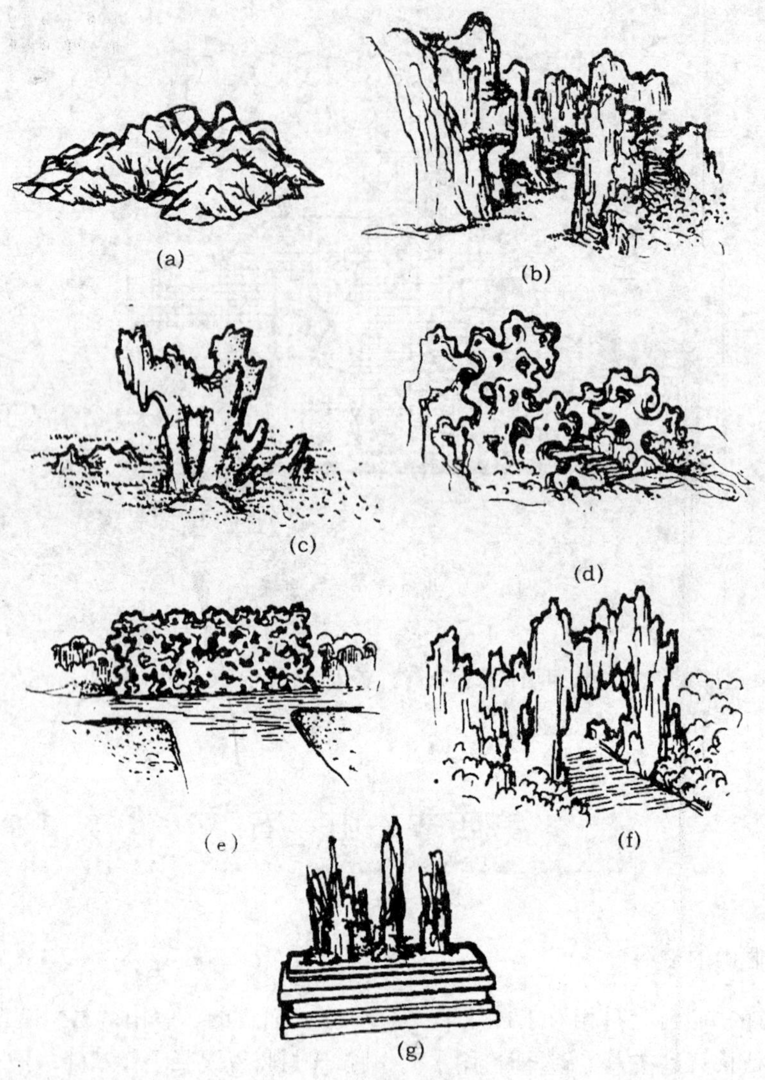

图4-28　假山的类型

(a)、(b)仿真型；(c)写意型；(d)透漏型；(e)、(f)实用型；(g)盆景型

山、玉山一带。形状以长为佳，常常三面已风化而背面有人工刀斧的痕迹。

6. 斧劈石：一种沉积岩。主要有浅灰色、深灰色、黑色、土黄色等，产于江苏常州一带。具有竖线条的丝状、条状、片状纹理，也称“剑石”，外形虽挺拔有力，却易风化剥落。如图4-29、图4-30、图4-31、图4-32、图4-33、图4-34所示为几种石材类型。

二、园林中常用山石的地方和用法

1. 散点石：以英石、湖石、千层石等，或沿水面，或沿高差变化山麓堆叠，高低错落，前后变化，起驳岸作用，也可作挡土墙，同时使之更自然、美观。

2. 孤赏石：多选古朴秀丽、形神皆具的湖石、石笋石、斧劈石等置于庭园主要位置中，供人欣赏。这些孤赏石本身具有瘦、透、漏、皱、丑的观赏价值，同时又因历年流传，极具人文价值,多成为园林中的一景。“艮岳移来石岌峨,千秋遗迹感怀多”,如上海豫园的“玉玲珑”、苏州的“瑞云峰 ”、杭州的“绉云峰”和北京的“青芝岫”。相传“玉玲珑”是《水浒》中花石纲的孑遗,因“以炉香置石底,孔孔烟出,以一盂水灌石顶,孔孔泉流”而著称。青芝岫,原宋书法家米之章所有,现石上刻有乾隆御制七言诗。也有借助于孤石而于上树碑成景的,例如:河南省洛阳市牡丹园中日本藤野先生的纪念碑。我国的孤赏石与着重于布局的群体效果的日本枯山石有所不同。

图 4-29 几种石材
(a)太湖石;(b)房山石;(c)英石

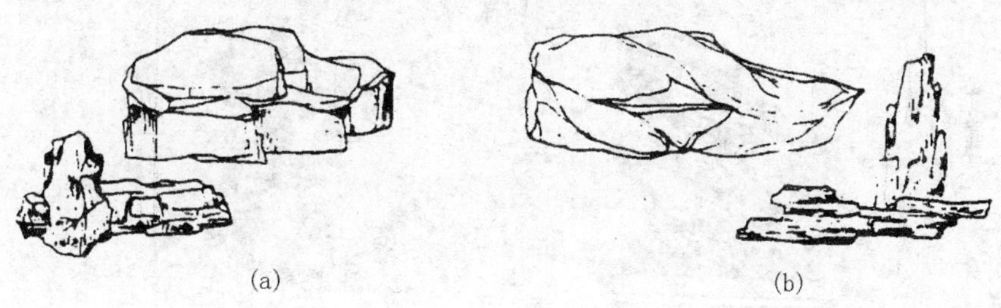

图 4-30 黄石和青石
(a)黄石; (b)青石

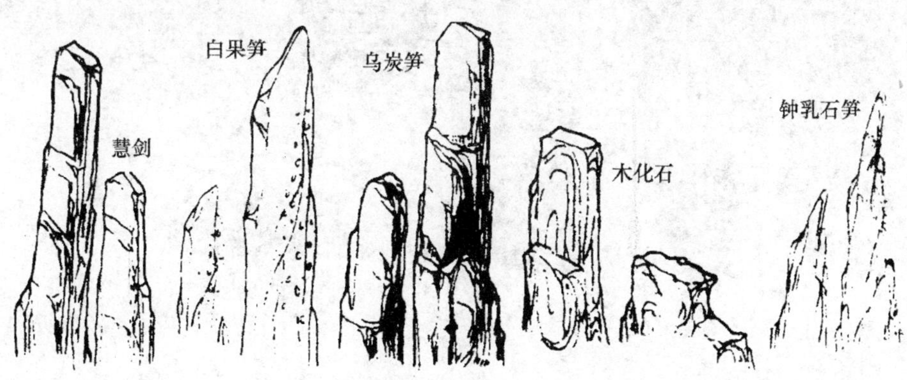

图 4-31 石笋石

(a)

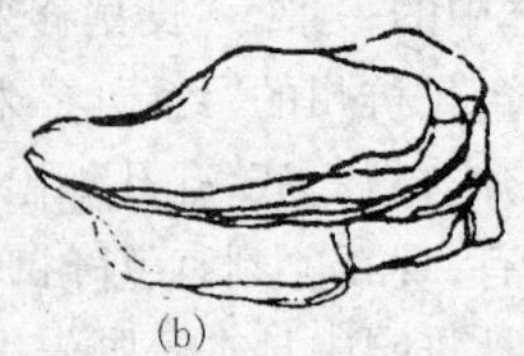

(b)

图 4-32　石蛋与黄蜡石

(a)石蛋；（b)黄蜡石

(a)

(b)

图 4-33　钟乳石与水秀石

(a)钟乳石；（b)水秀石

图 4-34　石景的四种布置方式

(a)特置;(b)孤置;(c)对置;(d)、(e)山石器设

3. 峭壁石：明代计成在《园治》中“峭壁山者，靠壁理也，藉以粉墙为纸，以石为绘也。”多用英石、斧劈石、湖石等配以植物、浮雕、流水。于庭院粉墙、宾馆大厅内布置，变成为一幅占空间小又熠熠生辉的山水画。

4. 石山洞穴：主要以黄石、湖石等堆叠成独立或傍土半独立的山石，俗称“石抱土”。一般高 3 ~ 5m，高者可达数十米，并常在山脚设计花坛、池塘、水帘、洞壑等。如上海华龙公园的红岩、上海植物园的大假山等。这只是一般人心目中的“假山”，常布置在单位绿地中，不过不宜推广。

5. 山石瀑布：依据园林地形，堆放黄石、湖石、花岗石等，使水由上而下，形成瀑布跌水。此做法俗称“土抱石”，是目前最常用做法。

置石在园林中比较常见，也具有很好的欣赏价值，如图 4-35、图 4-36、图 4-37、图 4-38、图 4-39 所示为园林中置石的几种形式。

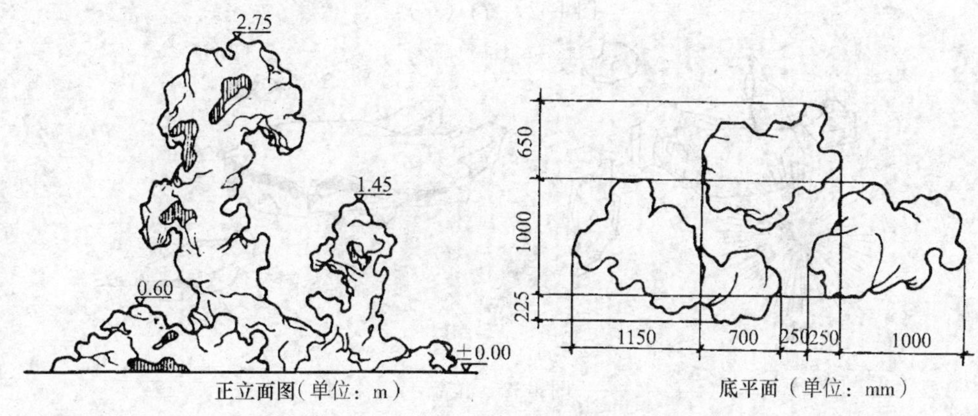

图 4-35　置石(一)

图 4-36　置石(二)

图 4-37　置石(三)

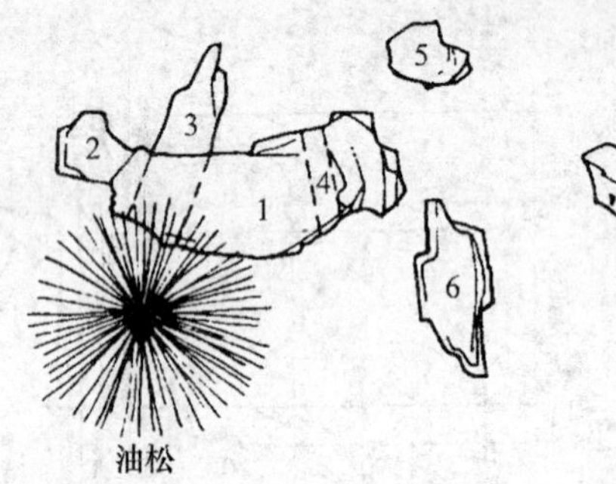

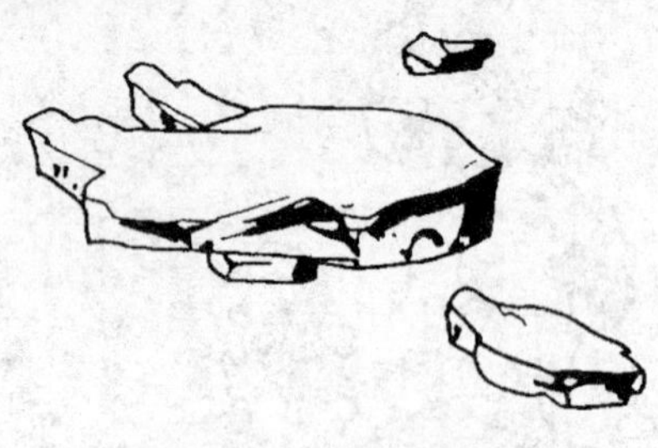

图 4-38　群置

青莲朵（圆明园遗物）
现置中山公园

独乐峰（恭王府花园）

图 4-39　北京的特置名石

三、堆叠山石的注意事项

1.“山，骨于石，褥于林，灵于水”。山石的用料和做法，实质上表示一种类型的地质构造存在。由于被土层、砂砾、植被覆盖，人们仅能感受到山林的走向和外形。如将覆盖物除去，则“山骨”尽现。所以选用山石要符合总体规划的要求，与整个地形、地貌相协调。例如，规划要求是个荒漠园，就不应该用湖石，因为那里水不多，极难有喀斯特现象。

2. 在同一位地域，尽量避免多种类的山石混用，除了上述所讲道理，在堆叠时，很难做到质、纹、色、面、体、姿的协调一致。

3. 山石的堆叠造型，有传统的“山石张”十大手法：安、接、跨、悬、斗、卡、连、垂、剑、拼。据现今施工的假山，注重较多的是崇尚自然、朴实无华。特别是采用千层石、花岗石的地方，要求整体效果，并非孤石观赏。整体造型，既需符合自然规律，又要高度概括提升，出乎意料之外。

4. 要想塑造崇山峻岭、危岩奇峰、层峦险壑、细流飞瀑就需要设计者和施工者的胸中有波澜壮阔及万里江山。宋代蔡京在《宣和画谱》中说：“岳镇川灵，海函地负，至于造化之神秀，阴阳之明晦，万里之远，可得咫尺之间，其非胸中自有丘壑而能见之形容者，未必能如此。”王维在《山水袂》中有“平夷顶尖者巅，峭峻相连者岭，有穴者岫，峭壁者崖，悬石者岩，形圆者峦，路迫者川，二山夹道名曰壑。”是对各种造型山姿的描述，可供参考。

5. 假山的基础，由于孤赏石、山石洞壑荷重集中，需做可靠基础。以前常用直径 12 ~ 15cm 木桩，按 20 ~ 30cm 间距梅花点打夯至持力层，上覆厚实石板为基础，现在只要土质硬实，无流砂、淤泥、杂质松土，一般用混凝土板较省时省工，达到 $8t/m^2$ 以上即可。为节约驳岸石投资，在水下、泥下 10 ~ 20cm，常用毛石砌筑。为减少剑石入土长度和安全起见，四周必须以混凝土包裹固定。山石瀑布如造于老土上，可在素土、碎石夯实后，捣筑一层钢混凝土作基础。如造于新堆土山之上，则需较费心思以防止因沉降而产生裂隙，因漏水而使水土冲刷，逐渐变形失真而产生危险。因为假山堆叠中第一要点就是山石的安全。

6. 真材，如天然石材；假料，如 GRC 等配合的造型设计，为一种良策，一种革新。特别是在施工困难的转折、倒挂处，在人接触不到之处，使用人造假山，一般可以少占空间，减轻荷重，而整体效果好。GRC 材料尤其要注意玻璃纤维的质量，造价如以 800 元$/m^2$ 计，和真材也相差较小。

7. 天然之物的山石，有自然的纹理、轮廓、造型，质地又纯净，朴实无华，但是属于无生命的建材。因此山石是自然环境与建筑空间的一种过渡，一种中间体。“无园不石”，但只能作局部景点点缀、提示、寄托、补充。万不可滥施，导致造价昂升，失去造园的生态意义。

第五节　公共设施

公共设施系统是城市景观的重要组成部分，是城市公共设施系统中的一个子系统，也是构筑城市形象的一个要素。在城市一项景观规划完成后，经常把目标集中到某些具体的城市公共设施单体的设计上。城市景观公共设施系统的设计，有些专家称之为城市家具设计，尤具创意。

一、城市景观公共设施系统的范畴

供城市里的人们在生存空间进行社会活动的非生产性设施系统称为城市公共设施系统。广义上讲，城市中除了生产性设施系统外，都为公共设施系统。城市的公共设施健全程度与城市的现代化程度成正比。从专业上分，城市公共设施可分为以下方面：

专业划分：
- 行政公共设施系统
- 环境公共设施系统
- 交通公共设施系统
- 文化体育公共设施系统
- 医疗卫生公共设施系统
- 人权公共设施系统

狭义划分：
- 无障碍设施
- 道路指示
- 公共厕所
- 公共座椅
- 街头绿地
- 垃圾箱
- 宣传栏
- 候车亭
- 路灯
- 广场
- 雕塑
- 栏杆

以上城市公共设施系统，我们将其归纳为城市景观公共设施系统，此系统基本上涵盖室外造型艺术的一切。景观设计越来越受到欢迎和重视，是社会经济发展的必然结果，是人们日益重视环境品质的直接体现。由此看来，未来城市建设中应用景观设计的手段来改善城市的文化及生态环境将是必然的趋势。

如图 4-40、图 4-41、图 4-42 所示为公共设施中的园椅园凳。

图 4-40　各式园椅举例(一)(单位:mm)

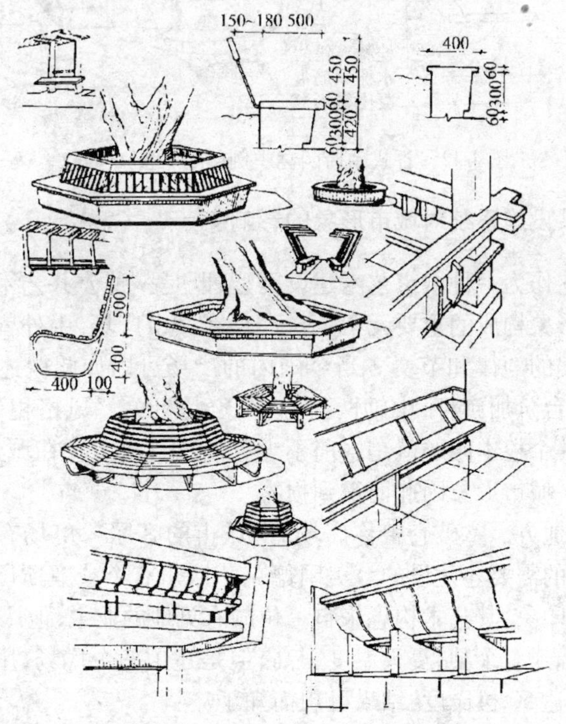

图 4-41　各式园椅举例(二)(单位:mm)

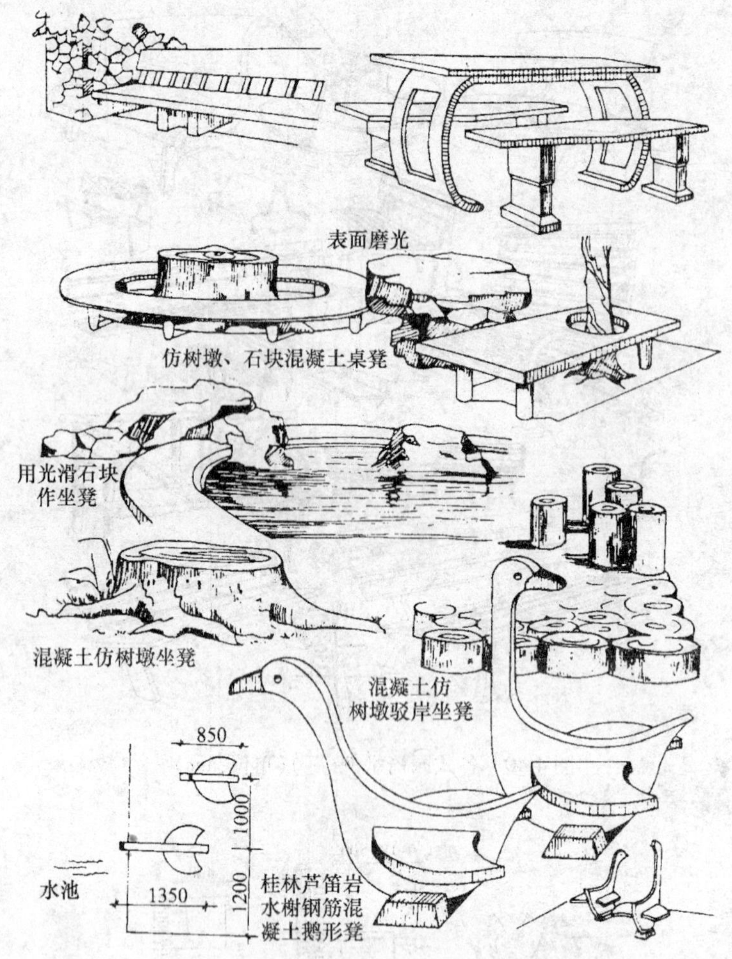

图4-42　各式园椅园凳举例(三)(单位:mm)

二、城市景观公共设施系统对城市形象的影响

例如城市广场,它作为一种城市艺术建设类型,既是一种公共艺术形态,又是城市景观公共设施,也是城市形象构成的重要元素。自古存在城市广场,中外皆有,它承袭着传统和历史,同时也传递着美的韵律和节奏。当今国内的广场可以如此概述:"低头是草坪,平视是喷泉,仰瞻是雕塑,台阶加旗杆,中轴两对称,终点是机关。"风格相似只是广场呈现出的表面现象,它暴露了一个根本问题就是当前不少广场已背离了它在城市中应具有的使用功能和文化艺术的特质,城市形象因此而得到损害。

客厅是人交往的地方。拿破仑曾称广场为"城市的客厅",广场有不同种类和功能,但都是为适应城市居民的需要才建设的。美国德克萨斯州有个威廉斯广场,广场上奔跑的野马群雕给人很深刻的印象,其艺术构思来自一位颇有见地的业主,他认为这象征新大陆的开拓,使人流连忘返。福建有个县,夏天温度很高,但是建了一个广场,用的全是磨光花岗石,热的时候地面温度可达50摄氏度,结果可想而知了!

从全面建设小康社会和构筑国际大都市的目标来看,城市景观公共设施系统对城市形象的影响主要表现在以下几个方面:

1. 干净整洁。这是城市形象的直观表现。任何一个国际化的大都市，在视觉空间和感觉空间上都应给人以干净整洁的直觉。这样的城市景观公共设施系统不仅要建设好，更重要的是要管理好。管理不好就会肮脏不堪，这样的城市景观公共设施只会给城市形象带来破坏！

2. 生态环境。这是城市形象的基础。城市的可持续发展，必须建立在生态环境的基础上。任何破坏生态环境的城市景观公共设施系统的建设，都是该禁止的。福建有一个一年四季学生都在吃家中带来的酸菜的穷县，竟耗资三千万修建了一个很大的广场，有半个天安门广场大，有音乐喷泉、花岗石铺装，但寸草不生。这个广场不但没有给百姓带来益处，而且破坏生态环境。

3. 以人为本。这代表着城市的形象。城市景观公共设施系统对城市形象的影响，在以人为本方面特别突出和敏感。好的广场的标志具有吸引力，人们愿意去，愿意在那儿停留，因为那儿具有浓厚的生活气息。

4. 繁荣有序。这标志着城市形象。一个城市要繁荣，也要有序。杂乱无章的城市景观公共设施系统给城市带来的是麻烦。不可忽视表达符号在广场的特色形成中的作用。以雕塑为例，广场雕塑应比一般雕塑有更高的文化内涵和艺术风格，但一些广场的雕塑，放的位置不对，与环境配合不当，无秩序可言，身临其境，难以体会到它的意境美。

三、城市景观公共设施系统的设计要点

1. 与气候、人文环境相协调。由于北方常年下雪，因此要考虑一年中有很长时间的灰白背景，南方的梅雨季节和台风时节不要忽视。人文方面要考虑使用人群的文化修养和民族宗教意识。如公路两旁的城市景观公共设施系统防破坏的设计指数应高于大学、科技园区。

2. 与交通布点相一致。城市景观公共设施系统的设计与系统的布点分析密不可分，分析图包括总平面图的功能分区分析、车行交通分析、人行交通分析、综合布点分析等。例如，广场不仅是城市空间形态中的节点，更是快速交通中停留、喘息之地，其空间尺度、形象、材料、色彩等方面的设计，必须要与周围的环境、交通等因素相配合，成为统一的城市空间构图的有机组成部分。举个成功的例子，比如洛克菲勒广场，在道路旁做了一个下沉式广场，将道路与广场隔离，形成各自的领域，效果极佳。因此，城市景观公共设施系统的设计要与交通布点相一致在现代城市中显得十分重要。

3. 与景观设计的风格相统一。城市景观公共设施系统的设计要考虑景观设计的风格理念，分析设计中自然环境与人文建筑对城市公共设施系统的影响，并采取切实有效的措施来保护生态环境。在统一的设计风格中寻求变化，注重城市景观公共设施系统的功能性。

4. 建设和管理的可操作性。城市景观公共设施系统是真正可以具体操作、能付诸实践的战略和战术，具体表现为产品安装具备可操作性、力学结构要合理、材料工艺具备可实现性、成本核算要实际、建设后管理要方便等。

5. 与人机工程相符合。城市景观公共设施系统的具体尺寸要符合市民使用、查找、观瞻的舒适度和方便性。要充分考虑到使残疾人、老人和小孩使用方便。

6. 符合国际通行的标准。为了方便日益增多的国际友人，适应城市对外开放，符合建设国际化大都市的发展战略，城市景观公共设施系统中的指示系统的图案样式要采用国际通行的标识，使用符合国家标准的汉语和拼写规范、符合英语习惯书写规范的中英双语文字标识。

7. 与城市 CI 的其他部分 MI(理念识别)、BI(行为识别)彼此相耦合,可从不同侧面准确地反映城市的文化、组织、管理、服务、科学、理念、发展战略和社会责任等深层次的要素。

第六节　园林小品

随着时代的发展,人们在不断改善内部居住环境的同时,还希望有一个舒适、和谐的外部环境。园林艺术小品作为一种形式早已渗入了园林规划设计之中,并且开始受到越来越多人的重视。它不仅给人们提供一个优美的外部环境,而且对提高园林的艺术氛围有着重要的作用。

园林中体量小巧、功能简单、造型别致、富有情趣、选址恰当的精美构筑物都称为园林小品。例如,一组精美的隔断,一盏灵巧的园灯,一块新颖的展览牌,一座构思独特的雕塑以至小憩的座椅,湖边的汀步等,这些小品往往都具有简单的实用功能,又具有装饰性的造型艺术。它体量小巧,一般不具有可供游人入内的内部空间。它们既有技术上的要求,又含有造型艺术和空间组合上的美感要求。因此,在园林中其造型取意均需经过艺术加工、精心琢磨并能与园林整体环境相协调。如图 4-43、图 4-44 所示为园林中既具实用性又具艺术性的汀步和小品。

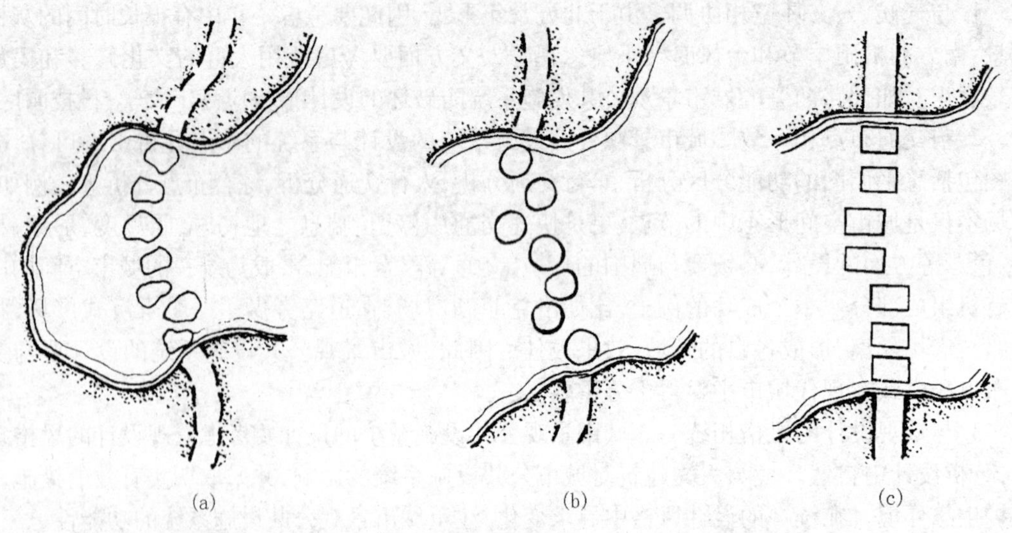

图 4-43　汀步

(a)自然石块;(b)预制的圆形规则式板块;(c)预制的方形规则式板块

一、园林小品的类型

由于不同艺术家创作思路的不同,现代园林小品包括的内容较多,各书分类也各不相同,园林小品按造型、功能可分为以下几类。

1. 园林雕塑类

带有塑造、雕凿的物体形象都称为雕塑,它具有三度空间的特点和可观性。一般分为圆

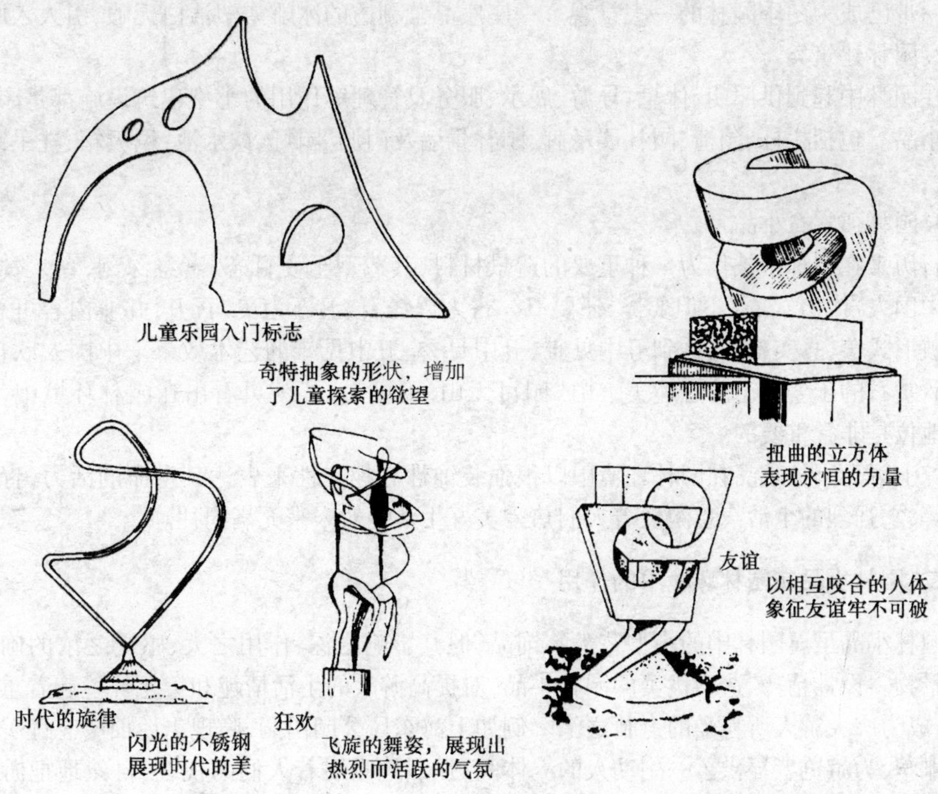

图 4-44　园林雕塑小品

雕和浮雕两大类。园林雕塑类一般是指具有观赏性的户外小品雕塑。雕塑极具感染力,园林小品雕塑来源于生活,常常予人比生活本身更完美的感受,它可以美化人们的心灵,陶冶人们的情操,还可以赋予园林鲜明生动的主题、独特的精神内涵及无穷的艺术魅力。

在造园艺术中,中外几乎都融合了雕塑艺术的成就并且很成功。我国传统园林中,虽然石鱼、铜牛、石龟等的设置会受到迷信色彩的渲染,但大多皆具有鉴赏价值,有助于增强园林环境的艺术美。国外的古典园林几乎都有雕塑,尽管配置得比较庄重,但却有浓郁的园林艺术情调。

现代园林利用雕塑艺术来充实造园意境已为造园家所采用。雕塑小品的题材不一,形体可大可小,刻画的形象可自然亦可抽象,表达主题可严肃亦可浪漫,受园林造景的环境、性质和条件影响。常见的园林雕塑有以下几种:

(1)人物雕塑。以一些纪念性人物和情趣性人物为题材的雕塑称为人物雕塑,它一般皆有历史意义或形象生动的特点,它既使环境有鲜明的主题又为环境增添了不少活力。

(2)抽象性雕塑。此类雕塑含意较深,游人喜欢边欣赏边体会,而标题也可引发人们无穷的遐思,对于那些非标题性的雕塑,做到“什么也不像”就是抽象的真谛。

(3)动物雕塑。根据人与动物各方面的情感,艺术家创作出许多生动的动物形象。如象征纯洁爱情的白天鹅,聪明活泼的海狮都是人们所喜爱的主题型题材。

(4)冰雪雕塑。由于材料的特殊性,地域和环境影响着冰雕雪塑。而冰雕雪塑在新疆、东北一带已成为冬季园林的一大景观。一座座晶莹剔透的冰雕雪塑洁白无暇,引人入胜。

2. 园林建筑类

在园林中起到供照明、休息、导游、展示、服务及管理等作用的小型建筑设施都是园林建筑类小品。包括栏杆、园椅、园林展示牌、园林景墙及门洞、园灯、饮水池、垃圾箱、洗手钵、日规等。

3. 园林孤赏石小品

石历来在园林中被作为一种重要的造景材料,其造型千姿百态,寓意深刻,令人赞不绝口。中国人赏"石",石,不但要怪,还要丑。古人以怪石、丑石为美,石丑,并非内容可恶,而是打破形式美,真实朴素,达到丑中见雅、丑中见秀、丑中见雄的艺术效果。中国人欣赏石,重在欣赏石的千姿百态的意趣美。由"园可无山,不可无石"就可看出在园林环境中,石的艺术地位是非常重要的。

综上可见园林小品在园林环境中以很强装饰性和趣味性来表达其生命的活力、青春的美妙等,它强烈的生活气息激发着人们热爱美好生活并对未来充满向往。

二、园林小品在园林环境中的作用

园林小品虽属园林中的小型艺术装饰品,但其影响之深、作用之大、感受之浓的确胜过其他景物。设计精巧、造型优美的园林小品,对提高游人的生活情趣和美化环境起着重要的作用,成为广大游人所喜爱的点睛之笔。例如上海东风公园门洞,隐现出后面姿态优美的吹笛女雕塑,为游览者提供了一副动人的立体画,强烈地吸引着人们的视线,自然地把游人引入园内。无论是扇面景窗还是景墙门洞、天棚园孔,它们虽然都是园林小品,但在造园艺术意境上却是很重要的;可以说园林小品的地位,如同一个人的肢体与五官,它能使园林这个躯干表现出无穷的活力、个性与美感。总之,园林小品在园林中的作用大致包括以下几个方面。

1. 渲染气氛

园林小品不仅可以组景、观赏,还可以把桌凳、地坪、标示牌、踏步、灯具等功能性比较强的小品予以艺术化、景观化。设计新颖、处理得当的坐凳或标示牌,如果做成富有艺术情趣的样式,会给人留下深刻的印象,并在园林环境中起到感染欣赏者的作用。

2. 组景

园林小品在园林空间中,除具有自身的使用功能外,还有一个作用就是组织外景,在园林空间中形成无形的纽带,引导人们由一个空间进入另一个空间,起着导向和组织空间画面的作用;能在各个不同角度均构成完美的景色,具有诗情画意。园林小品还起着分隔空间与联系空间的作用,使步移景异的空间增添了变化。例如某园正门入口组雕使游人视线受阻,从而分隔和组织空间,达到"柳暗花明"的艺术境界。

3. 观赏

园林小品是一种艺术品,本身具有审美价值,由于其色彩、肌理、质感、造型、尺度的特点,再配以良好的布置,就是园林环境中的一景。杭州西湖的"三潭印月"就是以传统的水庭石灯的小品形式"漂浮"于水面,每当夜晚,在湖面上出现了灯月争辉的绮丽景象。提高园林艺术的价值的一个重要手段就是运用园林小品进行空间形式美的加工。

由此可见,运用小品的装饰能够提高其他园林要素的观赏价值,满足人们的审美要求的同时也给人以艺术的美感和享受。

三、园林环境中小品设计与环境的关系

园林小品是构成园林环境许多形体单元的一部分，园林环境同时也是园林小品广阔的背景空间。园林小品之杰作可烘托出优美的园林空间。一个很小的园林小品也会影响整个园林环境的整体艺术效果。所以说，园林小品设计与环境的关系是密不可分、休戚相关的。以下几个方面可说明园林小品设计与环境的关系。

1. 比例与尺度

一般而言，美的东西要"恰到好处"。功能、审美和环境等决定着园林小品的尺度，正确的尺度须与功能、审美等要求一致，并和环境协调统一。园林小品可供人照明、休息、观赏，一般应富于情趣并具有令人回味的艺术气氛，所以尺度必须令人倍感亲切。

园林小品尺度很难定出绝对的对与错，因为不同的艺术意境要求有不同的尺度。园林小品是否美观受其本身的造型比例，以及它们与环境的关系的影响，同时与人们主观审美有关。在园林中究竟取何比例为佳则由环境配合上的需要所决定。

由上可知，在小品设计中不必模仿普通小品的比例和样式，而宜有所创新，如能创造出具有适当内涵和韵味的作品，也会取得神似而又生动形象的效果。

2. 构思与布局

"意在笔先"，对园林小品设计创作是完全适用的。如果组景无立意，构图将是空洞的形式堆砌。构思的思想境界要高，而且要新意，避免俗套，简单的模仿只会削弱它的感染力。在艺术意境的创作要寓情于景、触景生情、情景交融才能达到园林小品的最高境界。有了立意，再深入探讨园林小品的布局。无论是点景还是组景在空间布局上都要主次分明、突出重点；在位置上要彼此呼应，避免距离均等。园林小品的摆设、背景和选择均须与建筑、地形、水体、植物相协调，另外还要考虑人流的走向、空间的开阔封闭等因素。

3. 功能与技术

园林小品不仅要造型美观，还要具有实用功能。正如园林中的不同使用目的的栏杆，就要有不同的高度；园林坐凳，要能供游人就坐休息；作为园林界限的园墙应从围护角度来确定其高度。强调"以人为本"的现代园林要求在园林小品设计满足装饰要求、技术与功能方面的要求等。许多街道绿地旁，结合实际可设置成栏杆和坐凳结合的形式，既美观，又具功能性。

4. 色彩与质感

色彩与质感和园林空间的艺术感染力密切相关。色彩有浓淡、冷暖之别，色彩的联想以及象征的作用可给人各种不同的感受。质感在景物外形的纹理和质地上有所表现。纹理有曲直、宽窄、深浅等；质地有粗细、刚柔等。质感可以加强某些情调上的气氛，活泼、古朴、柔媚、轻盈等的所得与质感处理有密切关系。总之，色彩和质感是园林小品材料表现上的双重属性，两者息息相关，如果善于发现各种材料在色彩、质感上的特点，并运用它组织韵律、节奏、均衡、对比等构图情况，那么产生不同一般的艺术效果，提高艺术感染力是可以达到的。

5. 多样与统一

一切艺术领域中处理构图的最本质、最概括的原则就是多样与统一规律，园林构图也不例外。园林小品设计要统一于总体艺术风格，做到统一而不单调无味，丰富而不杂乱无章。

从某种意义上来说，最成功的艺术就是把最复杂的变化高度的统一，任何一个园林小品都是有错综复杂和千丝万缕的联系。小品的设计要有变化，有独特的风格，更要与整体环境相统一，不同的环境，有不同形式的小品，要实现多样统一就要依据功能、性质等处理构图、小品，设计也要合理布局，因地制宜。园林环境中的小品有主次之分，孤赏石、雕塑等主体景观在设计中必须主题分明，而垃圾桶、栏杆等，不能过分突出。由此看来，园林小品务必主次分明，共存于园林环境之中。

四、总　结

综上所述，园林小品设计与环境有多方面的关系。由于园林小品的样式是功能、设计及艺术相结合的作品，就要坚固、适用、经济、美观，充分发挥其作用。

1. 园林小品在园林环境中的功能和形式很多，在设计方面灵活性特别大，甚至有时无规律可循。设计时选择大小和形式，各种小品形式有别。因此，在现代艺术设计中，小品设计要科学性、艺术性和个性相结合。

2. 空间组合，要重视组织和利用空间，使环境和小品为一个整体。组织园林空间的手段很多，小品布置要与建筑营建、理水、筑山、植物配置相结合，并要紧密配合，组成极佳的景观效果。除此之外，在传统园林中，为了创造出富于艺术意境的空间环境，还要借助大自然的景观。园林小品与建筑花木水石的相结合，再与风啸、水声、鸟语、花香等动态景观因素相配合，就可产生独特的艺术效果。

游人对于环境的感知，是多种形体的单元组合而成的。这个整体的现象与每个单元密不可分，因此使每个小品都达到美，才有整体美。对于园林小品要精心设计与加工，才能引人注目，在环境中起到画龙点睛的作用。

第五章　环境的色彩设计与照明设计

第一节　环境的色彩设计

色彩不仅是环境景观设计最重要的设计手段之一,也是其中最易创造气氛和情感的要素,因此要引起重视。

环境景观色彩设计应与景观的使用性质、功能,所处的自然环境、气候条件及景观周围的建筑以及景观本身建筑材料的特点相结合进行总体设计。

一、色彩设计受环境景观的影响情况

环境景观的性质、体形、风格及规模对色彩设计的影响。规模较大的景观须采用彩度低、明度高的色彩,规模较小的景观彩度可以高一点。采用明亮的暖色使环境景观更具明快感,效果更佳。

充分利用表面材料的原色和表面效果,就要将建筑材料表面材料的本色、热工状况及质感作为依据,比如色彩的明度和彩度由于受建筑材料的影响而改变等;另外,环境景观色彩受地区气候条件、所处环境、地方性建筑材料及建筑材料的影响等。

二、环境景观设计中色彩的作用

首先是,环境景观造型的表现力因色彩而加强;其次是,环境景观造型因色彩而得以完善,因色彩而使效果更统一;再次是,环境景观空间形态效果因色彩而丰富。

除此之外,色彩也体现了城市景观整体风格。如故宫建筑群的各色琉璃瓦与红墙组合起来,形成皇城建筑景观。

在保护历史文化名城和现代化城市环境景观时,环境景观的统一性,会因色彩的处理不当而受到破坏。一些国家对城市建筑景观色彩作出限止性规定,对本地区建筑群、广场和街道的色彩基调作以规定,目的就是为了使色彩与环境景观协调统一。

第二节　环境的照明设计

很多大型公共建筑、景观雕塑和纪念性景观建筑等都采用室外照明方式,因为环境景观照明是环境景观设计的一种手法,它可以强化和装饰环境景观。

根据文娱节日活动及商业的需求，专家设计出了景观照明，自从使用白炽灯后，人们常在大型公共建筑的边沿上使用串灯，形成轮廓照明的效果，而一些泛光照明方式也被用在重要的纪念性建筑景观上；后来又采用目标投光器或者布景投光器来提高环境照度。

根据照明效果，各种照明光源可以在建筑环境景观夜景中使用；需冷色效果的受光面上，可根据受照面的反射系数及材料等条件来确定光源照度，并采用光色发白的金属卤化物灯；需要暖色的受光照面上可采用金黄色较多的白炽灯、高压钠灯等；而使用汞灯不仅可显示带蓝色的白色，而且使用寿命长，光效也好。

一、环境景观照明应遵循的设计原则

1. 为了显示环境景观艺术造型的轮廓、尺度和形象等，可利用不同的照明方式设计光的构图。

2. 利用照明的位置和手法要不仅使人们近看可见环境景观材料、质地等，远观可见它们的形象，而且要使环境景观产生空间立体感，同时又与周围环境相对比。

3. 为了突出水花动态，使飞溅的水花绚丽多姿，则要使喷水景观有足够的亮度。

4. 为了显示树木、花坛等的鲜艳翠绿，就要使用光源的显色才能使光与环境绿化相一致。

二、环境景观照明的手法

受照对象的质地、体量、色彩、尺度、形象、观看地点，与周围环境关系及所要求的照明效果都影响着环境景观的照明手法，一般情况下，光的抑扬、韵律、融合、明暗以及与色彩的配合程度等均属照明手法之范畴；而在不同的照明手法中，关键的却都是泛光灯具的位置、数量以及投射角。比如晚上，亮度决定着环境景观的细部可见度，依泛光灯具需要可进行距离调整；整体而言，要使观察者有上下亮度相等的感受，就要使下部的平均亮度为上部的1/4 ~ 1/2。

第六章　环境景观设计实例与分析

第一节　居住区

一、无锡市沁园新村环境绿化

1. 工程概况

沁园新村(一期)是全国第一批住宅实验小区,地处无锡市南郊,距市中心约5000m。新村占地114 000m^2,居住规划人口7 500人,总建筑面积125 000m^2,绿地面积48 200m^2。绿化工程于1984年4月竣工,工程总造价777 000元。建成后,创造了良好的环境和社会效益,绿化效果得到众人的好评。

2. 指导思想

沁园新村是一个空气清新、环境优美,有一定的户外活动空间,能满足居民的多种需要的居住小区。通过对绿化用地进行统一规划,合理组织绿地空间,创造园林化居住环境。绿化设计既有地方特色,又体现时代风貌,简洁新颖、格调明快。

3. 规划布局

此环境绿化总体布局上,以公共绿地为中心,道路绿化网路,宅旁绿化为基础,点线面融为一体。

此公共绿地分三级设置,即中心游园、组团绿地、院落绿地。中心游园位于新村中部,面积约9000m^2,是新村内的游憩中心,供新村居民共同使用。游园内山水结合,景观丰富。组团绿地是住宅组团内的一块集中绿地,面积500~700m^2,规划用绿篱将绿地与周围道路分隔,形成相对独立的公共活动空间。

4. 植物配置

绿化设计注重整体效果的统一和局部效果的特色。整体上,广铺草坪,形成底色基调,四周种植绿篱,强化绿地的规整性。绿化种植采用整形和自然结合,密植与疏植相结合的方式,整体绿化简洁、活泼。各住宅组团绿地选择不同的绿篱和球状树种。

绿化种植采用单体和群体结合,平面和立面结合,乔木和灌木结合,结构丰富,具有立体绿化效果。

绿化树种根据植物的生物学特性和生态要求,以及居室的采光通风要求和绿化种植与地下管网的矛盾等,色彩上选择色叶、开花树种,树形上选择冠形规整树种,以小乔木和花灌木为主,适量应用大乔木,以达到预期效果。

5. 经济技术指标

绿地总面积48 200m^2，占总用地的42.28%。

公共绿地13 100m^2，占总用地的11.49%。如图6-1、图6-2、图6-3、图6-4所示为新村规划平面图、局部绿地平面及中心游园水景效果图。

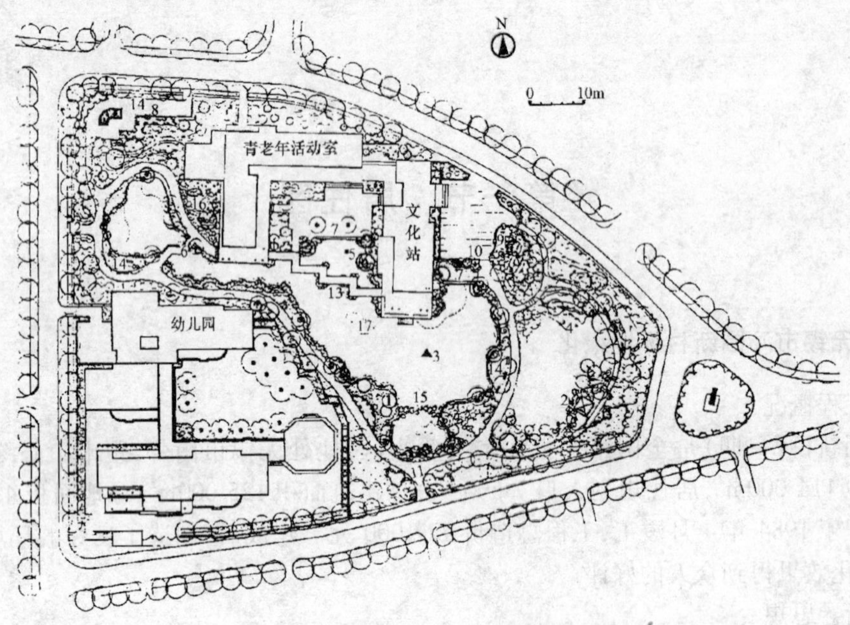

图6-1 沁园新村中心游园规划平面图

1—蘑菇亭；2—方亭假山；3—雕塑；4—雕塑；5—石灯笼；6—曲桥；7—坐板栏杆；8—花架；9—水池；10—景墙；11—入口；12—入口；13—曲桥；14—坐凳；15—汀步；16—塑树桩凳；17—水生植物

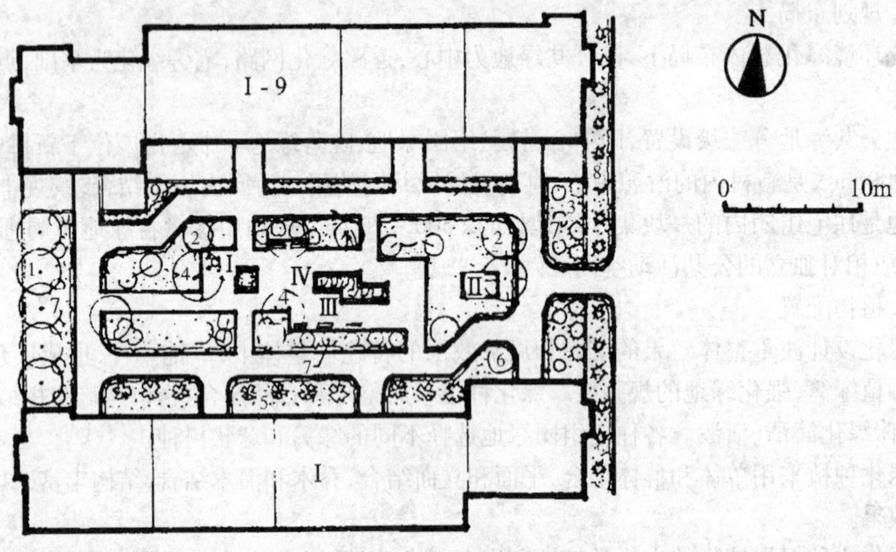

图6-2 组团绿地平面图

Ⅰ—花架；Ⅱ—儿童游戏器械；Ⅲ—塑树桩凳；Ⅳ—条凳

1—罗汉松；2—女贞；3—青枫；4—垂丝海棠；5—紫薇；6—海桐球；7—毛鹃；8—桧柏球；9—法国冬青

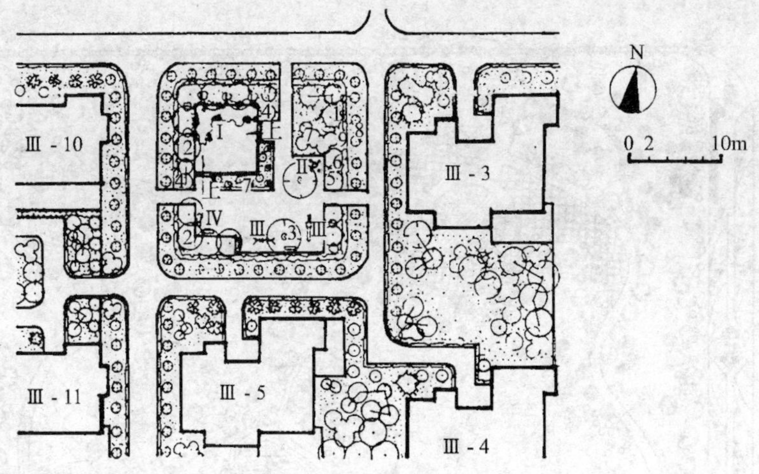

图6-3　院落绿地平面图

Ⅰ—塑树桩凳；Ⅱ—条凳；Ⅲ—砂坑；Ⅳ—花台

1—女贞；2—桂花；3—蜀花；4—樱花；5—棕榈；6—罗汉松；7—海桐球；8—丝兰；

9—慈孝竹；10—垂丝海棠；11—紫荆；12—毛鹃；13—栀子篱；14—瓜子黄杨篱

图6-4　中心游园水景

二、北京市玉海园小区花园（图6-5）

1. 小区花园是居民游乐、休息和锻炼身体的中心绿地，反映了居住区绿地水平的高低。花园的规划设计目标追求朴实自然，体现优雅休闲。以自然山水为骨架，植物造景为主体，以玉海园小区居民为服务对象，创造多功能的花园小区。

2. 小区花园在设计中采用多种造景素材，建立由封闭空间和开放空间组成的多方位、多层次的主体空间环境序列。基于平面布局，利用小品、地形高差、植物等创造疏密有致、富于

图 6-5　北京市玉海园小区花园

1—主入口；2—主题雕塑广场；3—人工湖；4—花架广场；5—花卉观赏区；6—儿童游乐场；7—回廊安静休息区；8—体育活动区；9—大草坪；10—东北入口

变化、高低错落的立体空间。不仅满足功能而且注重人的心理感受，突出景观性与参与性，合理安排封闭空间的开放空间，获得步移景异、引人入胜的效果。

3. 不同年龄层次人群活动需求不同。因此,通过园路、水池、广场、健身运动场等将整个花园分割成功能各异的活动区域,即主景区(包括中心广场、水体、大草坪)、花卉观赏区、安静休息区、健身运动区、儿童活动区等。相互之间既独立又连续,各具特色又相辅相成。

4. 小区花园整体环境设计由半私密空间至开放空间系列过渡,同时采用局部对称的轴线布局方式,层次感丰富,景观内容各有特色,使人们不同的行为方式及心理需求得以满足,充分体现了以人为本的设计思想。

5. 绿化布局采用当今常用的设计手法,视线通透,线条流畅,植物配置以草坪为基调,适当点缀观赏乔木,并采用植物的色带组合,色彩绚丽、层次分明、线条流畅、高低错落、极富动态感。绿地边缘种植高大乔木与住宅楼群相隔离,使整个花园形成相对独立的绿化空间。

6. 小区花园中设置园林小品共有 4 组。中心广场设置主体雕塑——用抽象的月季花造型体现花园小区温馨家园的主题;安静休息区(位于绿地东北角一侧)中设置一组造型新颖的花架廊,既可独立观赏,又可结合花池坐凳布置,居民可在花架下读书下棋、纳凉赏景;花卉观赏区设置一组雕塑,反映家人携子在花园中嬉戏玩耍,尽赏自然美景的美好亲情;主景区水池边设置现代造型的六边亭,与中心广场雕塑相呼应,形成对景。

三、北京市石景山区鲁谷小区半月园设计(图 6-6)

半月园位于小区北侧,临近规划中的银河路商业街。小区占地面积约 4.3hm^2,东西最长处 390m,南北最宽处 120m,似晓月半弦,故名“半月园”。内部地貌为起伏的坡地。可因地制宜进行设计,休闲与社交双重功能的台地式小区公园,同时又是商业街的一个标志性的绿化景观。其中,绿化面积占 77.07%,道路广场占 20.93%,建筑面积占 2.0%。

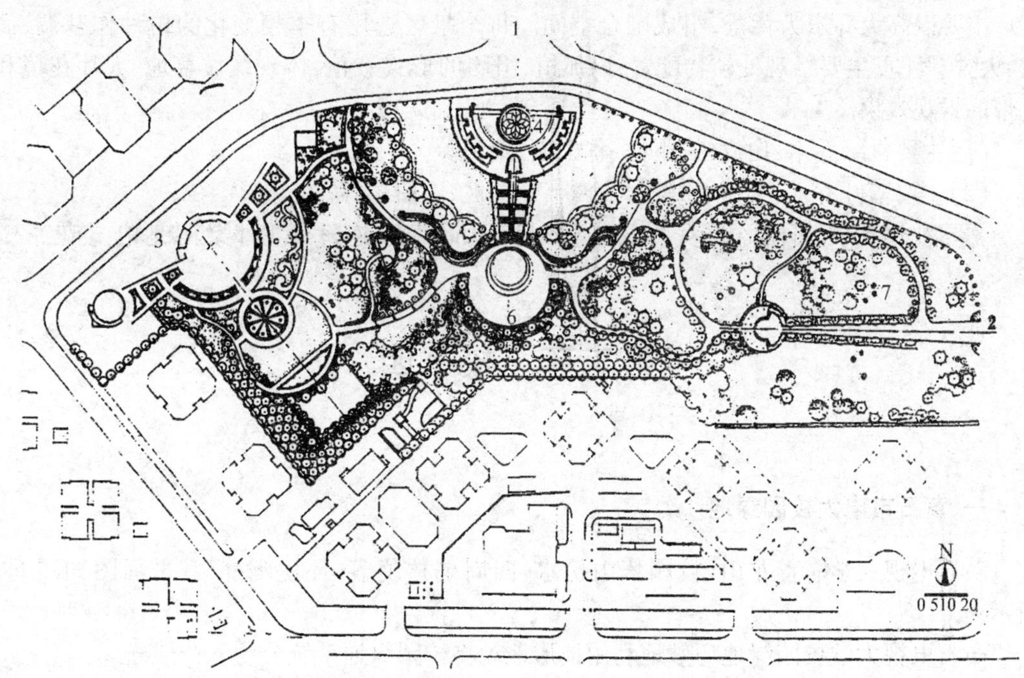

图 6-6　北京市石景山区鲁谷小区半月园总体设计图

1—主入口;2—东入口;3—西入口;4—彩灯及花形变幻喷泉;5—跌水;6—廊柱;7—儿童活动广场

1. 设计原则

(1)利用原有地形,创造起伏变化的、优美的现代园林景观环境。整个公园线条简洁,以绿为主,由缓坡草地、台地广场组合空间。公园外部形象生动鲜明、引人入胜。

(2)根据小区居民的需求,坚持以人为本,安排形式多样,高程不同,易于开展群众结社、休憩、文化活动的特色广场,以满足儿童、青年、老年等多年龄层次的要求,因地制宜,合理布局。

(3)整体上考虑将绿化环境与台地广场、休憩设施与活动设施有机结合,使特色广场和休憩、活动设施融于自然的环境,形成一个绿色气息浓郁的公园。坡地和广场有机地结合为居住在高楼耸立、繁杂闹市的人们提供一个豁然开朗、心旷神怡的可憩、可观的环境。

2. 设计构想

(1)东部景观区　由东入口始,以锥形道路为主,给人一种深远感,尽头是圆形广场和一组弧形廊柱。圆形广场中为彩铺台地,修剪成型的绿篱色带简洁、规整,衬托着廊柱,有一种欧式园林的气息。草地间有几组抽象雕塑,极富情趣。圆形广场东南侧为一处半林荫广场,形成较为安静的活动空间,主要供中老年人活动。

(2)西部景观区　西入口面向商业街广场,由大规模的模纹花坛组成,轴线尽头为方形儿童活动广场。

(3)中心景观区　自北门区广场向南的一条线,为公园景观的主干线。富于层次和气势的跌水、台阶、高杆灯、花台等依地势而设,景观很美。主轴线中心为一直径约 40m 的景观广场。其中央由 3 个半径不同的圆错落围合组成,其内布置半月形喷泉和直形水柱喷泉。

3. 绿化配置

主要以高大乔木为背景,组成围合空间。每个景区选用有季相变化的树种作基调,简洁、大方。注重主要景观处植物配置,以孤植、组团的形式栽植,体现缓坡草地、大片花境和色带的景观效果。

(1)主要常绿乔木:白皮松、雪松、华山松、圆柏等。

(2)主要落叶乔木:栾树、悬铃木、合欢、元宝枫、毛白杨等。

主要灌木:碧桃、石榴、金叶女贞、棣棠、紫叶李、大叶黄杨、连翘、紫叶小檗、沙地柏、樱花等。

第二节　校　园

一、黄石市电大校园绿地

黄石电视大学靠青龙山,校园依山傍水,四周果林茂盛,环境幽静,其平面图如图 6-7 所示。

黄石电视大学校园绿地巧妙地利用地形地貌将校园绿地系统分为五个部分。

校园前庭中心部分,利用并结合校门至教学主楼之间的坡地,采用绿地和踏步组织交通、分散人流,使绿地空间层次丰富、突出主景。绿地上端中心设有约 8m 高的主题雕塑——“走向未来”,以“T”字为基座,用“V”字舒展的形态突出人物造型,一位年青的女学员正走向未来。两侧绿化行道树以广玉兰为主,以海桐、蜀桧、黄杨等作为主树种,以雀舌黄杨、迎春、美女樱为地被植物。

生活区绿地,在山坡挡土墙种植冬青作为绿篱屏障,以樟树、紫荆等配置。绿带与楼房之间有两组座凳组合花坛和一花架廊,景观极佳。

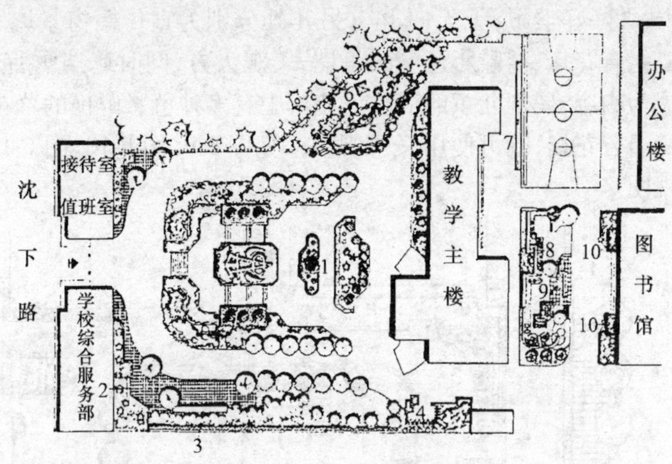

图 6-7　黄石电视大学校园绿地

1—中心雕塑——走向未来;2—座凳组合花坛;3—宣传橱窗;
4—组合花架景墙;5—山石水景;6—小方亭;7—黑板报栏;8—装饰景墙;
9—花架双亭;10—立体花坛

东西环行道两侧绿地,在彩色铺装地面的东侧设有座凳组合花坛,中间是宣传橱窗,种植樟树,并种植混交林过渡到景墙花架。

西侧绿地利用原来的小山丘,叠石理水,铺路建亭,植松、竹、梅,寓意为岁寒三友。

在主教学楼与图书馆之间的后庭园绿地如图 6-8 所示,为不规则式布局方式,用装饰景墙围合一幽静空间,高低叠落。在装饰景墙中以透雕和浮雕壁画作点缀,表达电大学员在知识的海洋中前进,丰富了绿地的内涵。

图 6-8　后庭园绿地外景透视图

二、黄石市中山学校校园绿地

黄石中山学校是一个小学,坐落在黄石港区延安路东端,占地面积约为 1.4 万 m^2。

在学校运动场的周边以香樟为骨干树，也栽植部分黄杨绿篱。建筑周边种植合欢、广玉兰、棣棠、紫荆、花石榴、桂花、榆叶梅、连翘等。在周边四个景点中布置有南天竹、凤尾竹、贴梗海棠、杜鹃、金丝桃等。

校园周边四角隅和运动场转弯处与校园大门相对的是校园的障景，设有一座装饰影壁，上有毛泽东的题词："好好学习，天天向上"，另几处分别为宣传橱窗景墙、景门、漏花景墙等。西北角有一座组合花坛、浮雕彩色壁画景墙，美观大方，同时遮挡厕所。壁画以德、智、体、美、劳全面发展为内容，展现儿童的活泼。花坛中有多种色彩鲜艳的草花形成一种点缀。西南角为一组座凳组合花坛，既可使用又可观赏。如图6-9、图6-10、图6-11所示为该校园绿地平面图及透视图。

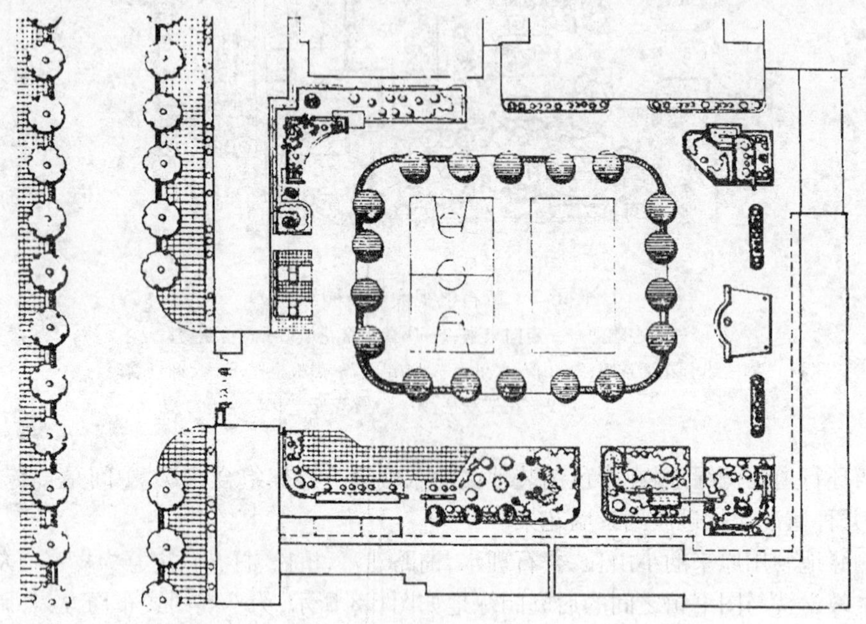

图6-9　校园绿地平面图

图6-10　校园绿地透视(一)

图 6-11　校园绿地透视(二)

三、黄石市二中校园中心游园

中心游园小品设计追求实用,不仅要增大使用的容量,也要对重点小品进行刻画,在东西两端设置了两处以学生为体裁的雕塑小品,并安置了一些桌凳小品,供学生在此学习交流。

绿地的边缘以水杉为主,分割内外空间,几株法桐,采用雀舌黄杨作绿篱,用部分香樟、桂花、黄杨球、蜀桧等作空间层次的组合,种植紫薇、紫叶李、白玉兰、花石榴、含笑、丰花月季、美人蕉等花卉烘托了活跃的气氛。如图 6-12、图 6-13 所示为中心游园的平面和装饰游廊外景透视图。

四、湖北工学院教学区绿地

该校园面积约 106.72 万 m^2,建筑面积为 11.48 万 m^2,体育运动用地面积为 1.11 万 m^2,道路广场面积 1.07 万 m^2,集中绿地面积为 9.51 万 m^2。

规划设计以引导学生热爱生活、爱护环境为宗旨,其平面图如图 6-14 所示。

全区共分五大景区,分列如下:

1. 入口前庭区。由主入口轴线与主教学楼构成。轴线的端点处,有“学院之魂”的雕塑,造型是两只极相似的手,象征着工业制造离不开双手,离不开劳动工具,突出学院的专业特色。在轴线两侧以规则式布局为主,活泼有序,形成一个独特的绿化空间。种植的植物主要有雪松、紫薇、桂花、丛竹、紫叶李、栀子花、广玉兰等。以白色建筑物为背景,常绿树作基调,花灌木为主调,植物材料组成的图案和工学院的校徽标志引人注目。

2. 滨河堤岸景点。主要有“回归之雁”和“升腾之星”两个景点,如图 6-15、图 6-16 所示。“回归之雁”以其装饰性极强的夸张、变形的手法,寓意一批又一批毕业生奔赴祖国各地参加社会主义建设及其成就。“升腾之星”景点由现代造型的上升拱与浮雕组成,浮雕为腾飞的太空的七颗星,代表着七个系。

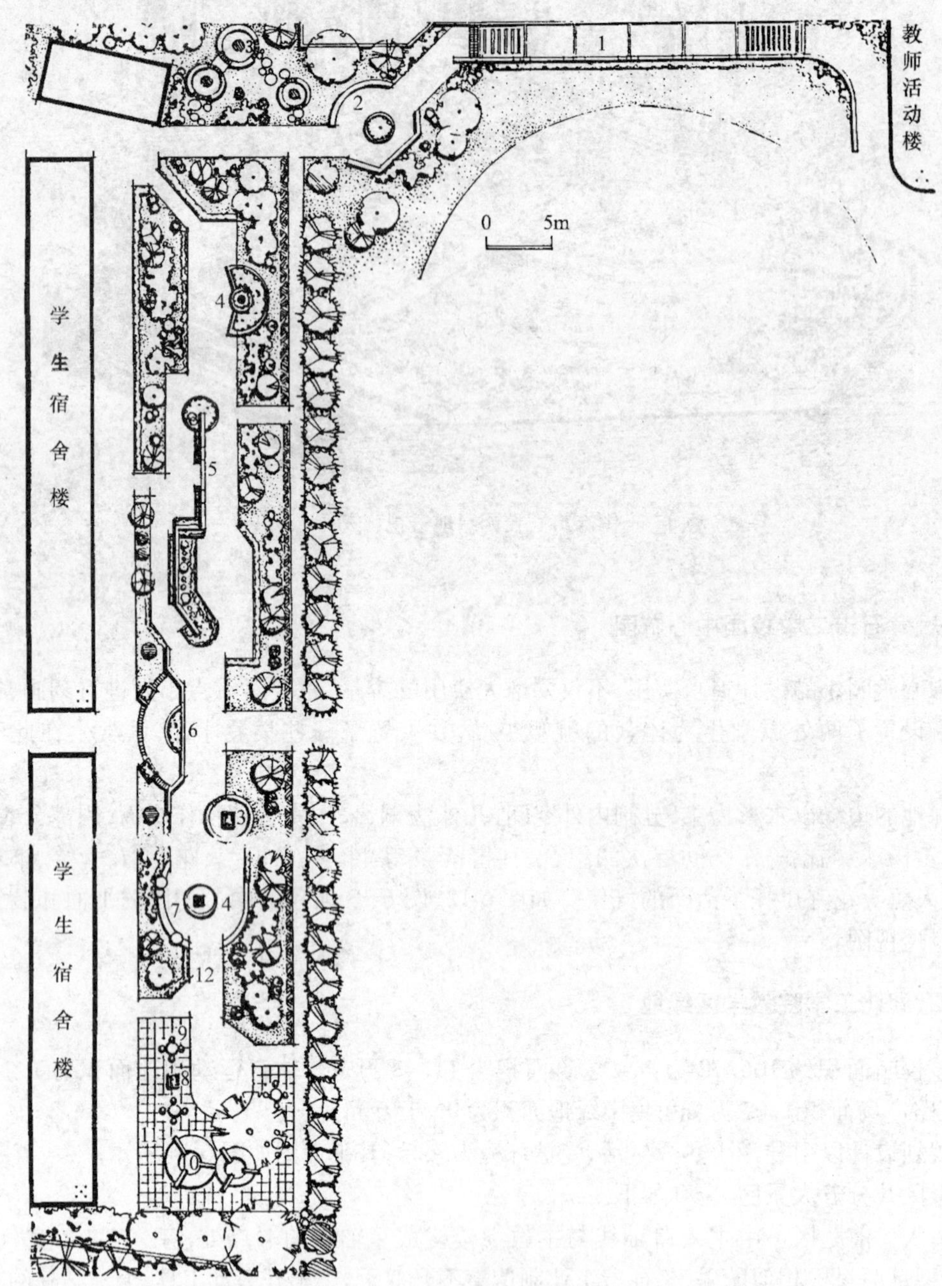

图 6-12　黄石二中校园中心游园

1—装饰游廊;2—环形座凳;3—休息岛;4—雕塑花坛;5—装饰景墙;6—花架景墙;7—雕塑座凳;8—活动容器;9—圆桌凳;10—双圆亭;11—彩色地面;12—游路

3. 夏秋景区,在图书馆前,主要由“桂花—紫薇园”与下沉式喷泉水池组成。观花植物主要有桂花、紫薇、含笑、石榴、木槿绣球等,秋天叶色的枫香、马褂木、银杏等也极美观。

4. 冬景区。在图书馆后侧,以凤尾竹、孝顺竹、紫竹、斑竹等各类竹子与梅花、腊梅、山茶

图 6-13　装饰游廊外景透视图

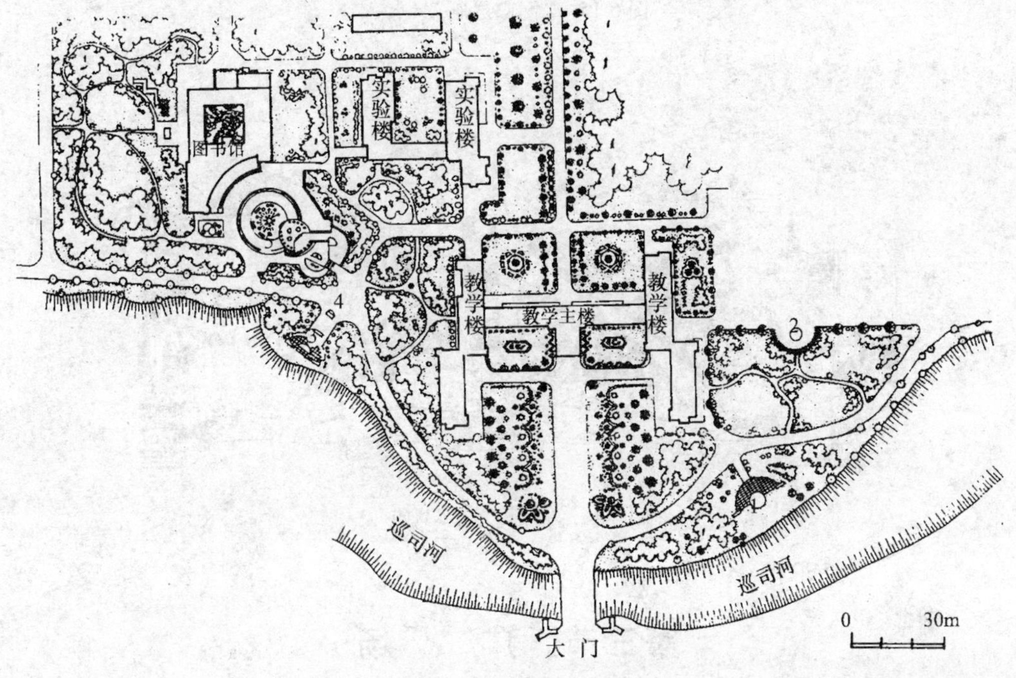

图 6-14　教学区绿地总平面区

1—升腾之星;2—环形花架;3—回归之雁;4—袁育民烈士雕塑;5—中心喷泉广场;6—游廊

花组成"梅花苑",同时还设有赏梅的"梅亭"、"赏竹"的"竹廊"。"岁寒三友"的小景点也引人入胜。青竹虚心有节、梅花清标雅韵,在校园种植,另有意境。

5. 春景区。与风雨操场位置相近,种植大面积草坪,周边植有玉兰、郁李、木香、迎春等,组成"木兰—蔷薇园"的春景。此处的李、郁李与沿河种植的碧桃构成"桃李满天下"的寓境。

图 6-15 “回归之雁”景点

图 6-16 “升腾之星”景点

第三节 广 场

一、北海市北部湾广场

1. 概况

北部湾广场地理位置很重要。原广场呈“L”形，面积约 2 万多平方米，有“南珠魂”喷泉雕塑，四周种植着 14 棵友谊树，中部留着一片树林和 3 棵古榕，外围用栏杆围合，与人行道隔离开。随着社会的发展，原广场已不能满足现代城市发展和市民文化生活的要求。因此，需要在规划设计的基础上进行扩展和改造。

2. 总体布局

开辟新的外围道路，把北海市面上的水厂旧址纳入改造范围形成新广场，面积由 2 万多平方米增至 4 万多平方米，呈自然的扇面形。广场的形态设计以“南株魂”主题雕塑为主。结合广场的现状和“整体性”的构思，组成“一个中心，三个翼”的整体空间格局，有五大区，分别为

“南珠魂”中心区、集会广场区、中轴线区、文化广场区、大草坪区，其平面布置如图 6-17 所示。

在扇面形中“南珠魂”恰好是扇面的放射中心点。“南珠魂”体量雄伟，外形简洁，是北海的文化特征和广场的标志性构筑物。“南珠魂”中心区是广场的主功能区，设计中把“南珠魂”雕塑周围的花坛向外拓宽，构成三个大型花坛，外围留圆形空旷硬地。

行人从长青路观赏广场的视觉焦点和对景就是“南珠魂”雕塑。设计中安排三组序列大型花坛，形成了相互联系的广场中心线，突出中心标志物的视觉形象。

靠近四川路的广场，在设计中将广场这部分活动空间拓宽，建成具有小型集会、休闲活动功能的集会广场。设计主题建成兼具开敞性和街道化特征的林荫广场，集会广场从外围人行道至草坪边缘总宽度平均约 40m，铺设了硬质的大方格形花岗岩，硬地上种植具有北海亚热带特色的高大阔叶乔木。与北海湾中路衔接的是文化广场，广场由展览馆和下沉广场两部分。设计将原水厂蓄水池改造成公共展览馆，不仅留了历史建筑，还丰富了广场文化。下沉广场在原来文化娱乐和休息空间的基础上，规划设计成半扇面，面积约 2 000m^2，可在此进行集会。

北部湾广场保留原有特色植物和景色，在广场中央形成以两大片草坪为主、林地为辅的开敞绿地，并以大弧度路径与各功能区连接。林地中种植椰树、槟榔等特色观赏树种，富有滨海特色。自然林地与林荫广场构成了广场外围的绿色屏障，强化了空间的围合感，如图 6-18 所示为某局部剖面示意图。

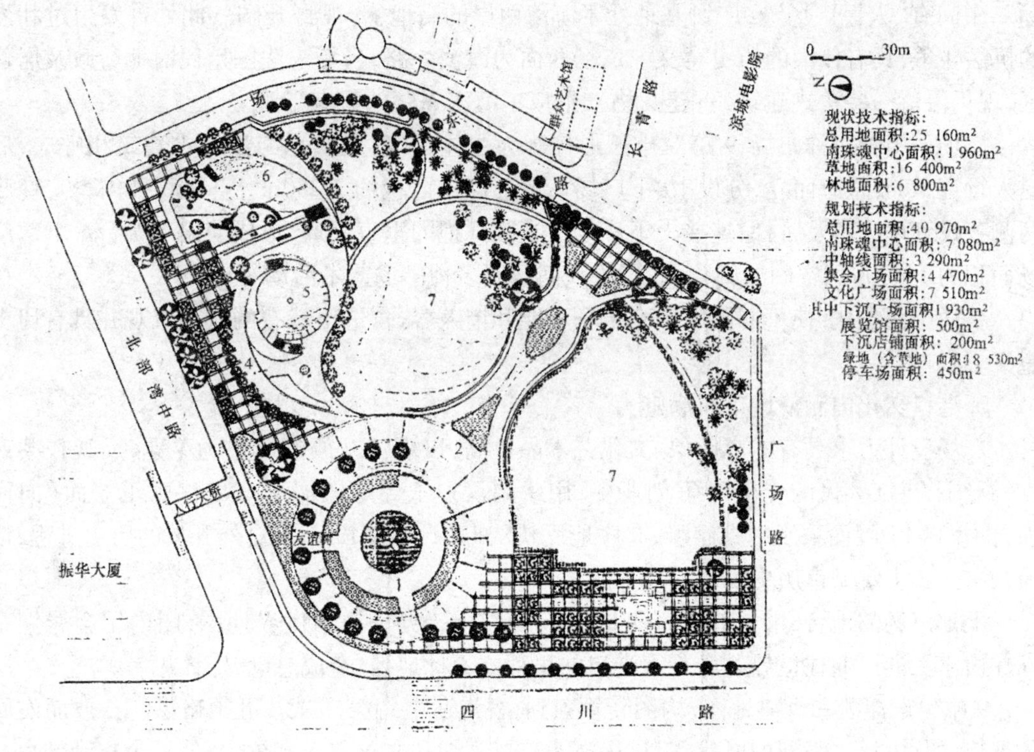

图 6-17　总平面图

1—雕塑——南珠魂；2—中轴线；3—集会广场；4—文化广场；5—展览馆；6—下沉广场；7—草坪

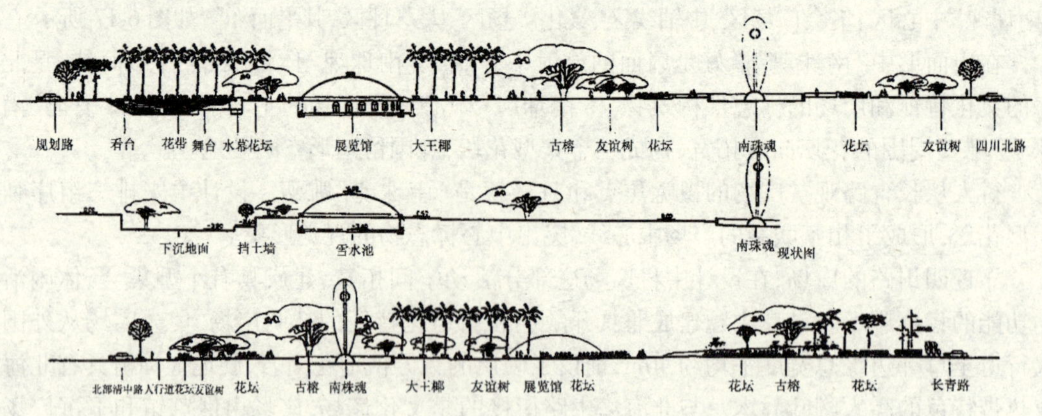

图 6-18　剖面示意图

二、湛江时代广场(图 6-19)

该广场的设计思想如下:

1. 重视历史环境,营造特色城市景观

时代广场位于霞山区主轴线(解放大道)的东起点,轴线长约 3km,西起点有“世纪广场”,中间有“人民广场”。广场基址处于海湾西岸的高地上,视野开阔。此处曾发生过壮烈的抗法斗争,具有伟大的历史意义。广场西面为海滨一路,当年为法国殖民时期行政及居住区,现仍保留一些法式建筑(古建文物),形成了海滨一路的特有景观。

广场采用轴对称布局,9 跨双排弧形柱廊为主体建筑,形式上与法式古建筑相呼应,后退人行道 30m,望海而立,分设上、下广场。上部广场面积约 2 250m^2,空间积极内聚。柱廊两侧各设管理用房及阶梯,连接上下广场。半圆环抱的垂直交通,形成演出小舞台。下部广场面积约 14400m^2,空间开阔自如,可供人们开展多种广场艺术活动等。

贯通中西文化,使不同国度的建筑环境能和谐兼容,营造出特有的城市景观并具有历史意义。

2. 港口文化内涵使城市充满魅力

广场设计力求具有本市形象、文化艺术品位高,以湛江开放的历史为主题,反映在共产党领导下,湛江人民的光荣斗争创业史,用 9 幅汉白玉浮雕镶嵌于广场柱廊正立面(向西面)的檐口上,画面采用中高浮雕,有序地反映从 1701 年到 1984 年对外开放的历史进程,使人们进一步了解城市历史。

上部广场的地台,采用 100mm × 100mm 的广场砖分色拼贴世界地图,图内用金属钢字标注由湛江港口通往世界著名十大港口的里程。不标地名,造成悬念,令人思考。

9 幅史记浮雕和世界地图,构图新颖独到,视点适中,置身广场,可领略湛江开放而发展的港口文化内涵。强烈的时代气息,提高了广场意趣和文化艺术感染力,使城市充满魅力。

3. 使用本土材料,体现地方特色

广场设计为体现民族性、地方性,降低造价为原则。使用本土材料为主,努力做到普材精用,低材高用出精品。主体建筑采用浅杏色本地产外墙砖,色感较为柔和。柱头饰花采用

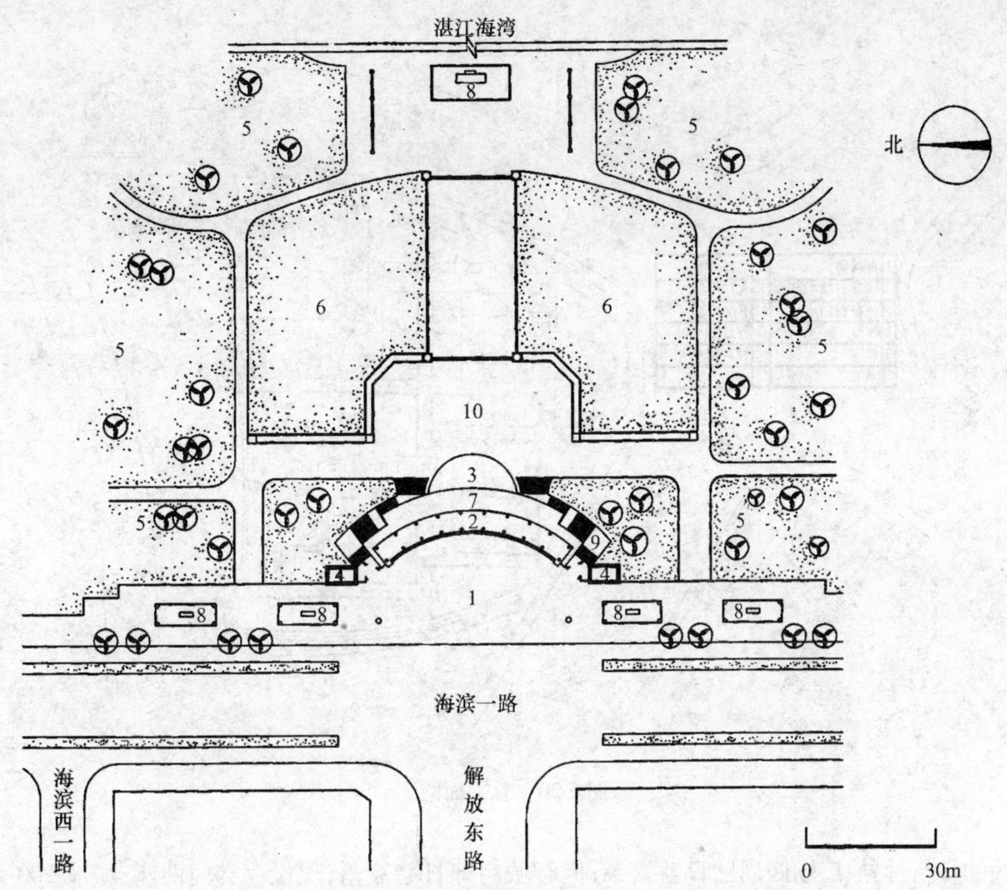

图 6-19 总平面图

1—上部广场铺地;2—柱廊;3—舞台;4—管理房;5—草坪与椰林;
6—开放式草坪;7—观海台;8—雕塑花坛;9—上下广场步级;10—下部广场铺地

石湾工艺陶瓷,图案设计简炼,与流行惯用的仿欧陆风格的柱头花不同,更加新颖美观。栏杆设计为陶泥原色烧制腰鼓花,面扫白色涂料,亚光质朴,亲切大方。柱廊地台及两侧步级铺深红色陶质地砖,寓意雷州半岛红土地,极具意义。

植物配置以草坪、椰树为主,配置当地的宝巾花、美人蕉等灌木,花色鲜红艳丽,花期由春开至秋,与蓝天、白云、大海交相辉映,一派浓郁的亚热带地域风光尽现眼前。

三、南京市汉中门广场

此广场位于南京城西,是一项综合性的古迹保护与旧城更新工程。占地面积 2.2hm^2。如图 6-20 所示为总平面图。

1. 环境状况分析

汉中门广场位于汉中路与虎踞路相交的十字路口东南角,广场内有全国重点文物保护单位——石城门。该门始建于南唐,为南京现存历史最为悠久的城门,明初筑城时重修,是南京城西部陆路出入的要道。此处历史文化氛围浓重,体现六朝古都南京悠久的历史文化。随着

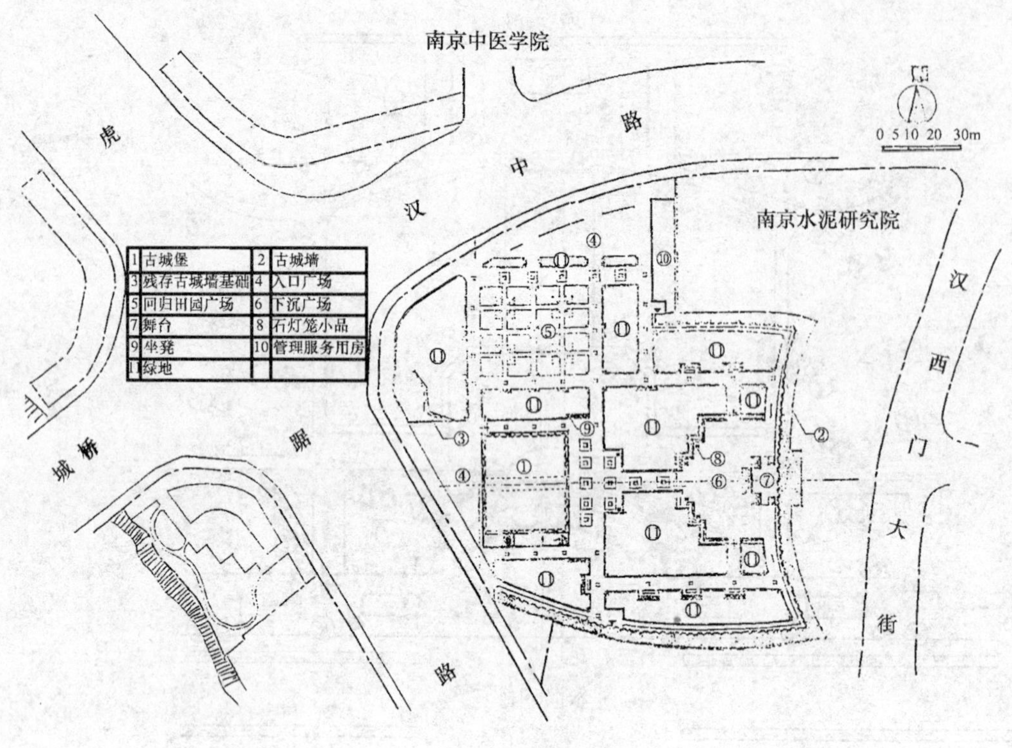

图 6-20　总平面图

时代的日新月异、广场四周已日益繁荣；但石城门却日趋衰落，现仅存券门两座，城墙 200 余米，且都破损 1/3 以上，而且里面办起了鱼市，更是满目疮痍，已难见昔日城堡的壮景。

2. 指导思想

充分挖掘丰富的历史文化，将其融于现代设计手法之中，重“神”而轻“形”，满足现代人们对自然的渴望，使人们能充分地接近自然，将其建成一个既具历史文化内涵，又具时代气息的广场，这就是规划设计的主要指导思想。

3. 布局与特点

汉中门广场总体布局分为南部的下沉广场活动区、休闲漫步区和北部的回归田园区。广场南部由古城堡、古城墙围合，形成较郁闭的空间，规划恢复石城门的中轴线，打通券门，轴线尽端布置一面积为 1 600m^2 的下沉广场，供人们进行各项活动，城墙四周曲径布置，供人们休闲漫步。广场北部，面向大马路，空间较开阔，绿地呈“田”字形，象征“都市中的田园”，体现都市人渴望回归田园的理念，具有时代特征。

本广场规划的主要特点是：

(1) 主题特征突出。力求展现这座古石城门的形象，使其历史内涵和地方特色的能量得以充分释放，为人们提供了超越时空的连续感。环境设计沿着“古城堡”这一历史意味浓郁的主题向古今双向延伸，设置了石灯笼、古井遗址、石鼓凳、抽象辟邪图案等环境艺术小品。

(2) 以“人”为本。广场设计处处体现出以“人”为本的思想。座凳、栏杆的高度符合人体尺度，方便残疾人的无障碍设计，设置符合国情的自行车停车场，及配套服务设施。广场除特设的坐凳外，植坛均砌成30～40cm高，35cm宽的矮墙，外贴磨光花岗岩，供游人休憩。

（3）空间丰富。以创造高质量、高品位、多层次、多功能、多景观、多情趣的空间环境为主要目的。城堡内是具有传统意味的狭长空间，城堡外是有现代特色的开敞空间；有下沉广场可供市民休息、活动等；有安静的休息平台及居高临下的城堡、城墙顶部广场。这些给人们以不同物质功能和精神感受的空间。

（4）环境和谐而有新意。广场突出传统风格，以石城门为代表，整体上作规划式布局，使古城堡与新建广场构成统一的基调。广场上绿地和铺装图案采用的方格形式，隐喻了中国古代城市的方格网布局模式。回归田园区，花池与铺地相平甚至下沉，使人们漫步其间，能最大限度地接触草地，接触绿色，感受自然，这与传统的高出地面的花池是不同的。人们都很自觉地不去践踏抬脚可触的草坪，从一个侧面反映了当代社会精神文明的日益增强。意在本质中统一，两者又兼容，创造了一个和谐而有新意的环境。

（5）多流线的交通系统。广场内有两种类型的流线，一是健身活动，二是观光、漫步。两者彼此兼容又灵活转换，设计尤其强调了流线的灵活性、导向性与趣味性。空间和交通系统相结合，创造出一种"多维"的时空。

4. 绿化及相关设计

广场绿化设计既注重绿化的形式、风格与古城堡相协调，又体现南京当代的园艺水平，营造出舒适的绿色空间。广场绿化以草坪造景为主，视线通透、简洁流畅。树种以乡土树种为主，符合这里的历史文化氛围。植物栽植注重图案化，采取如倒梯形的绿篱，"馒头形"的大直径洒金柏球等，以整形形式与方方正正的古城堡相协调。在绿色基调的基础上，又注重植物色彩的搭配，以色叶植物和红花檵木为主，红枫、红叶小蘖、洒金柏、紫叶李等，花灌木如杜鹃、桂花等，创造出丰富多彩的植物景观。

广场照明设计考虑到照明的需要，又突出古城堡，对古城堡进行泛光照明。灯具形式简洁大方，极具时代感，同时又与古城堡相协调。广场喷灌设计采用全自动升降式喷灌，喷水时又可成为广场的一个新景观，不仅现代化，还极具时代风范。

四、重庆市人民广场

此广场位于重庆市渝中区上清寺地区，原是一块占地2.82万m^2，且有一定高差变化的开阔场地，最高处高程219.8m，最低处高程206.9m^2，周围由围墙围隔。广场主体建筑是人民大礼堂，建于1951年。该建筑呈中轴对称布局，具有明清宫庭式建筑风格。如图6-21所示为其总平面图，其综合现状分析图如图6-22所示。

大礼堂以其特有的雄姿和魅力已成为重庆市的象征。原来中轴线一带为硬质地面，两端为旗杆、牌坊，北部为乔木、灌木丛生的荒地，南部为一些机关单位。整个用地环境杂乱，视角狭窄，已不适应经济社会发展和重庆设直辖市后的城市形象。因此，必须重新建设。

规划建设总原则就是提高社会、环境效益，适应城市发展需要；结合地形突出个性，创造精品；注重整体，分期分批实施。实施方案为三步，一期工程使公共空间完全开放，二期工程使广场功能更完善，三期作为远期工程进行总体控制。广场空间环境塑造着眼于现状环境、社会环境及市民的意愿，以烘托大礼堂为主旨；空间环境注意与其风格相协调，同时注重现代感，以适应时代发展。广场建设力求强化空间秩序，使广场风格严谨庄重，适应政务活动需要。同时，赋予广场空间情趣，形成怡人环境，满足市民和游客的需要。图 6-23、图 6-24 为构思图。

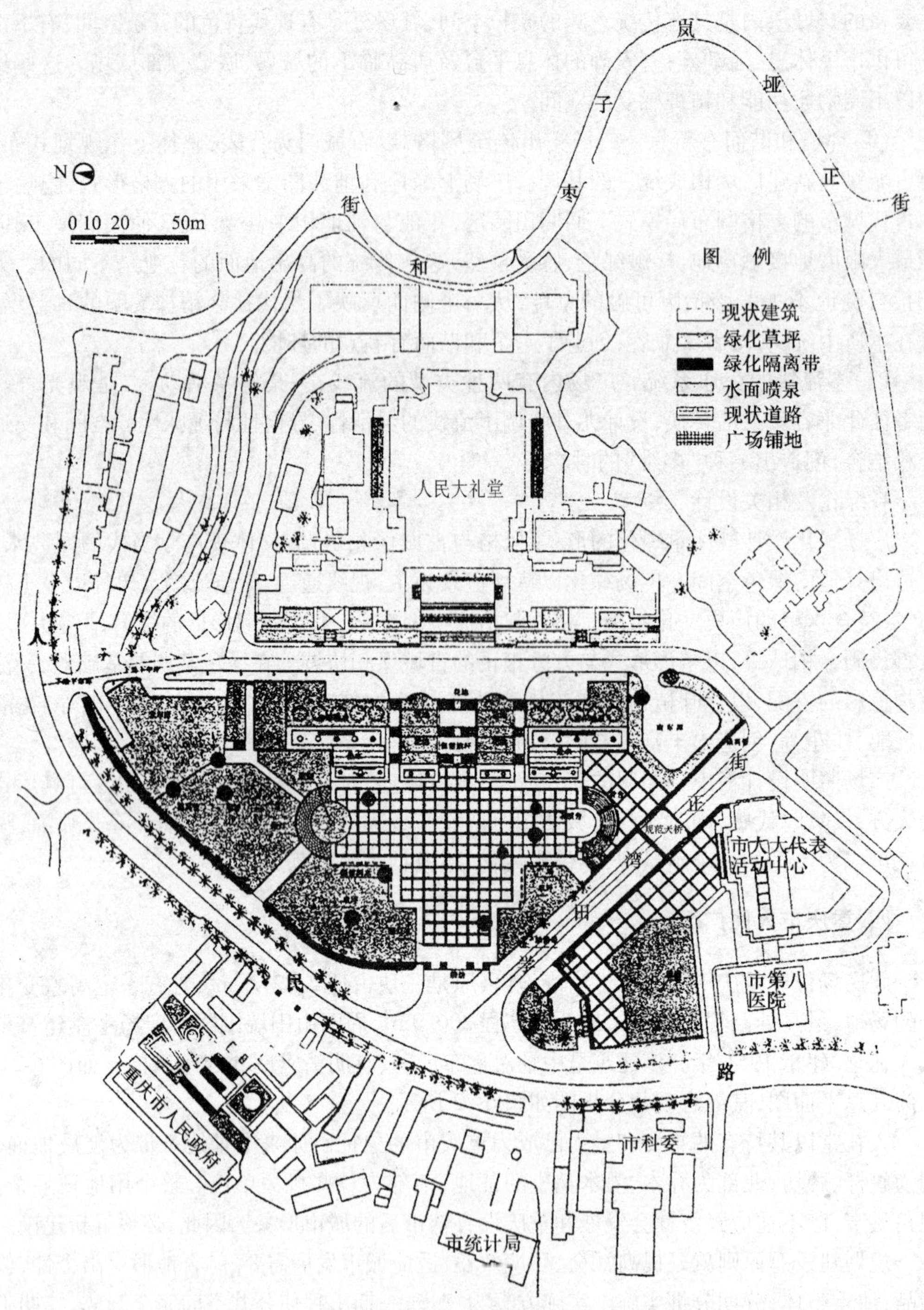

图 6-21　总平面图

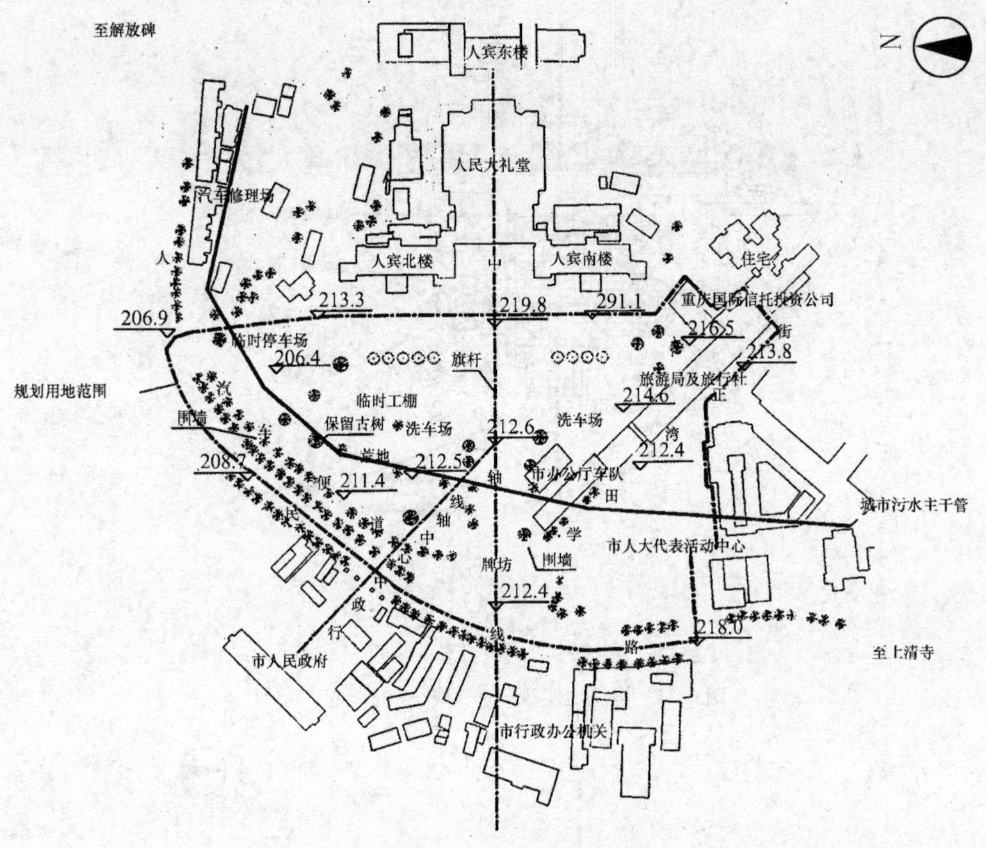

图6-22　综合现状分析图

广场结合地形，形成“一心”（广场视觉中心）、“两场”（南北两个停车场）、“四坪”（四片绿地草坪），“四区”（中心活动区、北侧纪念区、南侧文化娱乐区、西南侧眺望休憩区），保证政务性活动和群众性活动两大功能，进一步突出主体建筑人民大礼堂，使广场空间富有鲜明的地方特色。

结合景观需要，为了与竖向设计相协调，又适当增大广场纵横坡度，将排水箅布置在硬质铺地边缘，各种检查井布置在草地中并进行处理。打通大礼堂前9m宽车道，使学田湾正街与人民路相连通，并利用南北两端地形高差设置地下车库，从而使人车基本分流；竖向设计尽可能利用原来地形标高确定设计标高，以保证与广场边缘人行道、车行道自然接顺，同时符合排水要求。规划保留了13棵高大乔木，去除灌木，改植草皮，保留广场边缘人行道上的树木，形以点、线、面充分结合的广场绿化系统。广场竣工后，成为集休闲、游览、表演为一体的综合性广场。

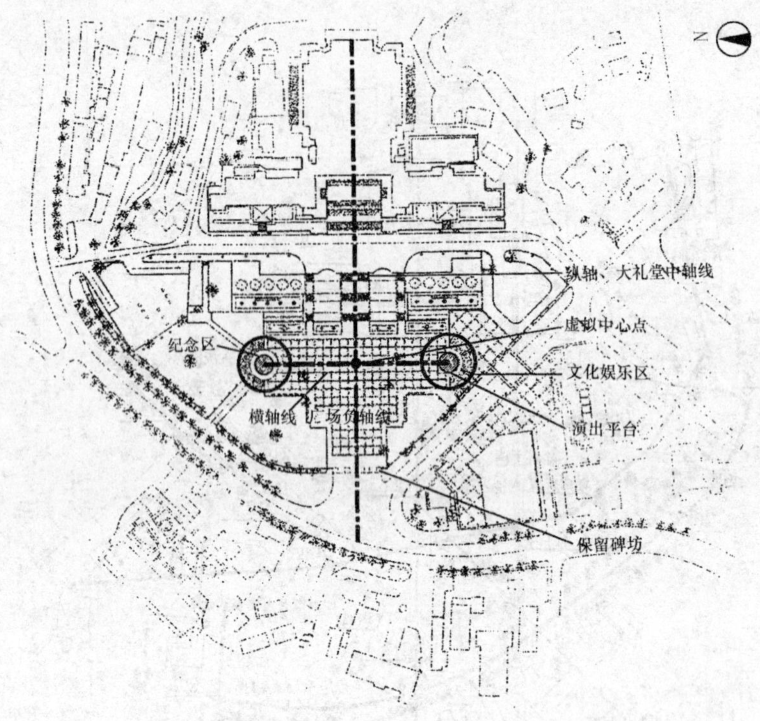

图 6-23　构思之实现——“秩序”的形成

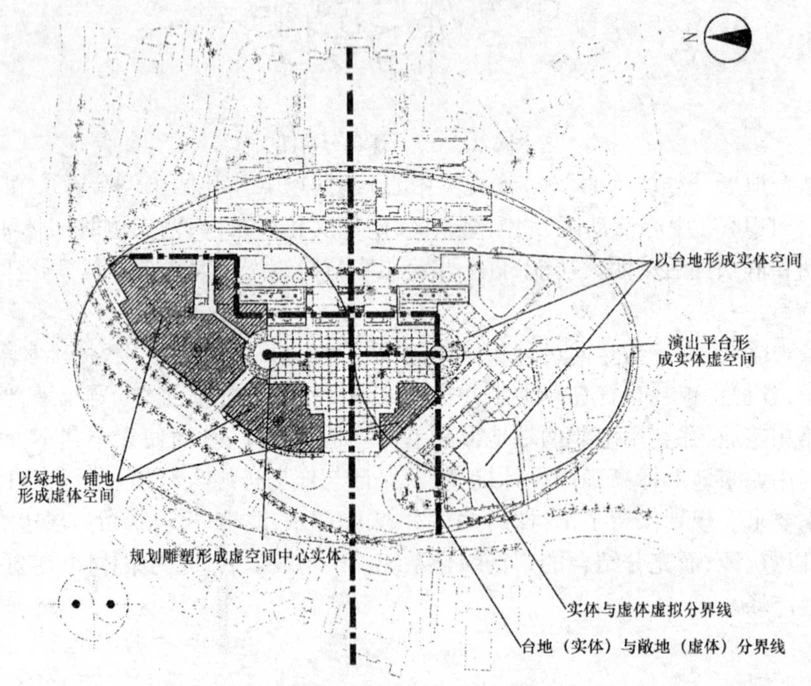

图 6-24　构思之实现——“秩序”与“情趣”的统一

第四节　道　　路

一、某高速公路绿地规划

（一）设计思路

充分利用原自然地形，主要种植自然植物。以灌木、花、草的形态与色彩特征，组成带有动感图形，不仅可以美化景观，又可满足生态要求，所选植物有月季、五角枫、麦冬、杜鹃、红檵木、山茶花、叶子花、四季青、棕榈等，便于管理和维护。设计、施工时适当整形，反映出植物的季相变化，尽量做到四季有花，如图 6-25 所示为绿地景观设计图。

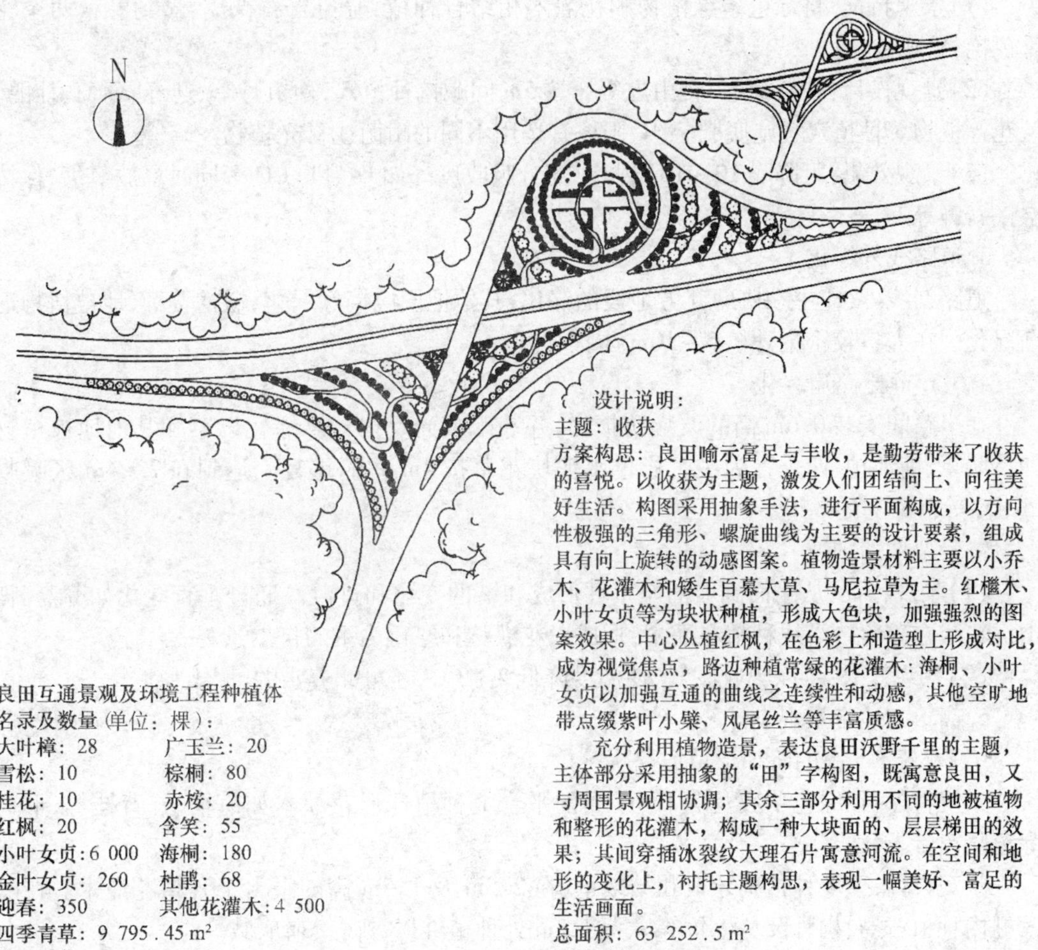

图 6-25　高速公路互通绿地景观设计图

（二）中央分隔带设计

以简洁为主，可以防眩、吸收废气、降低噪音，两侧栽植整形垂直绿篱，不超过两边护栏，上部整为平形、波状、球状，相间重复，高度控制在1.2～1.3m，中间每隔10～11m种植红檵木、海桐、棕榈、侧柏等，用几种地被植物相间种植。

（三）深切方地带景观设计

1. 骨架草皮护坡

（1）景观特征：主要以四季青草、结缕草、野牛草为主形成绿色屏障。

（2）景观设计：主要种植春、秋两季花木，植杜鹃、红檵木、夹竹桃、迎春等。通过骨架变化如方形、拱形、菱形、波浪形等，可以在不同区域形成不同的景观效果。

（3）景观效果：不仅做到了防雨水冲刷，而且可以固土稳定地面。可以大量吸收废气，使温度降低2～3℃，噪声降低10分贝左右，同时还可以调节小气候。

2. 护面墙

（1）景观特征：将绿色攀缘植物和花灌木相结合种植，避免岩石裸露，做到春秋两季花香色艳，景观极佳。

（2）景观设计：种植薜荔、爬山虎等。按5m间距挖种植穴，种植月季、迎春、葡萄、杜鹃、兰花等植物。种植穴宜施底肥。阴、阳坡宜选用不同的耐荫或喜光植物。

（3）景观效果：可降噪10～16分贝。充分吸收废气如O_3、Pb、CO等同时释放氧气，保持空气新鲜等。

3. 道路线外绿化

道路红线外，应主动协助弃方地段的绿化；其他地段应搞好绿化，撒播草种，地被植物逐渐绿化。在人口较密集处植5～10m防护林。

4. 0.75m土路肩绿化

在土路间安装0.6m高的波形防护栏，并装配夜光反射器。绿化以草和其他地被植物如沿阶草、铺地柏、四季青为主。彩色水泥块花草按4m间隔重复。达到在2～4m区吸收Pb、O_3等污染物的效果。

5. 骨架抹面护坡

（1）景观特征：从路面到坡面至草坪形成和谐的变化和过渡。通过垂直绿化如薜荔、爬山虎等或在碎落台沿线种植花灌木，形成以花灌丛和绿色为主的自然景观。

（2）景观效果：可以吸收废气，使温度降低2～3℃，还可涵养水源，固土稳坡。

6. 高填方地带景观设计

（1）小于8m高的阶梯形填方路堤

景观特点：在绿色草坡及在1.5m高的平台上种植球形花灌木如海桐、红背桂等，形成绿色隔离带。

景观设计：主要种植狗牙根和结缕草，在2.5m及1.5m高的平台上种植花灌木。在隔篱栅内种植石榴、枸骨及丛生竹等。大于3m处种植红枫、柳杉、鸡爪槭等。

景观效果：可以防止水土流失、吸收废气（Pb、O_3等）、降低噪声。

（2）骨架类草坪护坡

以动态变化的骨架为主，并结合花灌木、草坪等形成变化而简洁明快的特色景观。

设计：以坡面高度（2m、2～4m、4～8m）为依据来种植结缕草、四季青草、狗牙根、沿阶草等,在碎落台及排水沟边种植夹竹桃、迎春、络石、水杉、石榴等,在边缘及天沟大于5m处可种植五角枫、枫香、柳杉、樟树、广玉兰等。

景观效果:可以防坡面滑堤,还可固土防浸蚀;不仅可降控噪音,还可吸收废气,减小传播距离。

7. 加油站地面绿化

加油站和停车场一般都有大面积的水泥坪地,遇高温天气,反射强烈,危害人体健康,可采用水泥网状硬化地面,其间种植草本植物。绿化面与硬化地面比为1:2。

8. 堤坡土墙

景观特征:以虎皮石或浆砌片石砌体为主,外植络石、爬山虎、薜荔等攀缘植物,在台阶地种植铺地植物、花灌木如杜鹃、迎春、茶花等。

景观效果:全面遮蔽地面和排放物,还可涵养水源,稳固坡体。

二、合肥市花园街

合肥花园街全长350m,中间由安庆路分成南北两段,南段长180m,北段长170m,宽度均为20m。如图6-26、图6-27、图6-28、图6-29、图6-30、图6-31、图6-32、图6-33、图6-34、图6-35所示为此街南北段平面图及一些局部效果图。

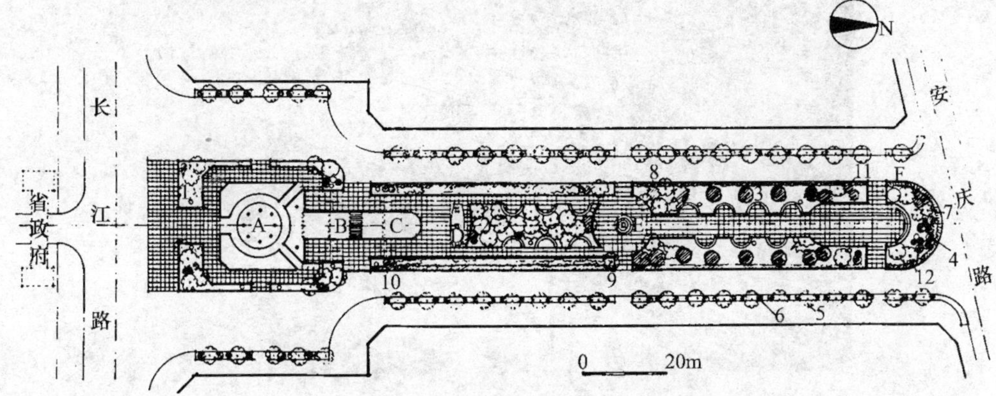

图6-26　花园街南段平面图

A—喷泉;B—汀步;C—叠泉;D—双手世界;E—日晷;F—雕塑墙

1—鸡爪槭;2—紫薇;3—雪松;4—龙柏;5—乌柏;6—水腊球;

7—龙柏绿篱;8—女贞;9—国槐;10—桂花;11—水杉;12—栾树

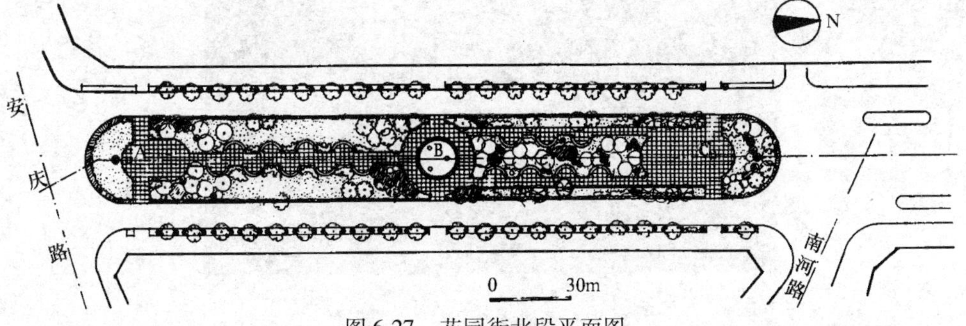

图6-27　花园街北段平面图

A—生命运动;B—过去、现在、将来;C—恒

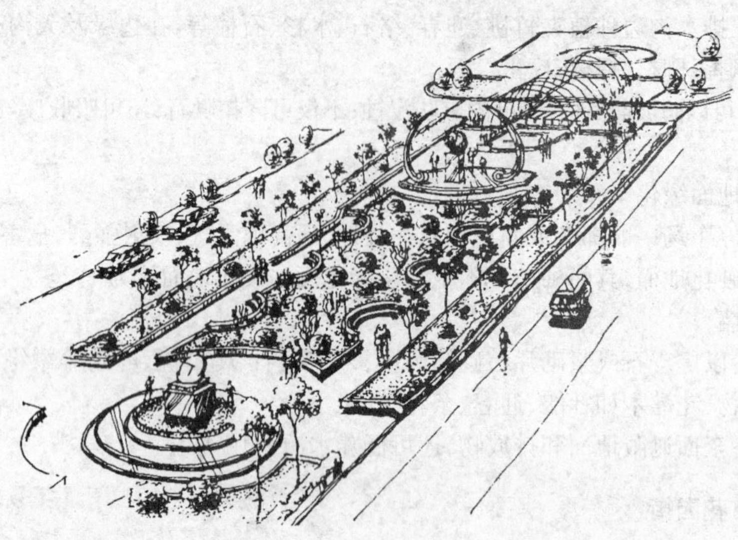

图 6-28　南段鸟瞰图

图 6-29　喷泉鸟瞰

图 6-30　叠泉上八道不锈钢拱跨

图 6-31　“双手世界”

图 6-32　“和平鸽”雕塑墙

图 6-33　“生命运动”雕塑

图 6-34　“恒”雕塑

图 6-35 “过去、现在、未来”雕塑柱

花园街为规则式的带状装饰绿地，由雕塑广场、喷泉、花坛组成。它以省政府大厦中心线为中轴线，广场、喷泉、花坛沿轴线左右对称。南段由八角形喷水池、叠泉、雕塑等三部分组成。喷水池的中央为蒲公英喷头，设有一圈牵牛花；喷水池周围有环形小道；水池向北为顺坡而下的叠泉，泉上有八道不锈钢拱；叠泉以北的小广场上有一组不锈钢雕塑——双手世界；再向北为两段连续式的花坛，半圆形坐凳设于中间，其间还有两处为“日晷”雕塑、“和平鸽”雕塑墙。北段有三处小广场，设有“生命运动”、“过去、现在、未来”、“恒”等三组雕塑，连续式的花坛也不乏于其中。

花园街采用以对称为主的种植设计，南段喷泉四周种植国槐、广玉兰、鸡爪槭、桂花、海桐、黄杨球等；“日晷”雕塑以南的花坛主要以紫薇为主；两侧带状花坛为自然式栽植，主要种植紫玉兰、广玉兰、乌柏、枫香、女贞、棕榈等，中部花坛栽植成片桂花，蜡梅作点缀，北端半圆形花坛种植丛状红叶李，以石楠、龙柏球等球状植物作点缀。绿化布局规则而多变，象征合肥为园林之城、绿色之城。

花园街共建六组雕塑，其中“双手世界”、“生命运动”、“恒”为不锈钢制成。“双手世界”雕塑左右两条不锈钢弧线代表江、淮两条大河，中间表示江淮儿女用双手创建了合肥这座美丽的城市。“日晷”是根据了北京故宫内古代日晷制成，体现我国古代科技成就之高。花园街中三根汉白玉雕塑柱以欧洲古典雕塑柱的创造手法为主。三根柱子分别代表“过去、现在、未来”的科技发展历程。主组雕塑体现了合肥为新兴的科技之城的主题。

三、深圳市华富路中航花园

中航花园是深圳市华富路东侧的街头绿地，也是深圳中航集团附楼的前庭花园。花园的平面布局将建筑小品、道路布置成飞行的飞机图形，“机头”是圆形场地及伞亭，伞亭立面如同轻盈落地的降落伞；“机尾”是虹门及主出入口；“机翼”两侧由游览道和花架组成，体现了“航空”的构思。整个地面主要铺砌台湾草寓意天空，草坪上点缀几丛花灌木。全园构图简洁明快，从楼顶俯视，画面一目了然。如图 6-36、图 6-37 所示为该花园平面图和鸟瞰图，图 6-38、图 6-39 所示为该花园中伞亭、花架的平、立面图。

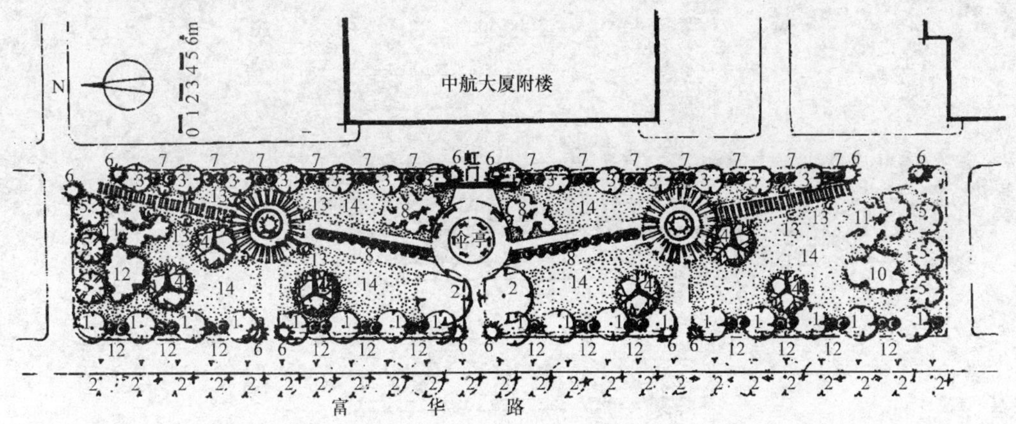

图 6-36　深圳市中航花园平面图

1—红花紫荆；2—大叶榕；3—菠萝蜜；4—大王椰子；5—鱼尾葵；6—圆柏；
7—簕杜鹃；8—桂花；9—软枝黄蝉；10—龙柏；11—蒲葵；12—米兰；13—炮仗花；14—台湾草

图 6-37　中航花园鸟瞰

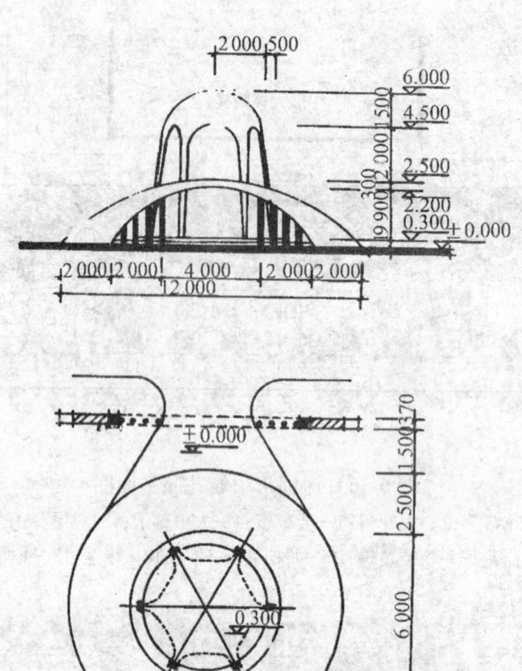

图 6-38 中航花园伞亭平、立面(单位:mm)

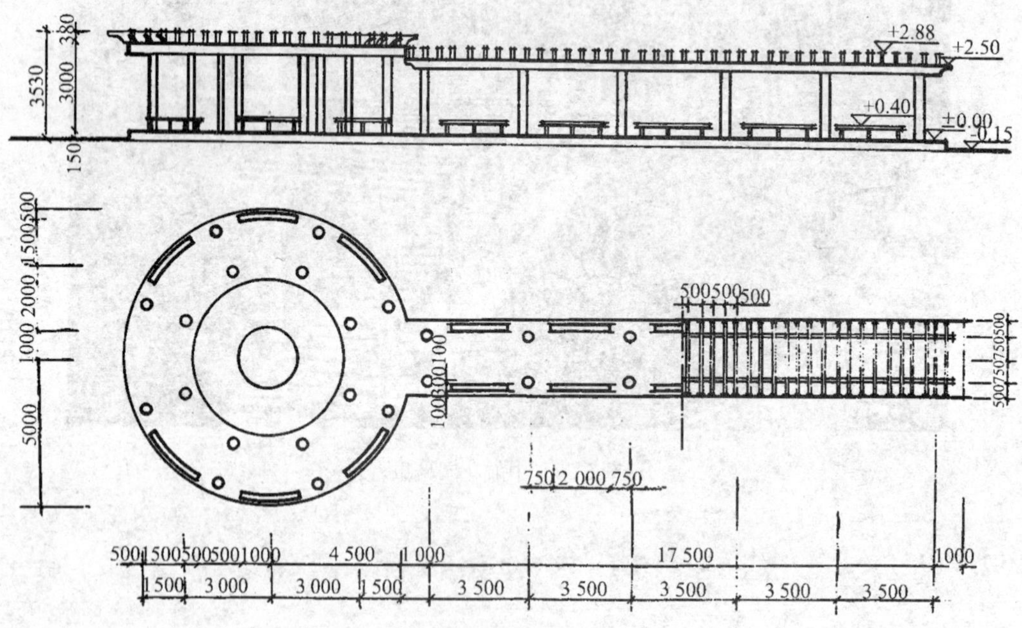

图 6-39 中航花园花架平、立面图(单位:mm)

四、邯郸市人民路绿化

邯郸市人民路为市区主干道,道路宽度为 60m,快车道 15m,慢车道 8m,分车带 3m,两侧人行便道11.5 m,为三块板形式。如图6-40所示为人民路西段绿化平立面图。

人民路目前全长2 500m,大致分为两段:

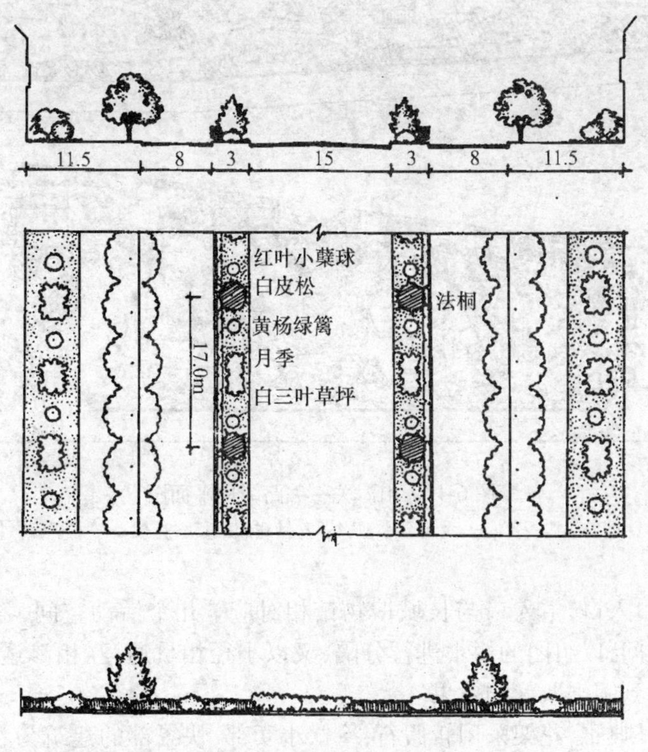

图6-40　人民路西段绿化平立面图(单位:m)

1. 西段:从中华大街至人民立交桥,全长1 200m,行道树以法桐为主,分车带的植物种植,考虑了道路绿化功能,同时又注意了交通视线及隔离防护功能,加大了乔木间距,扩大了透视效果。

2. 东段:由滏河大街至中华大街,长1 300m,1984年绿化。行道树种植冠大荫浓的法桐,分车带以常绿树龙柏为主调树种,配置大叶黄杨球、桧柏绿篱,目前已形成常绿树为主整齐规则的绿化景观。

分车带植物,以白皮松为主,株距17m。白皮松两侧种植红叶小蘖球,冠径1.5m。中间为5m长的月季花丛,空地铺种白三叶草坪,在绿篱种植上,采取只种慢车道一侧绿篱,使慢车道与快车道上产生不同的绿化景观。

整个道路绿化以乔木、灌木、花卉、草相结合,同时突出了市花月季,景观效果较好。

五、山海关一关路绿地

一关路绿地位置特殊而重要,它原为居民住房,1989年改建为绿地,可以分散客流并供居民及游人进行短暂休息,绿地面积为1.13万m^2,为一个狭长的绿带。如图6-41所示为该绿地平面图。

此绿地地形平坦且狭长,采用自然式布局,可衬托长城的雄伟。利用拆迁的建筑垃圾堆筑缓坡小丘。树木或疏或密,体现具有乡村气息的自然风貌。

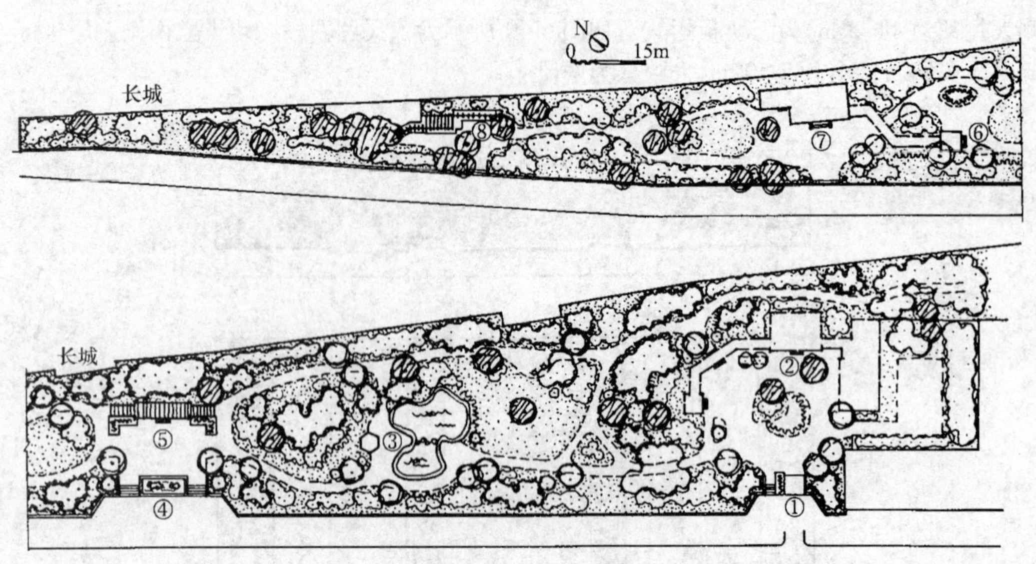

图 6-41 山海关一关路绿地平面图

1—入口;2—冷饮小卖部快餐部;3—六角亭水池;4—盆景式假山;5—花架;6—方亭;7—售品部;8—花架

绿地有 4 个出入口,主入口与长城博物馆相对应。几个活动空间,各设置休息亭或花架,每个活动区之间,以组团的树木进行分隔,又以小径相贯通,互相渗透,互为借景。沿街一侧种植植物,达到闹中取静的效果。

园内建筑古朴典雅,花架采用斩假石,冷饮小卖部、快餐部的建筑为卷棚式,体量较小,与古老的长城相协调。

植物配置以春、夏花为主,并注意了四季景观,以银杏和油松为基调树种,配以栾树、垂柳、合欢、连翘、紫叶李、紫薇、蔷薇等观赏树种。

第五节 厂 区

一、黄石市凉亭山水厂绿地

凉亭山水厂是黄石市最大的一家现代化水厂,属“四无”工厂(即无污染水、无有害气体、无噪音、无烟尘),因此该厂的绿化设计思想是达到“四化”(即绿化、香化、净化、美化),创建文明的花园式工厂。如图 6-42 所示为该厂区园林绿地总平面图。

该厂占地面积为 3.14 万 m^2,绿化面积占全厂面积的 42.5%。从全厂建筑空间规划与布局的现状和工艺流程出发,园林绿地划分为五个功能分区。

厂区路宽 7m,全长 160m,两侧是清水池和厂房建筑。道路绿化以香樟为主,株距 2.5m,两株为一组,每组间距 8m,中间为一株桂花球,两侧各两株栀子花,间距的一边点植三株棕榈,两端各种一株丁香,创造多层次的绿化空间效果。在与西侧厂区围墙内外侧种植法桐、广玉兰、冬青、水杉等,防止城市道路的灰尘和降低噪音,可净化厂区的环境。

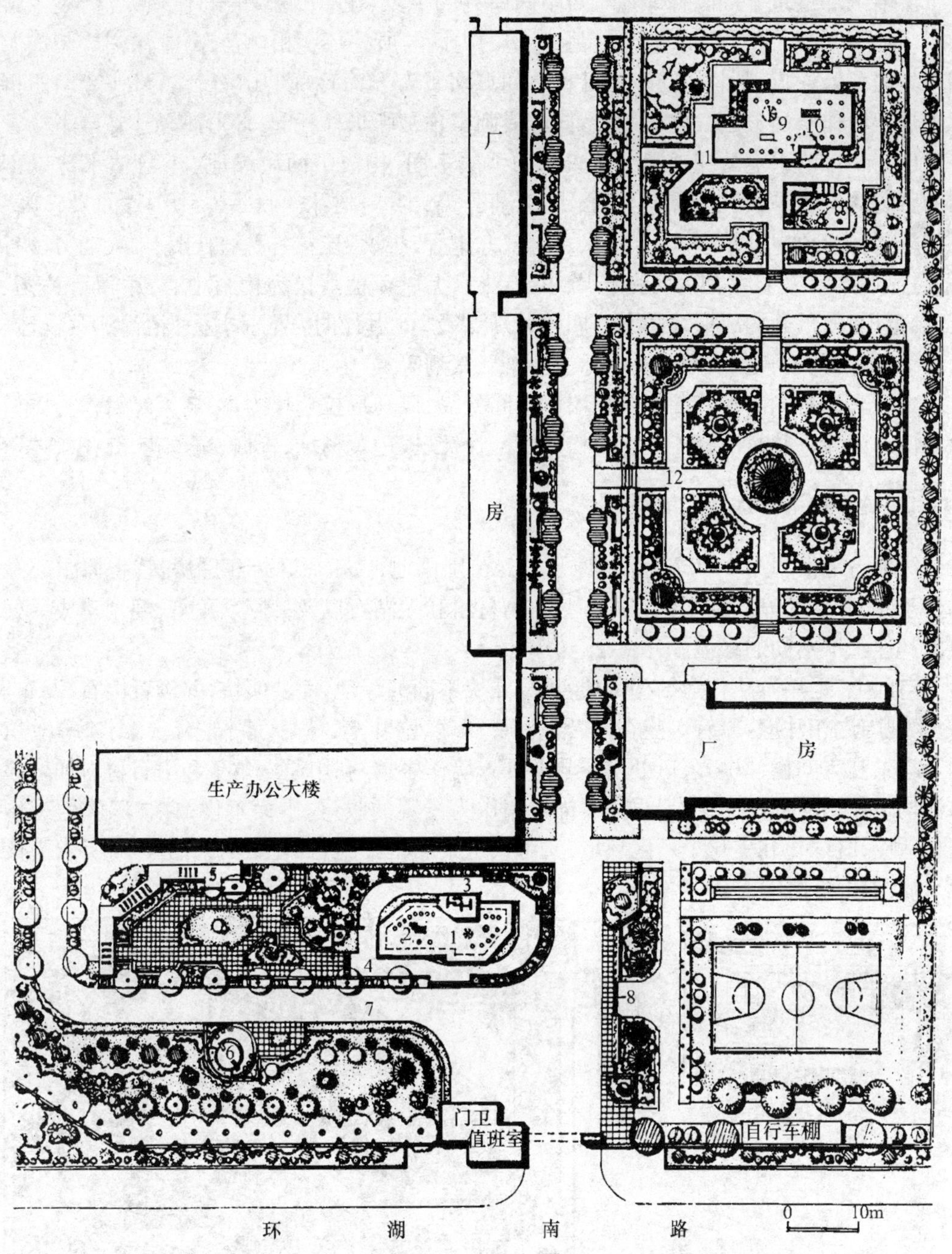

图 6-42　厂区园林绿地总平面图

1—彩色喷泉水池；2—雕塑——浴；3—抽象雕塑——水能；4—矮景墙；5—游廊；6—园亭；7—博古架景墙；8—宣传橱窗；9—喷泉水池；10—天鹅；11—1 号清水池；12—2 号清水池

厂前区绿地是全厂园林绿地景观空间序列的主景，设置有雕塑、彩色喷泉池、人像雕塑“浴”和抽象雕塑“水能”，以水为主题，雕塑的内涵与所处环境相融合，寓意深刻。装饰游廊和矮景墙引人注目，丛竹、芭蕉、榆叶梅之间点缀了奇异而玲珑的山石。隔路一旁用曲折的博古景架墙作空间分割。内设一装饰圆亭，圆亭顶被弧形体托起，环形座凳连在亭下。

1 号、2 号清水池的绿地因平面布局的手法不同，构成了两块绿地。1 号清水池以不规则的直线为构图平面，以水池为中心，设有蒲公英、半球、树冰等喷头，点缀了“闻泉起舞”的天鹅雕塑。绿地中种植广玉兰、黑松、紫薇、九里香、碧桃、桂花、棕榈、杜鹃、十大功劳、蜡梅、马尼拉草坪等。2 号水池为对称布局，中心花坛上以孤植雪松为构图中心，用雀舌黄杨、米兰、洒金柏、蚊母等构成模纹图案。四角分别点缀 2m 冠径的海桐，周边种植锦熟黄杨球、红叶小檗、山茶花、羽毛枫、小叶女贞球、花石榴、紫荆等。

大门入口右侧的宣传橱窗及景墙作空间分隔，以马尼拉草坪为主，冬青绿篱作为橱窗景门入口的屏障，周边种植广玉兰、雪松、迎春、含笑、银边黄杨球、青枫、栀子花、红花檵木等。

二、黄石市下陆水厂厂前绿地

绿地占地面积为 2470m^2，该地原是一处苗圃用地，由于厂区扩建厂房，特将原中心绿地移建于此，并要求充分利用原有的一些植物材料和太湖石以及一座六角亭，规划建成一处与市区其他水厂不同的绿地。

空间上，运用游路作为结构骨架，划分几块不同的绿地，简洁明快，并设置山石、瀑布、喷泉、水池与之相呼应，原有一些香樟、雪松、黄杨球、紫叶李、丛竹、石榴、合欢、蜀桧等散植其间。在景观空间设计中，入口处用浮雕壁画景墙作序景，利用原六角亭和山石材料加之喷泉水池构筑成动静皆具的主景，再用装饰景墙作为景观的收尾，平而不俗，宜与厂区的小型游园相适应，既绿化和美化了厂区环境，又可供工余职工小憩。如图 6-43、图 6-44 所示为该绿地平面图和鸟瞰图。

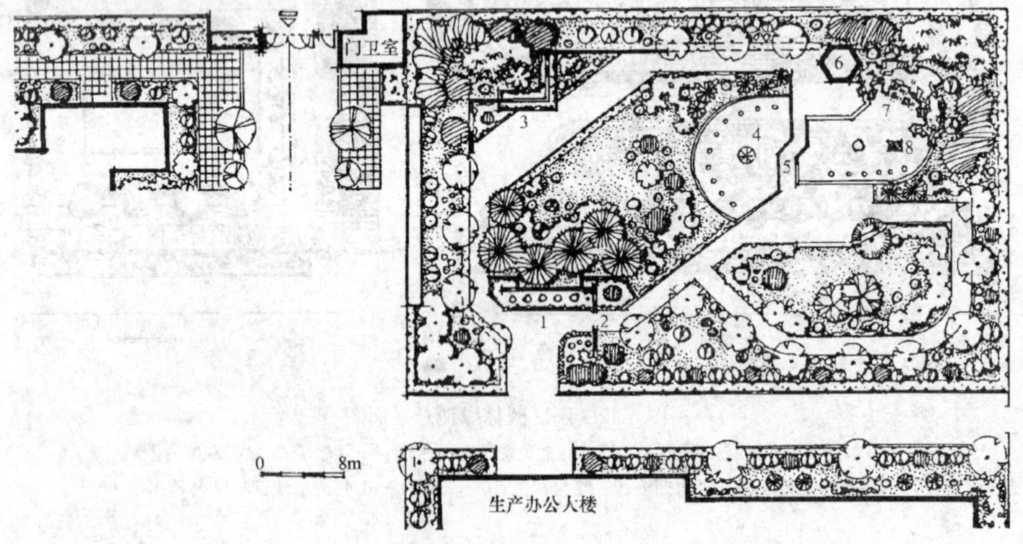

图 6-43　厂前绿地平面图

1—透雕影壁；2—景门；3—装饰景墙；4—喷泉水池；5—曲桥；6—六角亭；7—山石瀑布；8—雕塑

图6-44　绿地鸟瞰图

三、黄石市王家里水厂绿地

王家里水厂占地面积为1.28万m^2。如图6-45所示为该水厂绿地总平面图。

园林绿化指导思想突出水厂园林绿化的特色，整体上绿化，重点上美化，局部上强化，与现有厂房景观构成有机的整体。在构思上抓住两大方面，一是以该厂的现有状况为依据，通过“点”、“线”、“面”的构成组合，强调各自特色；二是打破原有实体围墙，采用通透式栏杆围墙，使厂区内的几处园林景点为城市增添色彩。

该厂绿化的面积有2 686m^2，和原有绿化面积结合共占全厂面积的31.14%。绿化可分三个部分：

1. 两污水池之间的绿地，以丛竹、樟树、棕榈、青枫为主。使其阻隔城市噪音并且降尘，以迎春、金丝桃等花灌木来点缀，铺满常绿草坪，构成乔、灌、草组合的复合层的绿化空间。

2. 厂区道路、厂房周边的绿化，以塔柏、桂花等为主要树种，用紫叶李、紫薇、锦熟黄杨、山茶等作主景。在角隅处点缀山石，配置芭蕉、丛竹、腊梅，在绿化序列空间中起连接过渡的作用。

3. 清水池上的绿化，面积为1 400m^2，地层仅有0.5m的覆盖土层，因此以浅根性灌木为主，有洒金柏球、棕榈、红叶小蘖、十大功劳等植物。在构图上采用图案式布局，均衡对称并具变化，强调大线条、大色块，利用丰花月季、葱兰等成片种植和常绿草坪作地被，使其图案简洁明快，具有较强的对比性。

临街地段上可作序景，以辅之于城市景观，两污水池装点改造成别具特色的小品，并在两者之间增置一处博古景架，但不能影响功能。

新辟大门的左侧有一座装饰影壁景墙，其上书写的标语代表着企业的精神。造型别致新

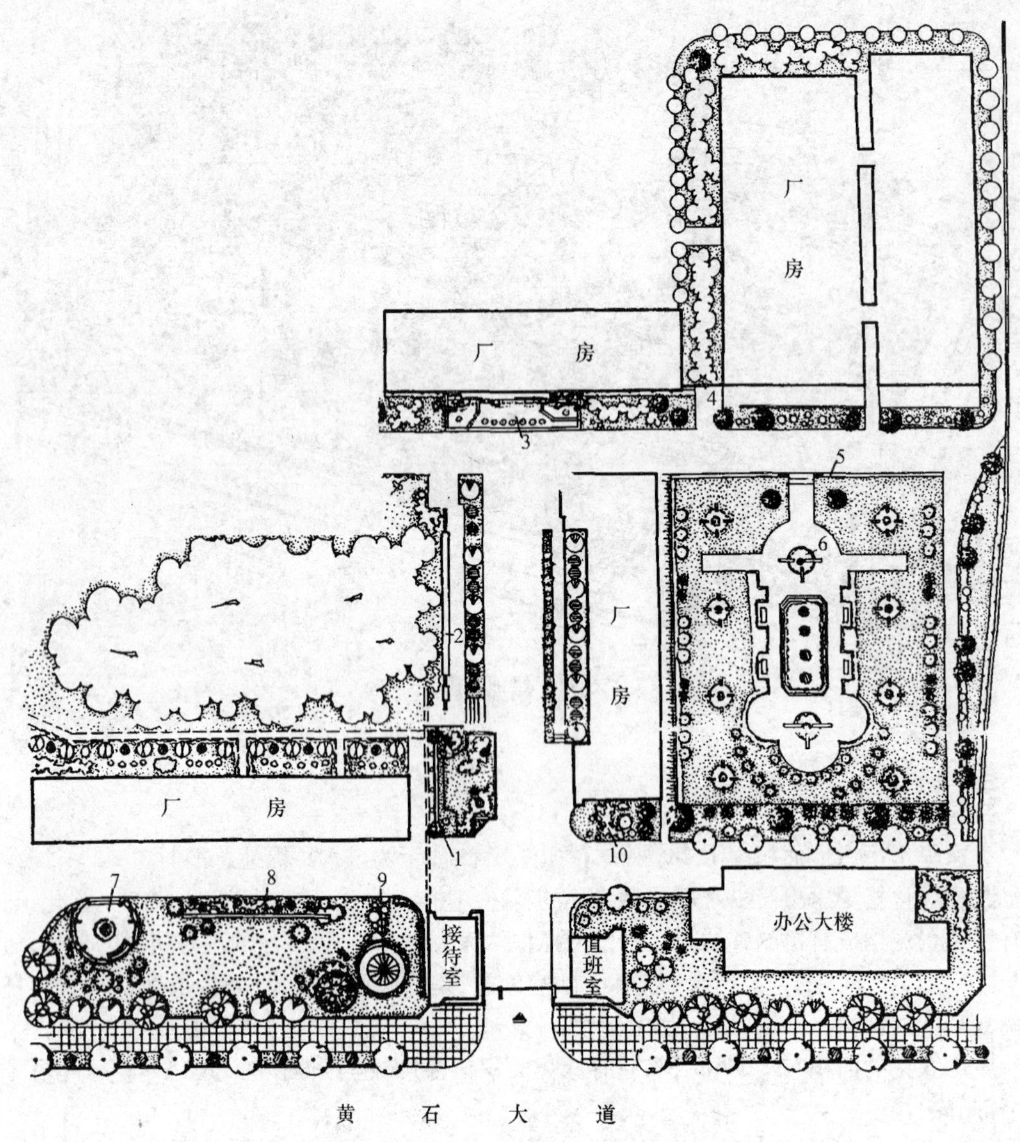

图 6-45 水厂绿地总平面图

1—装饰影壁;2—宣传橱窗;3—山石壁画主景;4—装饰景门;5—装饰景墙

6—排气孔小品;7—污水池改造景点之一;8—装饰博古景架;9—污水池改造景点之二;10—叠石景点

颖,高低错落,并有装饰透雕小品作点缀,在其上方 20m 处设有一座与其相呼应的宣传橱窗。

在新大门的对景线上设置的一处景点,是整个设计的重点,由壁画、山石、塑雕、喷泉等构成组合体,画面上从群峰之中奔泻千里的静态瀑布到水池中的动态喷泉相互呼应,寓意深刻,以此强化自来水厂的特色,如图 6-46、图 6-47 所示为影壁和喷泉的透视图。

清水池上的排气孔,装点成具有特色的园林小品,厂房之间可设两处景门墙。总体而言,注重与环境相协调。

图 6-46　装饰影壁外景

图 6-47　山石壁画喷泉水池透视图

四、湖北汉川电厂厂前区绿地

汉川电厂有显著的社会效益与经济效益，合理的布局，绿化面积较大，厂房、办公楼等建筑造型别致，不仅具有现代的主体构成美感，而且还具有浓郁的时代气息。因此，特别是厂前区的绿化和环境规划显得很重要。如图 6-48 所示为该厂厂前区绿地平面图。

该厂占地面积 4.66 万 m^2，厂前区总面积 1.55 万 m^2，绿化面积 0.82m^2。厂前区由门卫、生产办公楼、主厂房、材料仓库、微波通讯楼和一条主干道组成。

在设计中，采用复合层次的绿化，以增加绿化覆盖面积和叶面指数，常绿树较多，花灌木作点缀；根据电厂的特点，用植物造景和造型，构图别致新颖；绿化与美化相结合，色彩上强调整体感，以植物造景为手段，以高雅、清新、优美为目的，注重平视与俯视两方面的效果，不但要有美丽的图案，而且还要具备文化内涵。

以上述指导思想和造景手法为依据，选用了雪松、桂花、樱花、紫叶李、海桐球、大叶黄

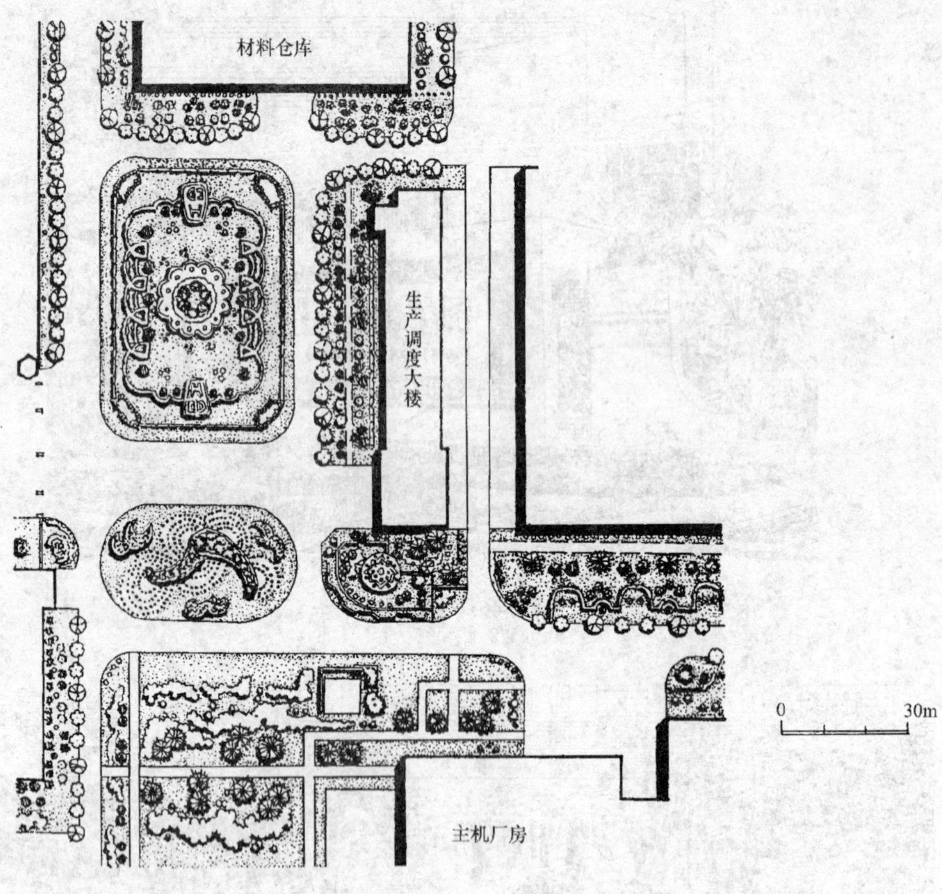

图 6-48　厂前区绿地平面

杨、锦熟黄杨、紫薇、紫藤、丰花月季、法国冬青、草坪、女贞等主要苗木。用植物组成了两个大型的模纹绿地。一个是以桂花为主景，配以草坪和地被植物，以高耸出地面 1.5m 的坡形绿地在中央种植桂花，突出主景，用大叶黄杨组成图案，用球型的金丝桃和锦熟黄杨等植物点缀，成片布置丰花月季，并用雀舌黄杨和白凡石组成醒目的厂标，形成厂前区空间的环境的构图中心和视线焦点，另一个模纹绿地则用海桐球、大叶黄杨、丰花月季、雀舌黄杨、美女樱、红叶小檗等组成火与电的图案。一圈圈的雀舌黄杨象征磁力线，大叶黄杨组成两个扭动的轴，象征着电业促进工业的发展。在周边有三个火的图案起烘托作用。整个图案别致新颖，生产办公楼俯视效果和从环路中平视效果都充分体现了汉川电厂绿化的节奏感与韵律美。

主干道的绿化以香樟与马褂木作行道树，并配以蚊母球、大叶黄杨篱，形成点线面的布局。秋天变黄的马褂木叶，叶型较美，在常绿树香樟的衬托下，更具诗情画意。

自然式树丛设在边缘绿地上来遮挡不美观的地方，并围合成较为完整的厂前区绿色空间，主要采用樱花、雪松、紫叶李、白玉兰、凌霄、迎春、月季、杜鹃等，为了突出主景树种樱花、雪松、紫叶李、白玉兰，特将此大面积的绿地进行地形改造，成小山丘状，使雪松显得更挺拔，并为白玉兰、樱花作背景，再加上花灌木，形成多层次的生态环境和季相变化的色彩美，使绿化环境丰富多彩。绿树、茵草、鲜花的衬托，加之周边的景墙、置石、花坛等园林小品，单调、呆板的工厂环境就会显得富有活力。

第六节　医院疗养院

一、二六〇医院环境设计

二六〇医院总面积 108 000m^2，建筑面积 17 999m^2，道路广场面积 8 974m^2，绿地面积 19 747m^2，占总面积的 42.3%。原有绿化树种以毛白杨为主，栽植密度高、数量大，常绿树和花灌木较少，景观差。为达到三季有花、四季常青的效果，创造一个幽静、美观的生态环境，需要进行完整的规划设计。如图 6-49 所示为该医院环境设计平面图。

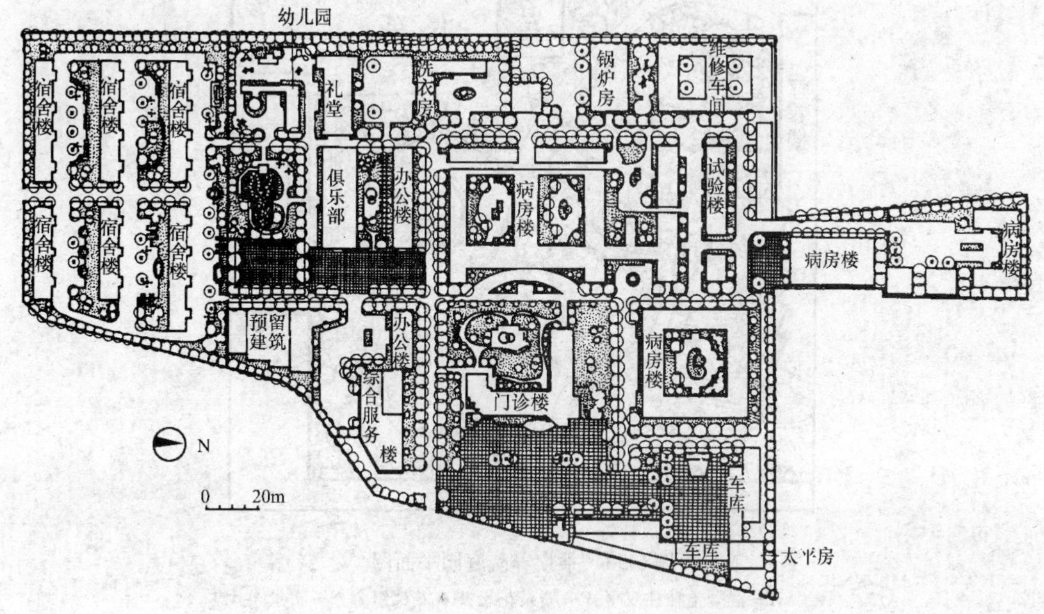

图 6-49　二六〇医院环境设计平面

全院规划设计共分为四个区：门诊、住院部区；办公和文化生活区；服务设施区；宿舍生活区。由于每区的功能不同，规划设计方式也不相同。全院周边主要种植高大的毛白杨，发挥其环境防护功能；院内以遮荫落叶乔木为主，配置常绿树种以及春、夏、秋开花观果的花木，广植草坪，形成乔、灌、草相结合，使整个景观有高低层次，并有季相色彩变化，以达到四季有景、雅静清新的效果。

1. 门诊、住院部区：在门诊楼前留有宽阔的广场，便于车辆行驶和停留，使人感到空间明快开朗。楼前种植一些龙柏和龙爪槐，衬托了建筑物的造形美。内院为不同形式的小花园，并适当点缀建筑小品，设花池、坐凳，草地上栽植遮荫树和成丛的花灌木，形成幽静的环境。

2. 办公、文体活动区：道路边缘种植以夏季遮荫为主的行道树，内侧配置花灌木与常绿树，具有一定的层次和色彩感。门前留有较开阔的广场，礼堂南北两侧有小花园，花园内有亭、花架、廊、水面等，花园东有为职工提供文体活动的球场。

3. 服务设施区：院内有锅炉房堆煤场，四周栽植树叶浓密、树体高大、防尘效果显著的毛白杨。幼儿园周边种植花木，中心活动场地设置儿童玩具。

4. 宿舍生活区：道路广场和绿地面积各占一半的庭院式布局，设计绿化覆盖率可达到60%。绿地边缘设有各种形状的桌凳、花池，以供人们休息。绿化主要种植食用花木、香椿、核桃、果石榴等，配以大量的春季芳香花木——丁香、月季、白玉兰等。

二、某疗养院庭园

某疗养院中心地段，面积约为 2 800m^2。其周边绿化基础较好，浓荫四布，花灌木较少。如图 6-50、图 6-51、图 6-52 所示为该庭园平面图、混凝土独柱双亭立剖面图及整体鸟瞰图。

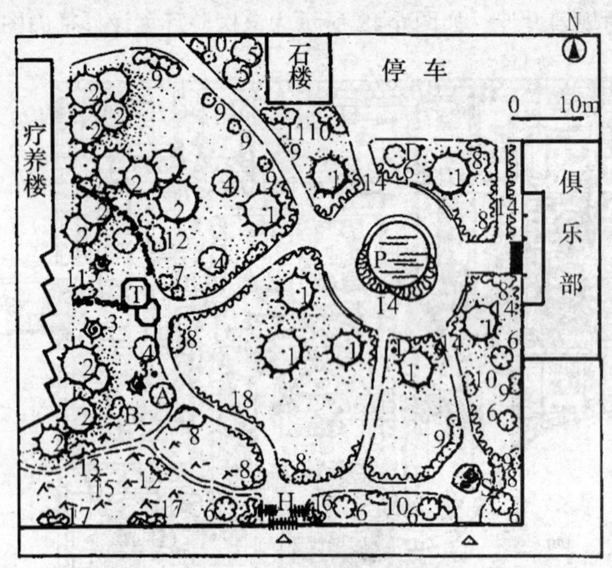

图 6-50 某疗养院庭园平面图

T—混凝土独柱双亭；P—喷泉花坛；H—花架组合；S—石景

1—雪松；2—油松；3—桧柏；4—五角枫；5—洋槐；6—龙爪槐；

7—紫叶李；8—紫薇；9—木槿；10—连翘；11—丁香；12—珍珠梅；

13—榆叶梅；14—月季；15—紫竹；16—五叶地堇；17—地堇；18—萱草

可将此处设计为以喷泉为构图中心的开放型园林，以草坪为基调，喷泉处种植几株雪松，远处点缀木槿、紫薇及草花。使整个绿地具有空旷感，并与周围树木过密的庭园在空间上形成对比。

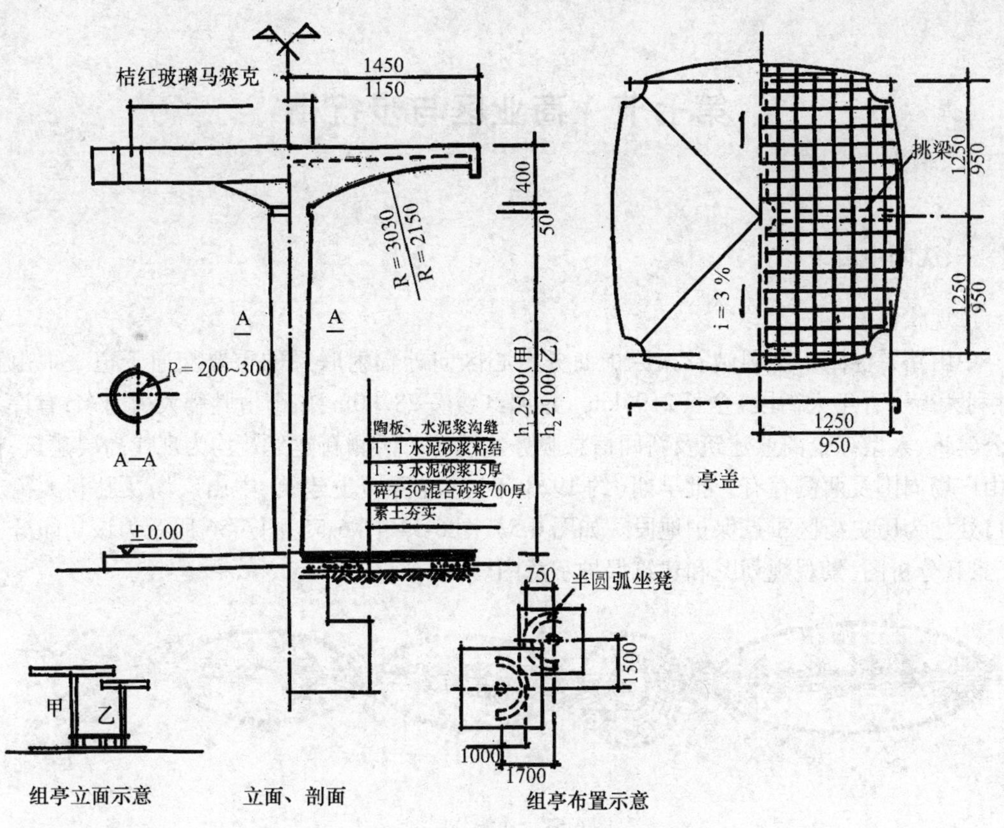

图 6-51　混凝土独柱双亭(单位:mm)

图 6-52　鸟瞰图

第七节　商业区与步行街

一、沈阳中山路

1. 现状概况

中山路是沈阳市沈阳站及太原街商务中心区向外辐射联系的重要交通干道。中山路(胜利大街—青年大街段)全长2.96km。道路红线宽28.00m,该街由胜利大街向东,有许多办公建筑、大型综合商业建筑及新闻信息服务建筑等。两侧新建建筑均为现代高层建筑,在中山广场周围及两侧存有一批早期(约1928年)的优秀历史建筑,中山广场及胜利大街交叉口处均为历史街区重点保护地段。如图6-53、图6-54、图6-55、图6-56所示为该功能分区图、景观分析图、景观规划图和建筑保护示意图。

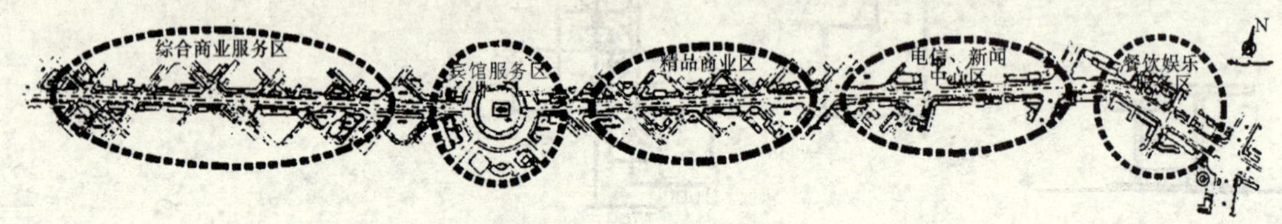

图6-53　功能分区图

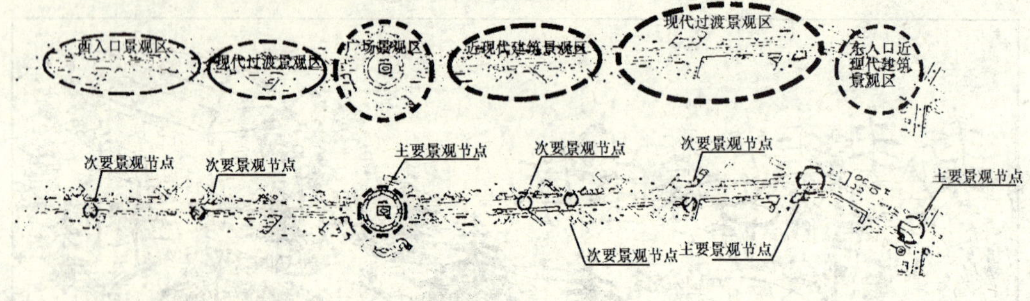

图6-54　景观分析图

2. 指导思想

(1)使室外空间效果得以改善。

(2)使新建与现存历史特色建筑的发展关系相协调。

(3)景观化特性更突出,创造一个个性鲜明的街道空间。

3. 规划设计

(1)功能分区

结合建筑使用性质、现状及发展要求,以各段主要服务内容性质为基础,整体可划分为:办公服务区;综合商业服务区;新闻信息服务区;专卖精品商业区;餐饮、娱乐服务区。

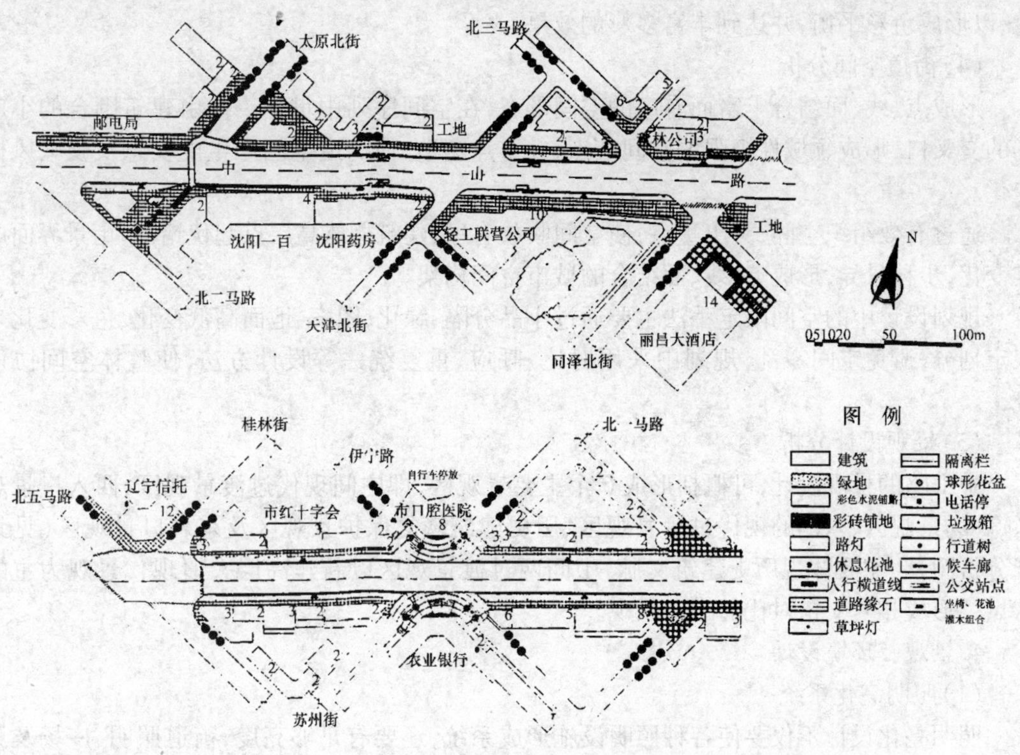

图 6-55 景观综合改造规划图(局部)

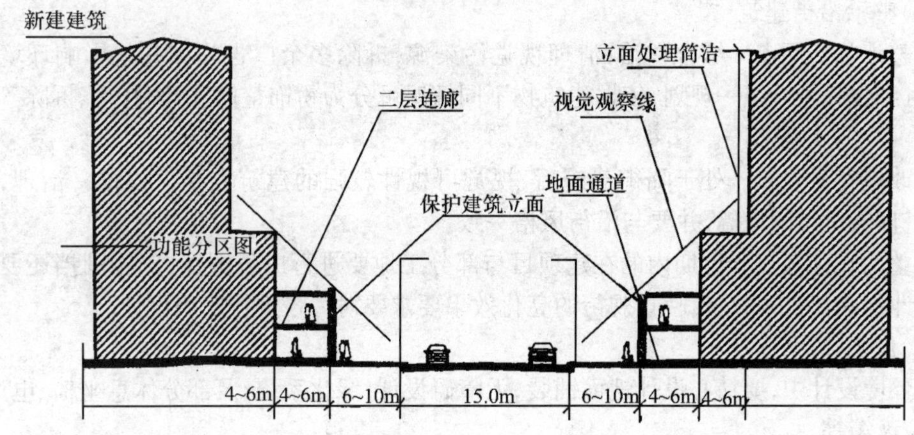

图 6-56 近现代建筑保护规划示意

(2)定性分析

由于街道两侧的建筑均是为公建服务的,同时根据城市的发展规划,以空间、现状建筑、特点为基础,充分发挥其两侧历史建筑特色,创造一个对比、延续的时空性街道空间。展示沈阳早期优秀建筑的魅力和文化内涵。同时强化其商业服务功能,以服务市民生活。因此,中山景观路具有商业服务功能,同时体现建筑文化、文脉特色。

(3)色彩分析

在色彩上以历史建筑的红、黄为主,同时注重现代建筑风格的特点,运用明快的灰、蓝色,以形成色彩平衡,并达到丰富多彩的效果。

(4)街道空间分析

形成点、线、面结合丰富而有序的空间形态,在空间序列中贯穿一些由建筑围合的小广场的交叉口,形成领域性极强的空间节点,并重点塑造,使街道空间产生虚实感及硬软风格变化。

通过有效组织空间,突出重点,使空间收放有序,建筑群体高层点起伏错落,街景界面虚实变化,步移景异,形成点、线、面结合的城市空间构架。

规划设计中的空间限定手法主要通过小品分隔、绿化,图案、地面高低变化、色彩变化来限定划分,避免空间零乱,规划中采用对比、呼应、重复统一等设计方法,使整体空间协调统一。

(5)景观设计分析

中山路的景观设计,可概括形成6个主要景观区,即中间现代过渡景观区、西入口景观区、广场景观区、东侧的现代过渡景观区、历史建筑恢复保护景观区及东入口景观区(见景观分析图)。主要体现历史建筑文脉,中间两过渡景观区以新建高层大厦现代景观为主的特点。形成相互交错对比的时空景观。

4. 景观及环境设计

(1)照明亮化系统

照明亮化设计不仅要使各种照明设施形成系统,还要有足够亮度,街道照明、广场及大型建筑出入口照明要着重组织。

(2)整治沿街建筑

1)整治临街网点　综合整治,清理视觉污染源,拆除多余广告牌和其他影响环境的附着物,对广告牌进行统一规划,依据建筑物不同情况可分为粉饰整修、清洗修整、拆除等几方面。

2)改造背景建筑　处于临街建筑后,视觉可视性较强的建筑也要进行统一治理,重点处理入口区、对景的山墙,并要与沿街风格一致。

3)整治在建项目　近期内的在建项目与部分工地要进行广告围挡,广告围挡还要进行专业设计,同时为了满足夜晚景观街的亮化效果要求要对广告进行照明设计。

(3)服务于人

在环境设计中,要精心设计地面铺装,无障碍设计,绿化系统,及部分休息坐椅、电话亭、雕塑、垃圾箱等。

二、沈阳中街——小东路商业步行街

中街商业街全长(正阳街至东顺城街)0.95km,中间有朝阳街穿过,道路红线为22m。两侧采用中西相结合的建筑,形成了中街独具特色的城市景观。如图6-57、图6-58、图6-59、图6-60所示为功能分析图和规划总平面图。

1. 设计目标的确定

(1)体现购物环境的文化性。

(2)充分发挥环境系统的整体效益。

(3)将中街设计为商业步行街,改善购物环境,增加商业中心区的吸引力。

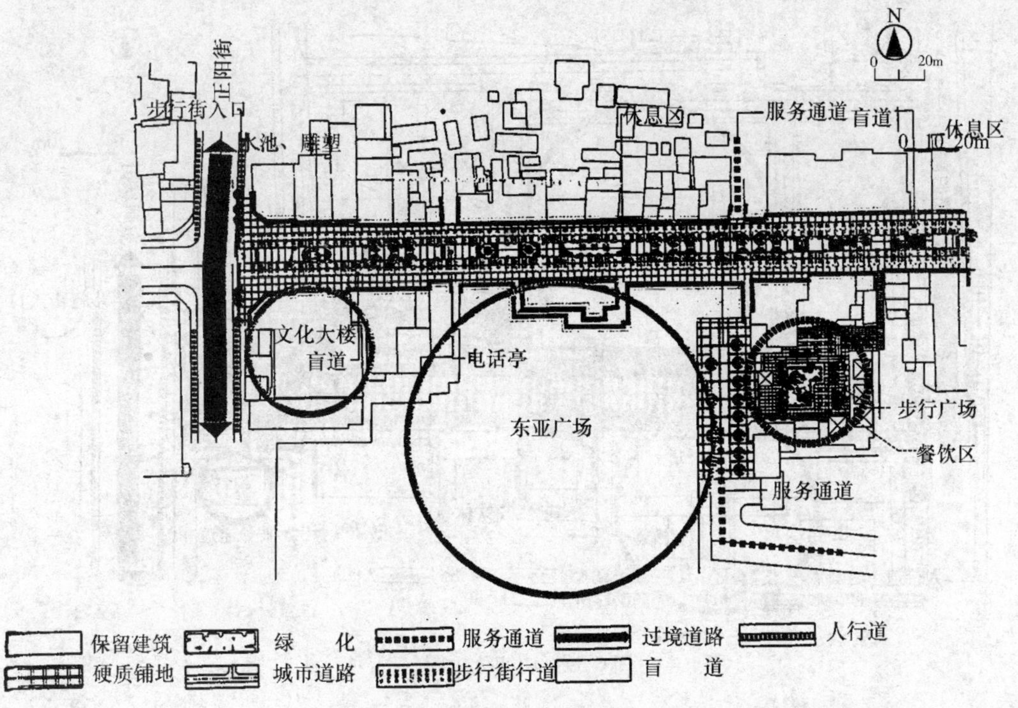

图 6-57　功能分析图(一)

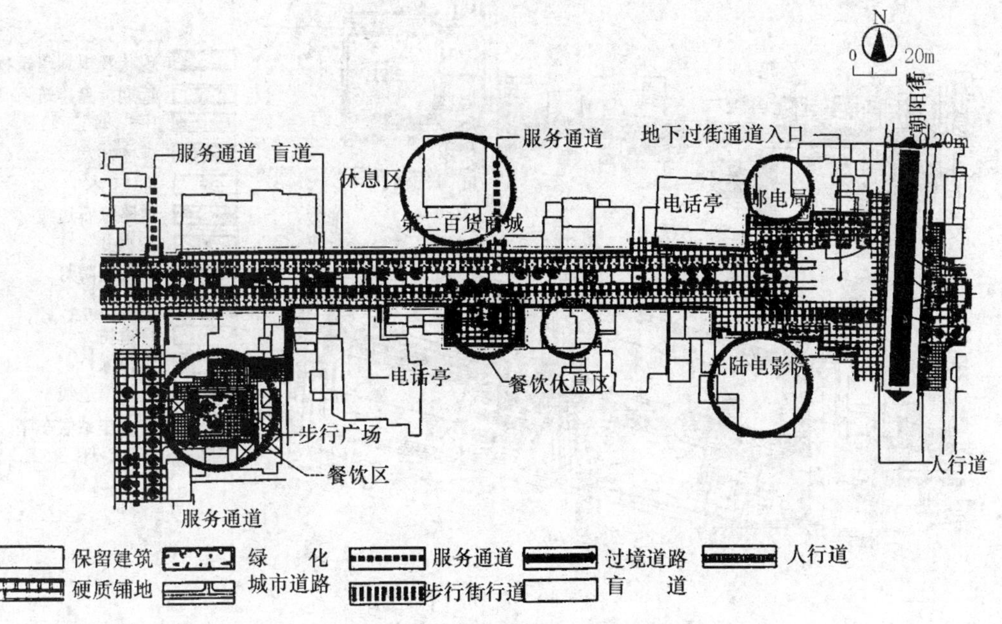

图 6-58　功能分析图(二)

(4)通过环境设计手段,突出步行街的环境艺术特征。

(5)发挥商业中心区的独特作用,以点带面,创造城市个性化风貌。

(6)沿街建筑及门面的设计,要体现历史文脉,形成具有独特建筑风格的商业空间。

(7)创造丰富的城市街道空间。

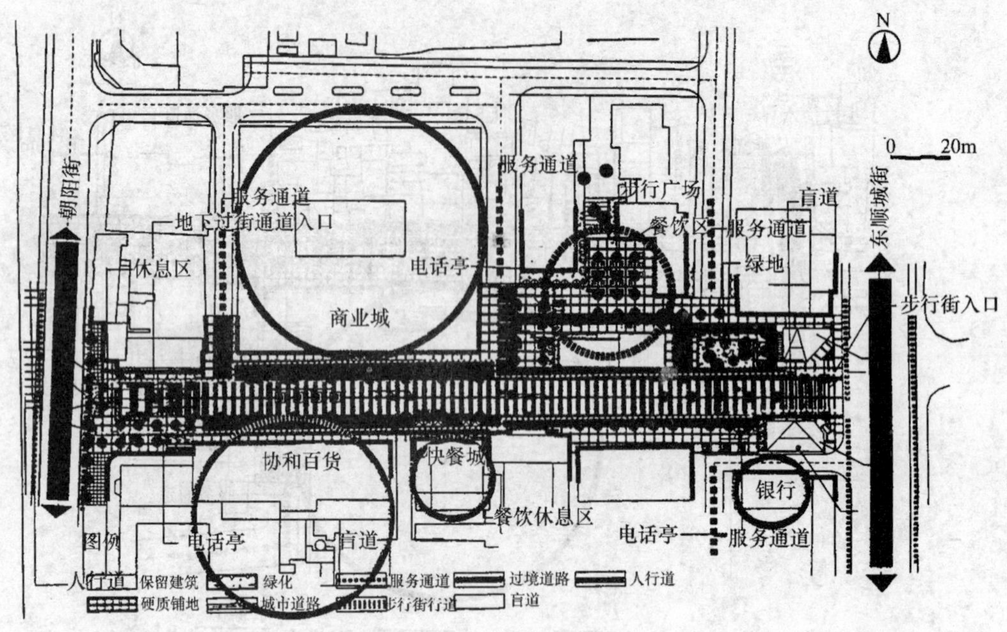

图 6-59　功能分析图(三)

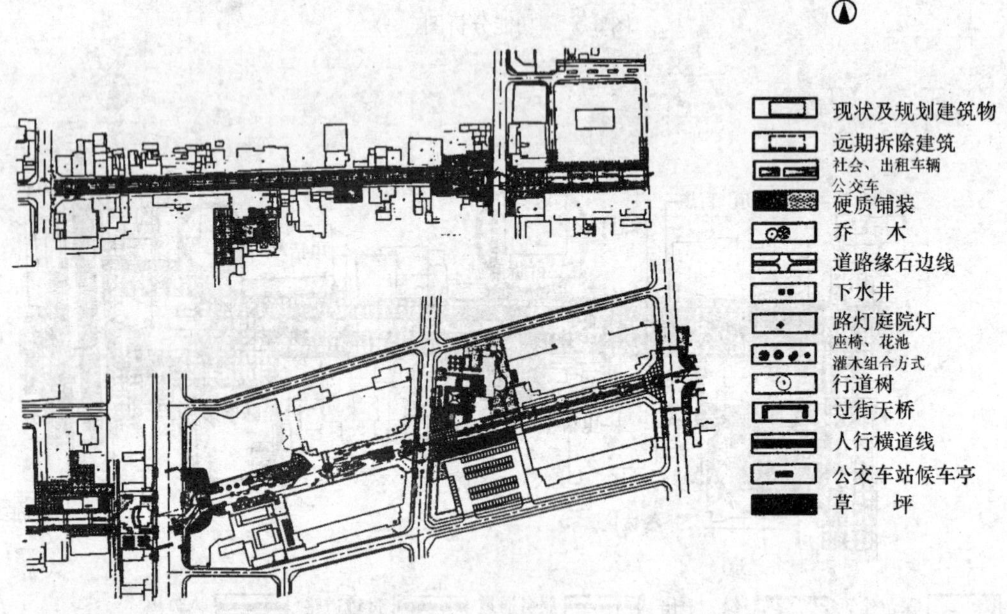

图 6-60　规划总平面图

2. 设计的原则

(1)规划设计中要以"人"为本。

(2)保护城市遗产及城市风貌。要保护中街两侧风格独特的商业建筑,以及从毗邻的沈阳故宫透出的浓郁的商业气氛,我们应从发扬和继承历史文脉的前提下进行构思,使中街无论从功能还是群体空间和外部形象上都标志着沈阳。

(3)步行街的设计要考虑地下地面管网、路面铺装、广告牌匾、沿街建筑立面装饰及灯饰。

3. 步行街改造设计的几个方面

(1)整体结构的设计。在红线范围内按功能将街道空间划分为两种性质，即休闲空间和交通空间。在中街的中轴线 6～8m 范围内为交通、休息、观赏、停留等功能空间，以盆栽的花坛、乔木、雕塑及其他街道小品围合出数个岛式空间。

(2)注重照明系统规划设计。

(3)恢复原有建筑风格，对建筑附设广告、招牌、橱窗、檐口等细部进行改造，并对规划建筑提出要求。

(4)注重街头家具的设置。

(5)注重无障碍设计与地面铺装设计。

4. 小东路的设计

结合小东区现状规划将小东路风格定位成中街商业步行街的现代化商业街，以“商业广场”的概念进行设计，在东顺城街至大什字街这段 318m 的商业街上覆以玻璃屋顶，以创造全天候的半室内步行空间，内部设置各类现代喷泉、雕塑、坐椅等小品，行人漫步其中，感受到一种现代化商业气息。

小东路与中街之间隔着东顺城街，规划利用现有地下人防工程，用地下通道将两者连接起来，并在两个出口处各规划了两处广场，以形成空间上的连续感，设置标志性雕塑，美化街道。

第八节　纪念性公园

1. 植物种植

纪念性公园主要包括烈士陵园、墓园等类型，以供人们瞻仰、开展纪念性活动、凭吊和休息、游览、赏景等为主要任务。因此，纪念性公园中多种植树形规整、色泽暗绿、枝条细密的常绿针叶树种，如雪松、松柏类等，营造出一种庄严肃穆的氛围。在非纪念性功能区多种植常绿竹林、阔叶树种以及各种灌木形成郁郁葱葱、疏密有致、层次分明的景观效果。

2. 植物配置和造景布局

纪念性公园的植物配置原则，应既有严肃的纪念性活动区，又有活泼的非纪念性休息活动区。植物造景要根据各区的功能特性来决定。

(1)出入口

为了集散大量的游人，需要视野开阔，多采用草坪广场、铺装。出入口广场中心的雕塑或纪念形象周围可以用花坛来衬托。主干道两旁多配置排列整齐的常绿乔灌木，从而营造一种庄严肃穆的氛围。

(2)非纪念功能区

绿化为主，采用自然式布置并做到因地制宜。选择树木花卉种类应丰富多彩。在色彩搭配上要注重对比和季相变更，形成富于变化的层次感，如图 6-61 所示为总平面图。

(3)纪念碑、墓地环境

以常绿的松、柏等为主来作为背景树林，可在其前点缀鲜艳的五彩花卉，以寄托后人的悼念之情。

(4)纪念馆

多布置成庭院绿化形式,同时应与纪念性建筑主题思想相协调。主要种植常绿植物,结合树坛、花坛、草坪并以花灌木来点缀。

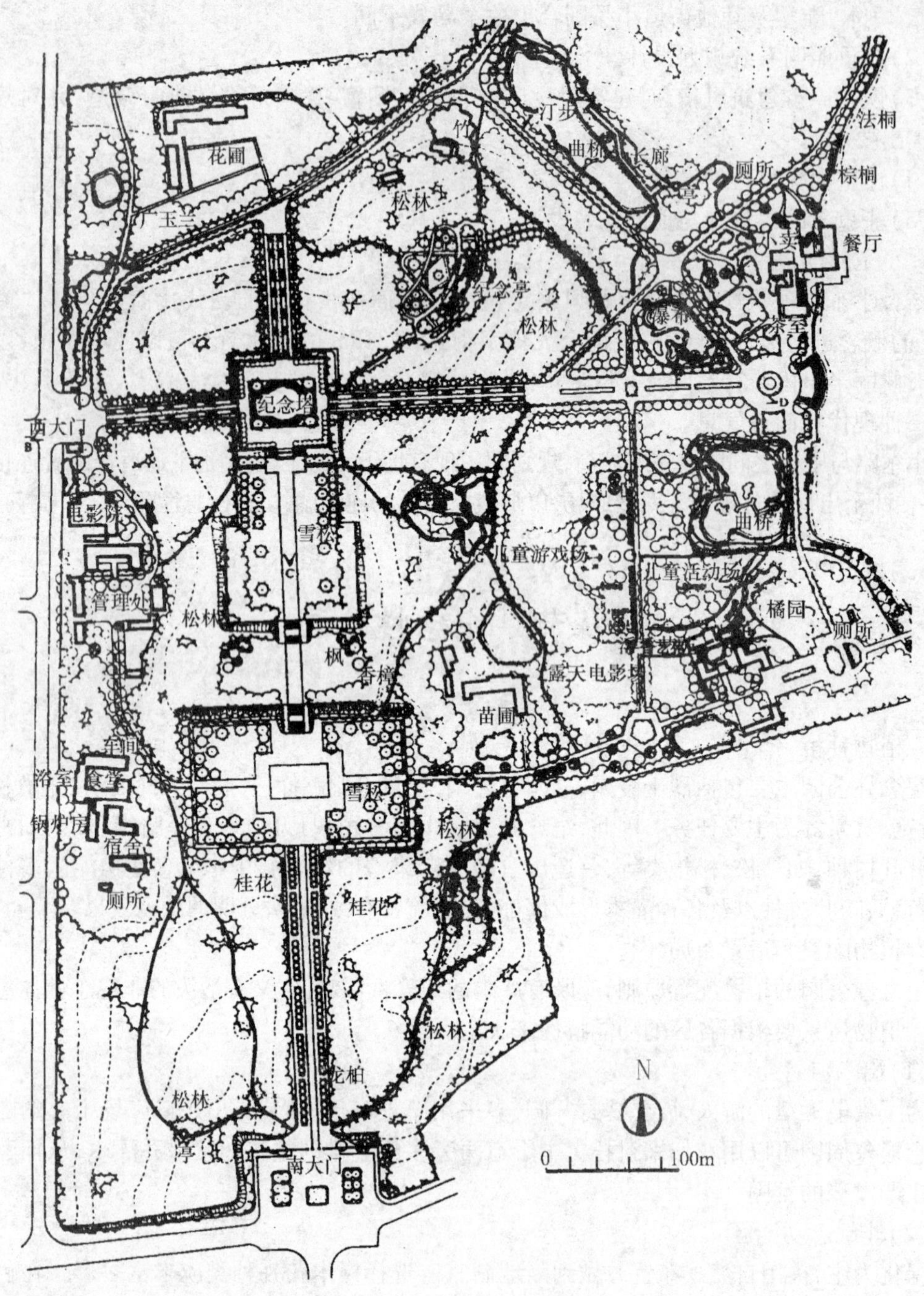

图 6-61　长沙烈士公园总平面图

第九节　小庭院及小游园

一、黄石市海观宾馆临江楼庭园

如图 6-62～图 6-69 所示为大型壁画图、庭园平面图、庭园景观图和局部雕塑。

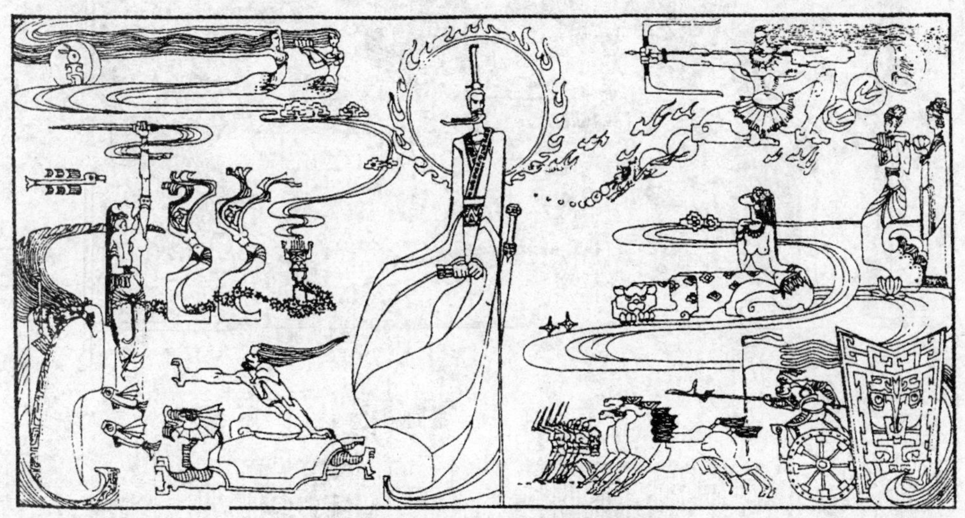

图 6-62　大型壁画《九歌图》

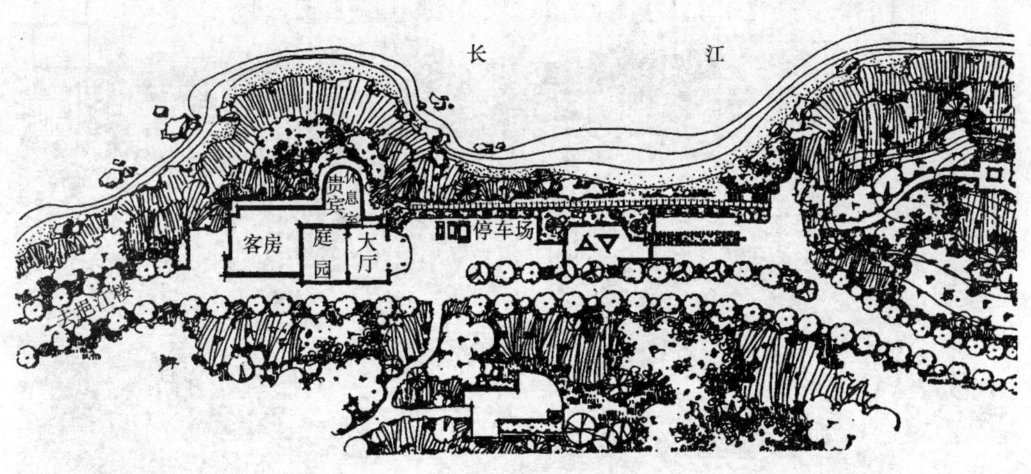

图 6-63　临江楼位置平面图

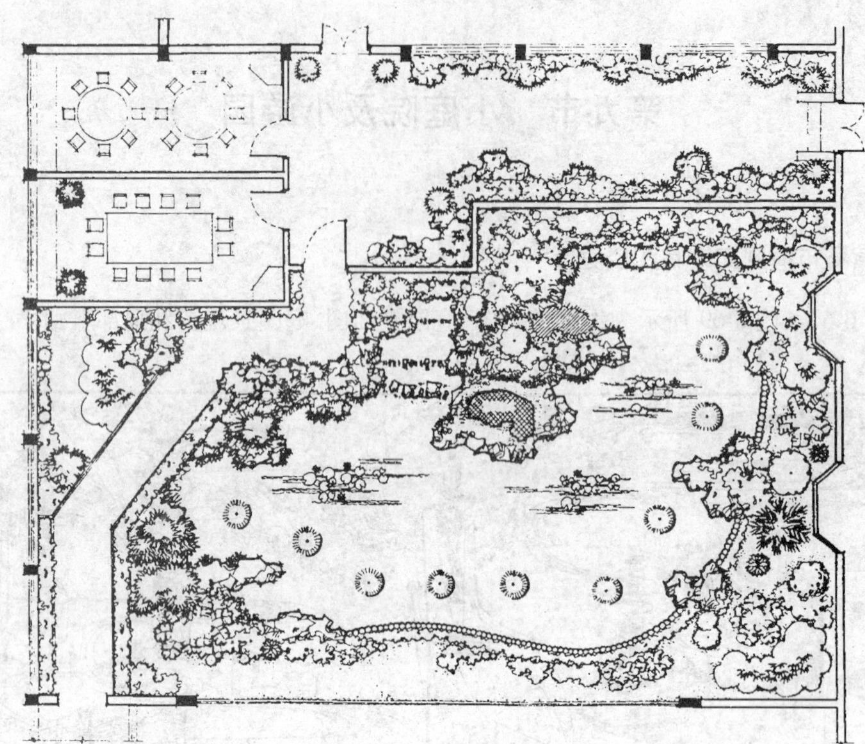

图 6-64　庭园平面图

图 6-65　庭园立面透视图

图 6-66　庭园外景(一)

图 6-67　庭园外景(二)

图 6-68　庭园外景(三)

1. 回归自然,小中见大

庭园再现自然山水之美,同时反映楚文化的内涵。在庭园中凿池为塘,堆石为山,垒土为岛,引水为瀑,塑竹为景,置石为矶,植树为林,从而创造出小中见大的艺术效果。

避免破坏以"山鬼"为主题的环境气氛,特将自然美与建筑美结合,利用构筑物的组合来丰富空间。将竹材编织成竹篱景墙,制作成壁挂、壁饰悬挂其上,使庭园建筑更具特色。

该庭园绿化,选用了苏铁、棕榈、吉祥草、天门冬、蒲葵、棕竹、芭蕉、玉簪、迎春、络石、爬墙虎、马尼拉草等,石菖蒲植于水边,水中种睡莲,从而使庭园有层次感,又不乏生机。

2. 寓情于景，挖掘文脉

我国历史上第一个伟大的爱国诗人屈原是楚国的上大夫，因此在海观山临江楼大厅西侧墙面上有一幅长8m、高4m的屈原《九歌》图。采用夸张的艺术手法将屈原设计成顶天立地的巨人，其中的各个艺术形象具有浓厚的色彩。

图6-69　雕塑——“山鬼”外景

海观山临江楼大厅总面积785.5m²，设有营业厅、门厅、贵宾休息室、值班室、壁画和观赏庭园区等。庭园正对门厅，其主题是屈原《九歌》中讴歌的山林女神——“山鬼”。“山鬼”是屈原刻画的美的化身，居于洞穴山林，泉水瀑布为其镜，她不仅是大自然的保护神，还是楚国的爱情之神。

3. 叠山理水，巧于因借

海观山临江楼大厅建于原山岩裸露的山坡上，造园因借山势、叠山理水，筑岸引流，创造出一个自然环境。在庭园里，洁白无暇的“山鬼”塑像和她坐骑的赤豹为构图中心，“楚辞”摩崖石刻、泉水、瀑布、石矶、悬崖、置石、驳岸、壁饰、浮雕的位置等都恰到好处。

以原有地形和创作意境需要为依据，在方丈之地叠石成山，采用黄石堆砌，突出古朴浑厚的山势。山高虽仅4.5m，但悬挑最远的岩石可达1.5m之远。山上设有瀑布涌泉、洞壑洞穴，洞内利用雾化气流，间断喷出，给人以神秘莫测之感。

庭园水面设计动静结合，曲折有致。水面占该庭园用地的24.6%，有瀑布、溪流、泉眼、深潭、水池、喷泉等水景。驳岸高低起伏，凹凸有致，颇具特色。

二、北京市龙城花园某私宅庭院设计(图6-70)

该庭院占地总面积600m²，绿化面积330m²，环境设计首先根据宅主人提出的要有水景、果木及比较宽敞的草坪进行户外活动的要求，设计还以现场条件为依据，重点突出并结合一般，与西式建筑风格相统一。达到了三季有花、四季常青的效果，植物材料较为丰富，体现了北方豪宅的温馨、舒适。既满足了宅主人的个人爱好，又遵循园林设计的科学性原则。主要设计内容如下：

1. 置景重点为庭院西南部。以树种云杉为主体，以花灌木为背景，前面设计了自然曲线的小水池及假山跌水，沿池周围点缀宿根花卉及低矮的花灌木，其前面有较开阔的草坪。

2. 庭院东南角有葡萄棚架，既可在棚架下纳凉休息，又可品尝葡萄。棚架本身又起到了与相邻宅院隔离的作用，效果极佳。

3. 西侧面栽植果桃4株，满足宅主人的要求。沿墙栽植有垂直绿化作用的藤本月季。

4. 北侧为后庭院，西北角保留了原有的枣树，又增添了一丛枝干金黄色的金镶玉竹与东北角的早园竹形成对比。北侧墙面前栽植木槿，形成高篱，可美化墙面。

5. 整个庭院地面覆盖冷季型草。园路在房门前做青石板小甬路，自然和谐。东西两侧

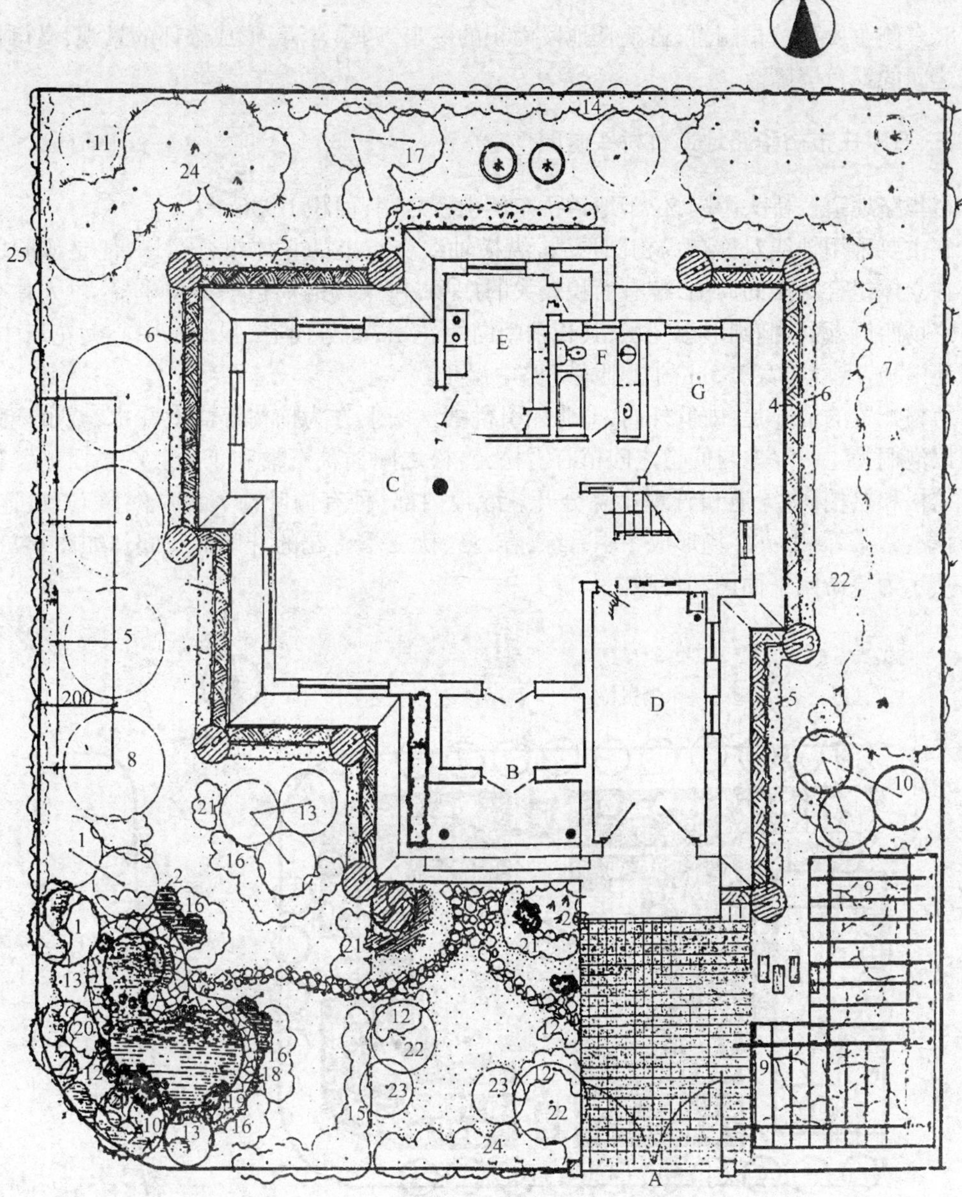

图 6-70　北京市龙城花园某宅庭院环境设计图

A—大门；B—门厅；C—客厅；D—车库；E—厨房；F——层卫生间；G—工人房

1—云杉；2—沙地柏；3—大叶黄杨球；4—锦熟黄杨篱；5—紫叶小檗；6—金叶女贞；7—早园竹；8—桃树；9—葡萄；10—山里红；11—枣树；12—丁香；13—红枫；14—木槿；15—丰花月季；16—平枝栒子；17—紫薇；18—萱草；19—玉簪；20—迎春；21—锦带花；22—栾树；23—丁香；24—金镶玉竹；25—藤本月季；26—四季草花

由于地段较窄，故以墙基散水代替甬路来满足行走需要。

6. 房屋四周散水的基础种植，主要种植锦熟黄杨、红叶小檗、大叶黄杨球和金叶女贞。植株低矮，避免遮挡室内向外观景的视线，可隔窗观赏院内景色。

7. 缩小房门前原地面砖铺装面积，将绿地面积扩大。大门内车库前的地面砖铺采用草坪砖铺砌。

8. 东侧主要种植早园竹，占狭长地段面积的一半，四季常青，形成浓郁的景观，又可作为邻居之间的绿色屏障。

三、石家庄市裕华路地道桥桥头游园

裕华路地道桥桥头游园，位于地道桥东侧引桥之南，面积1 936m^2。

它主要采用轴线对称布局构图形式，纵横轴线交点上的立体组合花坛，便是该园的主景。在立体组合花坛的周围，辟有面积较大的广场，在广场的周边摆放着坐椅，供人休息赏花。广场西侧，两个椭圆形小花坛，其长轴朝向大花坛，动势向心，强调了中心大花坛主景。在绿地中，游人可在宽1.5m的规则式环路中漫步。

植物配置的情况是：内低外高，即北侧引桥挡土墙上方为柿树等高大乔木，城市环路行道树以泡桐为主。绿地与便道之间植有雪松，雪松之间插种石榴和丁香。广场西侧各种植一行雪松和桧柏，将绿地和管理小院分开。绿地内部，种有榆叶梅、黄杨球、黄刺玫、连翘、竹、月季、紫薇等，中央广场形成冬季有绿，春、夏、秋三季有花的开朗的空间。如图6-71、图6-72所示为该游园平面图和鸟瞰图。

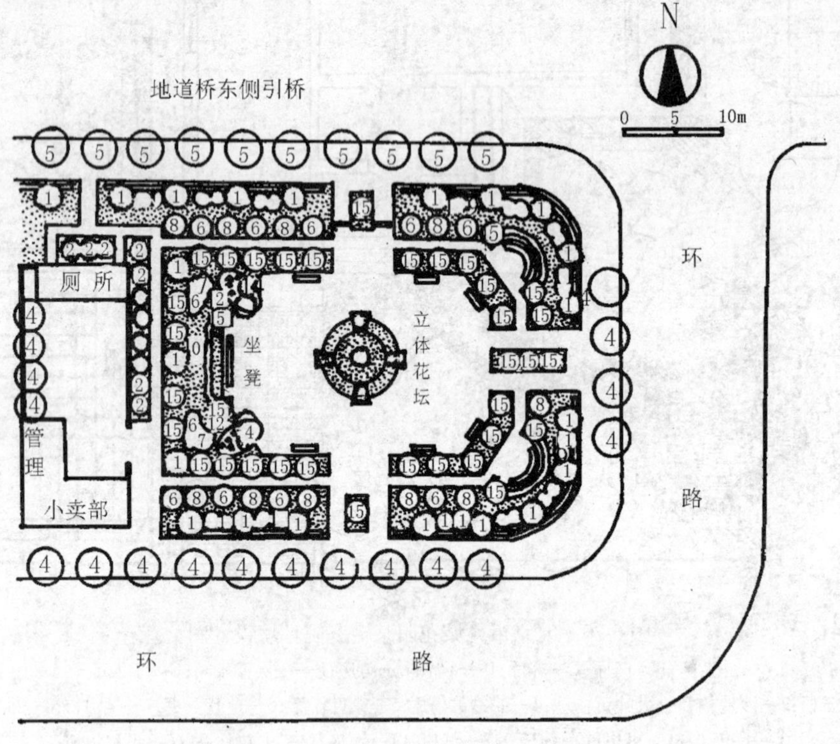

图6-71　裕华路地道桥桥头游园平面图

1—雪松；2—桧柏；3—油松；4—泡桐；5—柿树；6—紫薇；7—连翘；8—榆叶梅；9—丁香；10—黄刺梅；11—石榴；12—竹子；13—月季；14—碧桃；15—黄杨球；16—绿篱

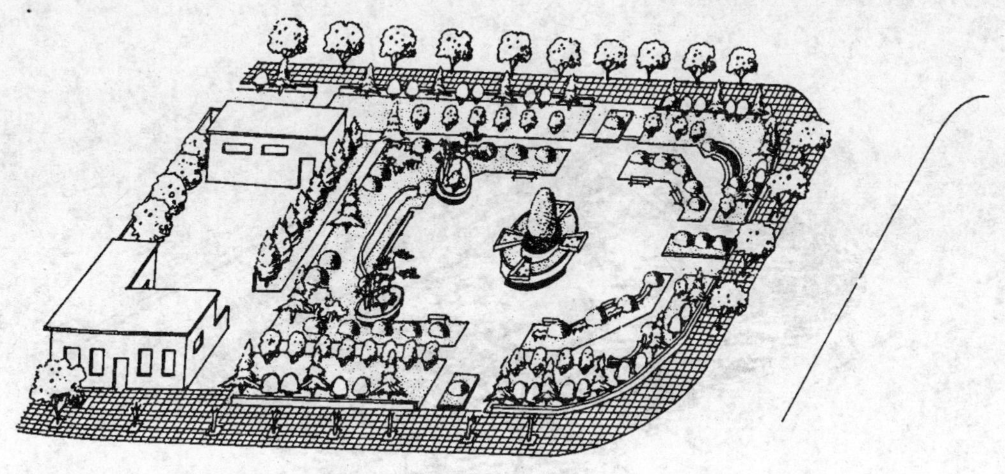

图 6-72　桥头游园鸟瞰

四、广东大宝山矿招待所小游园

该园占地面积 1 000m²，占招待所总面积的 50%，是一处院落式绿地。

该园以人工水池为布局中心，沿水面环路，以架、亭建筑组景，构图活泼、用地紧凑，有效地丰富和扩大了园林空间，如图 6-73、图 6-74 所示为该游园平面图和鸟瞰图。

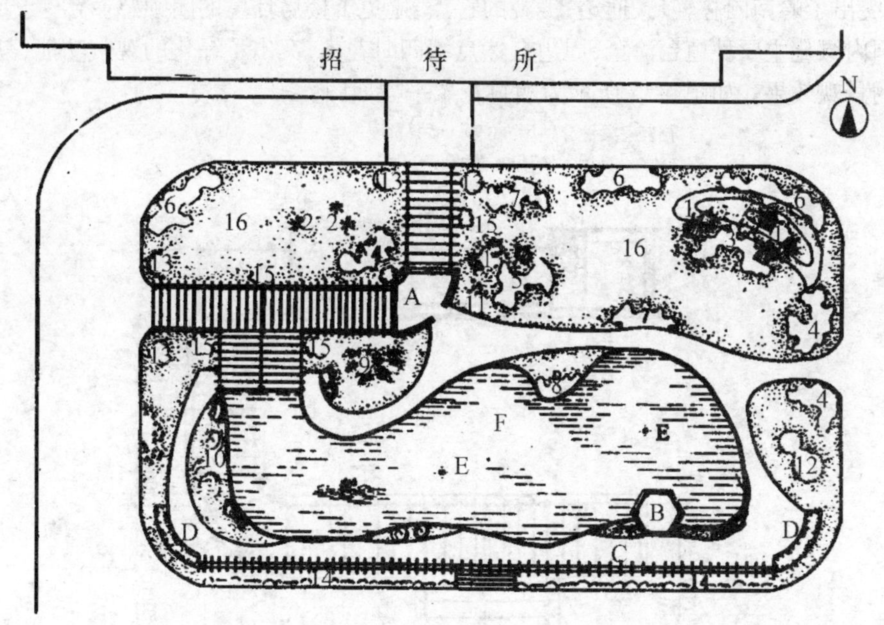

图 6-73　大宝山矿招待所小游园平面图

A—花架廊；B—六角亭；C—单柱花架；D—花池；E—喷泉；F—水池

1—南洋杉；2—假槟榔；3—杜鹃；4—小叶紫薇；5—凌霄；6—矮美人蕉；7—红背桂；8—金丝桃；9—芭蕉；10—迎春；11—佛肚竹；12—樱花；13—九里香球；14—爬墙虎；15—紫藤；16—台湾草

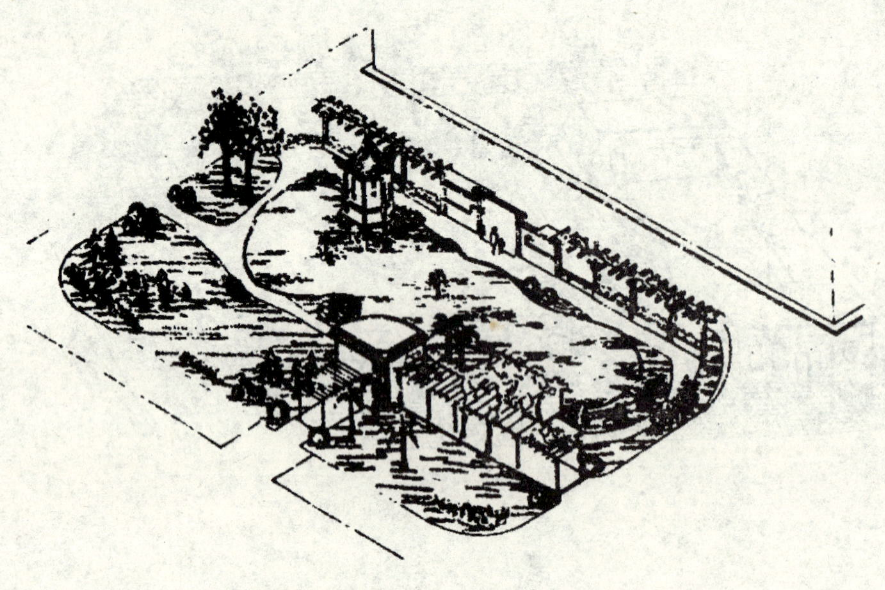

图6-74　小游园鸟瞰图

沿南界的钢筋水泥花架不仅具有范围作用，又同园外自然地联系在一起。它与六角亭作为一组建筑与对岸的竹花架廊互相照应，使有限的空间得以巧妙地利用和分割。建筑设计上，突出了岭南园林轻巧、通透、美观的特点，避免了楼房环境的闭锁感。

园内绿化主要种植台湾草，周边自然点缀四时花木，突出了绿化的观赏功能，具有宁静、简洁的景观效果。如图6-75所示为塑竹花架平立面图。

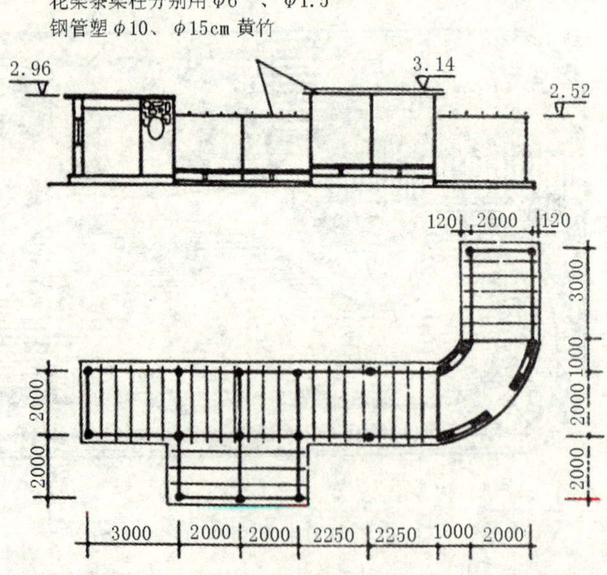

图6-75　塑竹花架平、立面图(单位:mm)

五、湖北葛店经济技术开发区游园

葛店经济技术开发区地处武汉市与鄂州市交界的葛店镇。开发区尤其注重园林绿化环境的建设,实行园林绿化与建筑同步验收,为投资者提供了良好的投资环境。

该游园位于1号工业小区的中心,北面是托儿所和幼儿园,东面是员工食堂,游园以游憩为主。在平面布局上以自然式为主,构图中心是回环曲折的水面,以游路为骨架,点缀园林小品。在主入口大门对景处的大型透雕壁画,讴歌改革所带来的工业生产大飞跃的成果。全园的主景为水榭,它临水而建,将传统与现代的创新相结合。以游廊为辅景,并且它的建筑风格与水榭协调一致,整体的艺术效果较好又不乏自然情趣。如图6-76和图6-77所示为该游园绿地总平面图和效果图。

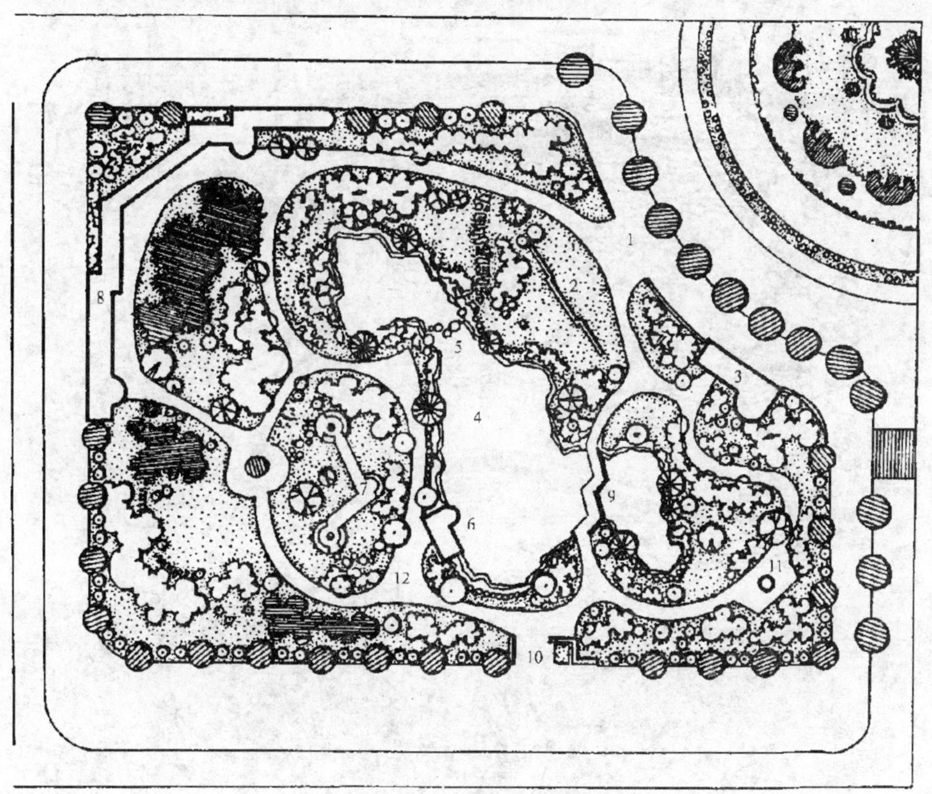

图6-76　游园绿地总平面

1—主入口;2—大型透雕壁画;3—管理房;4—水面;5—汀步;6—水榭;
7—休息岛;8—游廊;9—小曲桥;10—侧门;11—雕塑小品;12—游路

图 6-77　游园效果图

第十节　屋顶花园

一、常州市迎春园

迎春园坐落在中房常州分公司第13层屋顶(局部14、15层为舞厅、活动室)。花园由东西两部分组成,独具特色,又相互联系,形成一个整体。花园布局明快,充满自然气息。

东部设计利用14~15层的立面,选用斧劈石做成“迎春峰”,打破了墙面的空旷、呆板;延伸至窗框、门框,构成次峰,既使室内外空间相互渗透,又增加了门洞的深远感。屋顶制成错落有致的自然石并围成种植绿地,以探春、迎春、慈孝竹、黑松等为主。以草坪相配,与“迎春峰”呼应,达到一种活泼自然、层峦叠嶂的景观效果。

西部设计以隐现“迎春峰”的另一观面为主。在西北角叠置一英石山峰,自然石围成种植绿地,并设不规则壁泉和喷水池,此景名叫“听泉”。

西部空间较大,应用铝合金型材制成四坡亭和葡萄架,使空间得以分隔。桔红色四坡亭在深红色建筑环境中,不仅分隔了空间,又是园中一景;周围布置有大块用铝合金板制成的不规则绿地;边角布置小块绿地,以黑松、紫薇、雀梅、葡萄、榆树等老树桩为主;点缀散石,铺上草坪,植上红枫、美人蕉等花草,创造清新典雅的空间氛围。如图6-78所示为该园平面图。

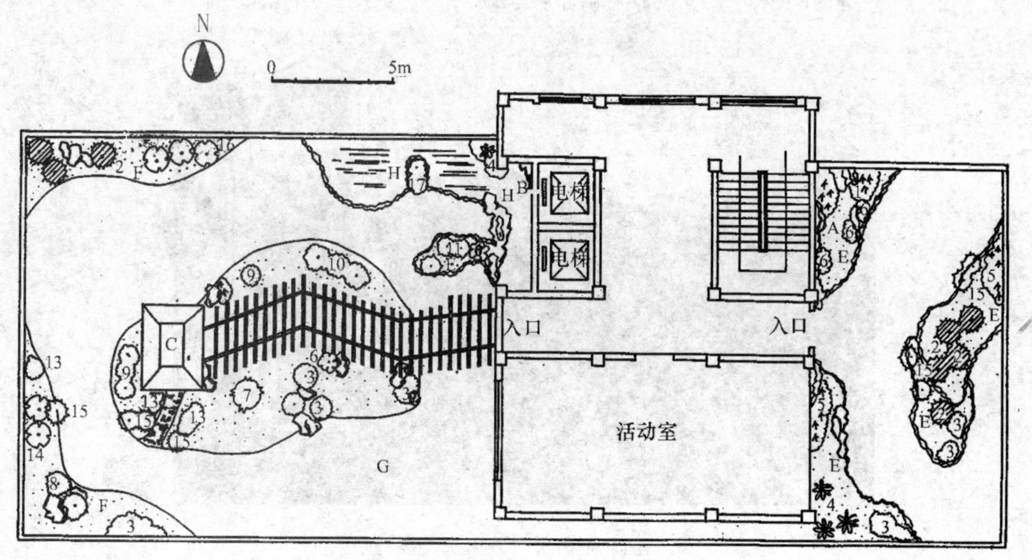

图6-78　迎春园平面图

A—迎春峰;B—听泉;C—四坡亭;D—葡萄架;E—种植池;

F—种植池;G—冰梅石地坪;H—喷泉、石岸水池;I—鹅卵石路

1—慈孝竹;2—黑松;3—云南黄馨;4—剑麻;5—凤尾竹;6—南天竹;7—榆树桩;8—雀梅桩;9—紫荆;

10—枸骨;11—阔叶十大功劳;12—紫薇;13—美人蕉;14—红枫;15—地柏;16—盘槐;17—火棘

二、常州市沁园(屋顶花园)

“沁园”位于地处常州市中心的总工会大厦 9 层屋顶(局部 11 层),是一个集文人景观为一体的空中艺术景观。如图 6-79、图 6-80、图 6-81、图 6-82 所示为该园平面图、东西立面图和某局部效果图。

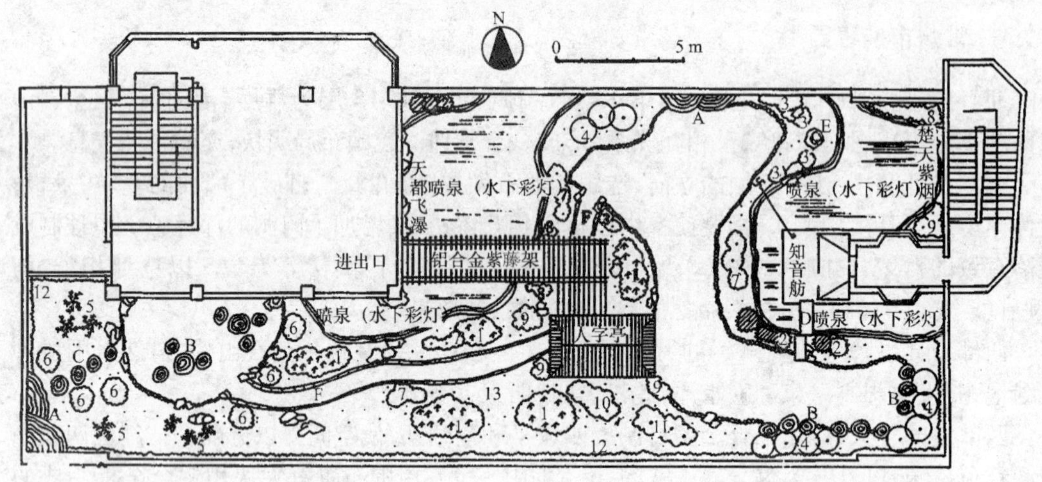

图 6-79　沁园平面图

A—树桩看台;B—树桩台凳;C—树桩汀步;D—石跳板;E—听琴石;F—鹅卵石小道;G—铁锚链

1—慈孝竹;2—黑松;3—雀梅;4—盘槐;5—棕榈;6—连翘;7—杜鹃;

8—紫藤;9—窄叶十大功劳;10—阔叶十大功劳;11—紫薇;12—迎春花;13—草坪

图 6-80　沁园东立面——天都飞瀑、观瀑亭

1. “知音舫”是利用副楼房设计而成,将楼梯房化成“船舱”,巧用二龙戏水的“船头”,以假乱真,抛于绿地的铁锚用一根粗链连着,其间点缀玲珑剔透的“听琴石”,犹如一艘远道而来的游船,与“天都飞瀑”遥相呼应,构成了“高山流水觅知音”的意境美。

2. “天都飞瀑”将第 10、11 层东立面上的装饰窗进行改造,以粉墙为“纸”、山石为“墨”、

图 6-81　沁园西立面——楚天紫烟、知音舫

图 6-82　知音舫

水流为“线”绘成。

3.“观瀑亭”特根据建筑环境构思，以美的形式蕴涵了亭的个性，其顶部的“人”字和主体建筑上的“人”字相得益彰，贯通竹林幽径，连接紫藤架，在屋顶有限的空间求得“咫尺空间隐曲直”，疏密有致的立体空间。

4.“楚天紫烟”是以池中高低错落的水花、水球和紫藤缠攀崖石，前呼后应，构成一幅立体的抒情画卷，景观极佳。

水池边采用人造树皮饰面，用人造小树桩围制种植地，座凳制成树桩形。花草、山石相缀，一种野趣油然而生。

第七章　无障碍设计

随着社会的不断发展,文明也不断的进步,因此公共设施需要满足各种类型人群的需要,目前在世界范围内已普遍受到关注。西方发达国家在20世纪50年代末60年代初,就开始注重此种状况,并已取得了很大进步。70年代至今,日本不断吸取发达国家的经验,并为残疾人和老年人提供了便利的物质环境条件,提高他们的自立程度,扩大了他们的生活圈子。我国从80年代也开始为这方面而努力,不但颁布了《方便残疾人使用的城市道路和建筑物设计规范》(JG50—88),还发行了有关障碍设施的通用图集(88J12),并在南京、上海、广州、北京等城市,改造一些公共设施达到无障碍。但只限于一些医院、图书馆、学校等公共建筑设施,极少涉及园林规划和建设。本章将对园林中的无障碍设计问题进行探讨、研究。

一、无障碍园林设计

1. 无障碍园林空间的设计原则

(1)易达　这指的是园林游赏过程中的便捷和舒适性。由于老年人行动较慢,所以园林场所及其设施必须可接近。设计者就要为他们多方面提供参与各种活动的可能性。从规划上保证他们从入口到各园林空间之间最少有一条舒适的无障碍通道及必要设施,并确保他们可以通过付出生理上的努力,而能得以实施,使心理产生一种满足感。

(2)无障碍　也就是说园林环境中没有障碍物或者危险物。这是由老年人的生理和心理条件所决定的,他们自身需求与现实的环境常常产生距离,那么他们的行为与环境的联系就比较困难了。换言之就是,正常人可用的东西,在他们面前可能会成为障碍。因此,园林规划设计者必须坚持以人为本,要为老弱病残者着想,要根据轮椅使用者和视觉残疾者的基本要求,创造出适宜舒适的园林空间,从而增强他们在园林环境中的自立性。

(3)易识别　这指的是园林环境的标识和提示设置。老年人身心机能不健全甚至衰退,感知危险的能力差,有时他们即使感觉到了危险,但也难以快速躲避,甚至会因错误地判断而产生危险。所以,如果缺乏空间标识,他们可能就会方位判别错误,预感危险也比较困难,也就会带来行为上的障碍和危险。为此,在设计时要充分运用视觉、触觉、听觉等手段,给予他们多次提示和告知,并可以通过空间关系及个性创造,用合理的空间序列、形象的特征表示、鲜明的标识示意以及悦耳的音响提示等,来提高园林空间的识别性和导向性。

(4)可交往　这指的是园林环境中应重视营造交往空间及设置配套设施。老年人接近自然环境,可以消除一些孤独感和抑郁感,宣泄一下心中的自卑失落和急噪烦闷。因此,在规划设计上,应多创造一些围合空间、坐憩空间等以便于交往,尽可能满足他们对空间环境的特殊要求。

2. 园林无障碍细部构造设计

园林的无障碍设计,除了把握环境空间要素外,还必须细致地考虑一些通用的硬质景观要素。如园路、出入口、台阶、坡道、小品等细部构造。

（1）坡道和台阶　对于轮椅使用者来说坡道尤为重要，与台阶并设为佳，以供人们选择。坡道要缓且防滑，纵向断面坡度宜在1/17以下，条件受限时，也不宜大于1/12。坡长超过10cm时，宜每隔10cm设置一个轮椅休息平台。台阶踏面宽宜在30cm~35cm，级高应在10cm~16cm，幅宽至少应高于90cm，踏面材料要防滑。在坡道和台阶的起点、终点及转弯处，都必须设置水平休息平台，并且根据具体情况设置照明设施和扶手等。

（2）出入口　宽度至少在1.2m以上，出现高差时，坡度应控制在10%以下，两边应加棱，并采用防滑材料。为了便于轮椅使用者停留，出入口周围要有150cm×150cm以上的水平空间。入口如有牌匾，字迹要使弱视者可以看清，文字与底色要有强烈对比，设置盲文最好。

（3）园路　路面宜防滑，且尽可能做到平坦，无凹凸。如必须设置高差，应在0.02m以下，路宽应在1.35m以上，以保证轮椅使用者与步行者可错身通过。纵向坡宜在4%以下。除此之外，盲道运用的诱导标志的设置要充分重视。尤其是身体残疾者不能通过的路，务必要有标志来预先告知。不安全之地，除设置危险标志外，还须加设护栏，护拦扶手上有盲文说明为佳。

（4）设置座椅、厕所、垃圾箱等园林小品要尽可能使轮椅使用者方便使用，而且其位置不能妨碍视觉障碍者的通行。

总之，园林无障碍细部构造设计，需考虑的涉及面较广，在此不一一赘述。

3. 无障碍园林的绿化设计

老年人对庭园、绿地的需求欲望比较强烈。由于园林植物能释放大量负氧离子，能调节气温、净化空气、吸尘防噪，有利于老年心脏病、神经衰弱、高血压等病症的健康恢复。因此，无障碍园林的绿化设计首先要坚持以绿为主，即除了必要的园林建筑、道路、小品之外，其余均宜绿化覆盖。充分利用垂直绿化来扩大绿色空间、改善生态环境、丰富园林景观；地形要尽可能平坦或起伏较缓，植物要适地适树，带刺或根茎易露出地面的植物宜避免种植，以免形成障碍。宜选用一些便于管理、虫害少、无毒、无飞絮、无刺激性的且独具特色的优良品种作为园林骨干树种。园林植物的配置，宜因地制宜，巧妙地运用对植、孤植、群植等手法，使景观内部灌、乔、草、花与园林建筑小品之间互相映衬的关系得以科学处理。提倡多植乔木，季相明显、花色鲜艳的花灌木和色叶树木可适当配置，植物群落结构的层次变化也要讲究，宜营造出一片片、一丛丛生机勃勃的群体效果，种植芳香植物，可招引益虫和鸟类，达到鸟语花香的效果。

二、园林中无障碍设计具有必要性和可行性

1. 园林中无障碍设计的可行性

根据有关资料，无障碍设计并不复杂，也不会妨碍总体设计布局，甚至可以做到基本上造价不变。最关键的就是规划设计人员的无障碍意识，以及如何处理实施过程汇总细部的构造。因此，要想消除游赏过程中给游人带来的不便及障碍，在园林规划设计初期就需要认真地考虑以上问题。

2. 园林中无障碍设计是福利社会城市规划建设的重要内容

园林是公共设施，它由植物、山石、建筑、水体等多种物质要素构成，并经过多种艺术处理而创造的，占有一定的空间并可提供大众游赏。它同人们的触觉、视觉、听觉以及行为模式紧密联系。当今，园林环境已成为人们生活环境的一部分，与人们的日常生活紧密联系。

目前的园林工作者十分紧迫的研究课题,就是在园林规划设计和建设中,如何适应游人需要,如何创建安全舒适的无障碍园林环境。

3. 老年人对园林环境的特殊要求

由于老年人在生理上反应迟钝、感官衰退、体力弱;在心理上,重人情、世情、乡情,并希望得到尊重,与人交往,希望能够独立自主。这就决定了他们对园林环境有着特殊的要求。主要是园路通行及使用公用设施的情况。老年人的经济地位一般都由主导变为辅助;由忙于工作变为余暇时间增加;由以社会工作环境为主变为以社区居住环境为主。这些势必会导致他们心理上产生压力和情绪上产生波动,并出现孤独、自卑、失落和抑郁感等。因此,他们迫切需要到园林中锻炼身体、呼吸新鲜空气、与人交流、愉悦身心并积极参与各种社区活动,这样才能使他们身心健康,延年益寿。

总之,随着进代发展,园林无障碍设计势必会成为城市建设的新课题。园林规划和建设者应充分考虑这一点,使其贯穿于园林规划建设的每个环节,进行系统的研究和实践时,需全社会的拥护和支持,才能达到良好的效果。

第八章　农业观光园设计与实例

第一节　概　述

当农业遭遇旅游时,诞生了新型的农业模式——观光农业。它的充分开发具有观光、旅游价值的农业资源和农产品为前提,把农业生产、科技应用、艺术加工和游客参加农事活动等融为一体,使游客充分领略大自然的浓厚意趣和现代化的新兴农业艺术。

国际农业的发展经历了原始农业(游耕、游牧等)、传统农业和现代农业三个主要发展阶段。当前的农业在利用大剂量无机化学肥料取得高产量的同时,也导致了严重的环境问题,如土壤肥力下降、水土环境化学污染、农药毒性扩散以及由于抗药性增强而造成的害虫肆虐等。对此,人们提出了一系列的新型农业政策,如生态农业、回归型农业、有机农业、集约农业、立体农业、观光农业等发展模式。而观光农业就是一种典型的现代农业模式,它无污染且经济效益显著,被称为"绿色朝阳农业"。

在中国,观光农业属于一种新兴产业,20 世纪 90 年代,我国农业观光旅游在大中城市迅速兴起。据不完全统计,1996 ~ 1997 年已动工和计划投资在 1 亿元以上的观光农业项目有 7 个以上。1998 年国家旅游局以"华夏城乡游"作为主题旅游年,使"吃农家饭,住农家屋,干农家活,看农家景"成了农村一大景观。

一、观光农业的起源与发展

在 20 世纪末观光农业较为流行。20 世纪中后期它才在世界范围内真正兴起,而在我国开始于 20 世纪 90 年代。意大利在 1865 年就专门介绍城市居民到农村去体味农田野趣,距今已有很长的历史。

从园林的最初形态,可以看出最初的观光农业状况。

古希腊园林形成初期的观光农业,实用性很强,但形式简单,它是将土地修整为规则式园圃。主要形式是以经济作物为主,栽培蔬菜、果树,还生产香料和各种调味品。

古罗马园林,不仅基本继承了古希腊园林的特点,还对其进行了丰富和发展。花园占比重较大,园林中的葡萄园、稻田等功利性没有那么强烈。

在我国周朝的苑、囿中,大量的梅、桃、木瓜等农作物被栽植,从《周礼》上的:"园圃树之果瓜,时敛而收之"。《诗经》上的"桃之夭夭,其华灼灼"等诗句中可以看出那时的发展情况。

历史不断发展,在园林中应用农作物也渐少,文艺复兴时期,最大的园林理论家阿尔伯蒂(Leon Battista Alberti)的设计思路认为果树不应种植在园林里,摒弃了纯实用的观点……

从中外园林的最初发展状况可以看出很多农业的影子,当今农业观光、农业旅游又成为热点,这说明人类已经认识到农业的重要并对其加以肯定,同时也表明人类的思维又有了提升。

(一)观光农业及其相关概念

观光农业属于较新的概念,目前国内尚无明确定义,在此仅介绍一些相关概念及有关人士的观点和见解。

1. 农与农业

从《商君·垦令》"民不贱农,则国安不殆"和《汉书·食货志上》"辟土殖谷曰农"可以看出"农"已被解释为农业。利用动物和植物的生活机能,经过人工培育来取得农产品的社会生产部门就称为农业。农业有种植业和畜牧业两大类之分。中国农村,常分为农(农作物栽培)、林、牧、副、渔五业。这五业为广义的农业,狭义的农业是指农作物栽培业。农业有明显的季节性和地区性的特点。

2. 观光、游憩

从我国文献可以查出,与"观光"相近的有"旅游"、"游憩"等。

(1)观光的定义

观光可以理解为观看、考察一国的礼乐文物、风俗人情,也就是旅行游览的意思。倪执中与陈水源的理解则更深入。

1)倪执中认为观光的目的就是人们为了达成某一意愿,离开原居住地,经过一段相当旅途,到达与居住地不同的处所,观察或体验环境中的事、物或其他特色。

2)陈水源认为观光具有"观赏文化风光"的意思,且以活动为中心,及因活动而引起的空间的改变,这是观光与其他活动不同的主要根据。近年来一些使用"观光"一词的别墅地及游憩设施的建设所称的观光已超出原来的定义范畴,是一种广义观光,采用游览(Sightseeing)——观赏优异景观而获得乐趣者,或旅游(Tourism)——快乐旅行,可以避免用语混淆。观光有助于精神的发展,因此与游憩、运动的意思略有差别。

(2)游憩的定义

1)Doelld 和 Twardzik(1979)两人在《*Elements of Parkland Recreation Administration*》一书内是这样定义游憩的:

①强调游憩可以在任何地点、任何时间、任何情况下所从事的活动。此观点与以往所认为的只限于休闲时间,甚至只限于某特定场所的游憩是不同的。

②强调必须是在个人的理智、道德及社会规范允许的范围内从事活动的游憩。

③强调游憩是人类的一种理智性活动,它把游憩与游戏分开。

④强调游憩的收获是令人愉快的,由此可得出游乐必须透过所有感官。

2)美国西南太平洋林试所 1976 年 Wild 和 Planning Glossary 收集有关 Recreation(游憩)的定义为:闲暇时间的活动,如游泳、狩猎、划船、钓鱼等即为游憩。

由此可知:观光、游览、观察某一地方的政教风俗,归为静态观察比较适当。游憩就是指利用休假时间,人们自觉从事有益身心的活动,并通过活动来满足某一目的,来增进创造力及从事此种活动的光趣。

我国台湾及一些西方国家认为"观光农业"是农业游憩的一种经营形态,由于大家使用扩充了的"观光"的意思较为广泛,于是"观光"与"游憩"有时就代表了同种含义。因此可以说农业游憩和观光农业,意义基本相同。

(二)观光农业

鉴于“观光果园”、“观光花圃”等名词正被广泛使用,在此统一使用“观光农业”。现将各研究中与观光农业相近的概念按时间顺序,简单作以整理如下:

1. 藤井信雄(1973) 具体地指出观光农业活动就是都市人去拜访牧场以及农、林、水产业的场所并参与农、林、水产业的生产过程,观赏动、植物及景观,品尝农、林、水产品,在大自然中度过休闲时间。

2. 许荣辉(1975) (Agri－recreation)将农业生产主体及其环境和观光游憩活动相结合的活动方式即为农业游憩,它与观光农业相似。

3. 林光志(1980) 农业观光(Agritourism)是农业生产、传统观光和现代游憩三者的充分结合。

4. 吕伟白(1981) 观光农业是农民将栽植的农产物,提供给游客游憩观光或采摘以增加收入的一种事业。

5. 陈起祥(1982) 农业观光的意义,农业观光(Agricultural Tourism)是产业观光(Industrial Tourism)的一部分。产业就是指生产的事业;观光就是指游览、观察政教及风俗习惯等;农业就是从事种植、畜牧、渔业等活动,来生产人类生活所需要的物品。因此,“农业观光”是游览观察有关农业的产品及农村生活、风俗习惯等,包括农艺、园艺、蚕业、畜牧、水产、农业加工、农业经济、水土保持、农业推广、农业合作等。此处所言的“农业观光”,包括游憩性(Recreation)的观光,意指调剂身心、振作精神、消除疲劳,更新与创造的含义皆有,也就是利用农业生产与组织的设备、场地、产品及研究成果给游客提供从事观光游憩的活动。

6. 林乐健(1983) 观光农业(Agricultural Tourism)指游览、观察有关农业生产相关的作业、产品及农村生活。

7. 萧素莹(1983) 观光农业就是充分利用:

农业活动:耕作、采收、加工……

农业产物:农产品(果实、蔬菜、花卉、茶叶)、畜产品、水产物。

农业环境:耕作环境、居住环境及整体环境。

8. 许金松(1985) 农业观光(Agricultural Tourism)是利用农业生产的场地、产品、设备、作业等,给游客提供从事游览及观察等的活动。包括农产、园艺、渔业等园区,使观光游客能够游憩玩乐、调剂身心、学习农业生产及体验农产品收获的乐趣等。

9. Gilbert 和 Tung(1990) 农户为旅游者提供食宿等条件,使其在牧场、农场等典型的乡村环境中从事各种休闲活动的乡村旅游。

10. 卢云亭(1995) 观光农业就是指能给游客增加奇趣、野趣、买趣、乐趣,并具有参与、观赏、健身、科考、阅历等旅游功能的农业。

11. 刘华楠(1998) 旅游农业,也可称为休闲农业或观光农业。它是农业与旅游的结合概念,是生产与消费的有机结合,它把农业生产区域变为旅游休闲、观光、生产消费于一体的旅游区域。

根据以上各种观点,可以如下概括观光农业:

观光农业是与旅游业相结合的一种消遣性农事活动,是特殊的农业形态,它主要利用当地有利的自然条件开辟活动场所。根据内容和范围的不同,可将观光农业分为狭义和广义两类。

(1)从广义上说，观光农业是指广泛利用农业自然资源、农村空间和农村人文资源开发旅游，扩大农村的观光旅游功能，满足不同游客的需要；它包括传统的农业生产经营活动，而农村观光游览，及与之有关的旅游经营、旅游服务等内容也属其范围内的，为了满足游人对自然景观和乡土气息的向往，特为游人提供具有农村特色的吃住等方面的服务。

(2)狭义的观光农业(或称旅游农业)，是以农业资源为基础，把农艺展示、农园观光、农村空间的出让与农产品提供等生产、经营赋予旅游的内涵。将农业生产经营和发展旅游相结合，优化农业生产结构和品种结构，并合理规划布局，达到保护环境，美化景观，提供观光游览、学习等的一种新型农业。

(三)全球兴起观光农业

随着时代的发展，全球兴起了一种观光农业，就是将农产品贸易、农业生产与旅游观光相结合的一种新型的农业模式，它通过优美的农业自然环境及其相应的农、林、牧、副、渔业的生产过程和农业劳作，吸引人们前往参与、参观、游玩和购物，不仅促进了农业的发展还增加了旅游收入。观光农业有多种形式，目前在世界各国最流行的有以下四种模式。

1. 传统观光型农业：由于很多城市人不知农业的生产过程，所以农产品生产展示和农作过程也可吸引很多的游客。如法国农村的葡萄园和酿酒作坊很多都对外开放，游客可以参观和参与酿制葡萄酒的全过程，同时也可以在作坊里品尝，其乐趣与在城市商店里买酒截然不同。这些葡萄园和酿酒作坊的旅游收入常常比他们的葡萄和葡萄酒的收入还要高。

2. 奇异观光型农业：它是利用奇特的而非一般的农产品建立起来的观光型农业，例如：特殊香稻、瓜果产地都可以建立奇异型的观光农业，来满足人们的好奇心。如以色列北部的一个地处沙漠中心地带的村庄，利用那里独有的沙果(一种极耐旱的水果)发展观光型农业，游客还可以在那里做沙疗，其收入远远高于农业收入。中国是个农业大国，各地风土民俗和奇异农产品均不相同，所以开发奇异观光型农业有很大的潜力。

3. 都市观光型农业：由于城市化的噪音越来越严重，人们开始发展都市观光型农业，利用城市的科技和工业优势，在城内的郊区和小区，建立小型分散的农、林、渔等生产基地，为游客提供一些时鲜农产品的同时，又保留一部分农地，以改善城市的生态环境，这就是它的基本特点，有的还可发展家庭型的都市休闲农业，利用屋顶、空地等种植果树、花草、蔬菜等。

4. 科技观光型农业：即利用现代高科技手段来发展观光农业。如日本东京郊曾有一座蔬菜工场，有不同的蔬菜品种，无论是空中悬吊的还是地面栽培的，肥、水等供给都由电脑控制，每天有大量游人前往参观。除此之外，很多人还不熟悉基因农业，美国建立了多处基因农场可供观光，他们用基因方法生产的蕃茄、马铃薯又大又好；慕名而至的国内外游客很多。科技观光型农业的内涵和类型都极为丰富，随着生物工程及高新技术的发展，科技观光型农业将是今后发展最快也最吸引人的一项农业。

二、观光农业概况

(一)国外观光农业的概况

欧洲的观光农业最初的形式为“乡村旅游”，在 20 世纪 80 年代以后得以大规模的开展。从某种意义上来说，乡村旅游是现代旅游文化中的一项新事物，并且一些欧美的发达国家，乡村旅游已具有相当大的规模，并且已经逐步规范化。

1. 欧洲观光农业的发展

从 1978 年 OECD(The Organization for Econmic Coperation and Development)的报告中可以看出,欧洲一些高度工业化的国家,有 40% ~60% 的农民从事非农业性的工作。同时随着社会平均收入的提高与休闲时间的增多,这些国家的观光事业渐渐地朝向乡野发展。农场观光已成为今日欧洲休闲生活趋势。如爱尔兰的国家观光组织正在农庄上建造各种适合国际旅社及国民需要的住宿设施。

1982 年欧洲 15 个国家在芬兰举行以农场观光为主题的会议,探讨并交换各国观光农业的问题,希望农业观光与事业能相融合来造福更多的人们,同时也带动农村的发展。

(1)根据这次的会议,欧洲的农业观光形态可分为以下几种:

1)别墅出租型(cottage renting)　它指的是在农场范围内,游客把整幢的农舍租下,不与农场主人一起生活,自行料理生活,有较高的私密性,不过价格较为昂贵。在芬兰斯堪地那维亚半岛、北欧广泛流行此种形态(Scandinavian),挪威、瑞典等国家也包括在内。

2)房间出租型(room renting)　它指的是在农舍内设房间以供游客使用,游客可与农场主人共同生活,私密性较少。在欧洲大陆本土与英伦半岛多以此种形态为主。

3)一种投资较少的农场观光形态　它指的是在农场范围内搭帐棚露营或利用旅行车旅行,在欧洲普遍存在这种形态。

(2)游客的需求与动机

根据欧洲相关资料的研究,游客参与农村观光活动有以下动机:

1)主要动机　西德国内经济研究院(Federal Do - mestic Economy Research Institute)1971 年的一项调查发现,47.4% 的都市居民为了农村悠闲和费用较低而到农村度假。30% 的法国度假人喜爱乡村的悠闲,平均每日一切费用仅花用 32 法朗。

广阔的乡村之所以对都市居民具有极大的诱惑力,原因有二:首先,技术进步与人口爆炸的“落尘”(空气污染与拥挤)促使人们渴望逃离日常生活的环境。其次,传统观光中心地区已趋于饱和状态,引发人们到闲静的乡间度假的念头。

1969 年法国的一项调查表明,36.4% 的休闲住所(Leisure residences)供假日所用(holidays),35.6% 供假日及周末所用(holidays and weekends),而供周末(weekend)所用的仅占 28%。

从以上可以看出,当今的农村观光形式已成时代热点,原因总结如下:

①参于乡村生活,旅客可体验新的人际关系。

②低收入阶层从此有机会出去旅行。

③来访的都市居民可对手工艺和农场方面的技术工作获得更多的了解。

④农村环境满足休闲与户外生活的迫切要求。

2)次要动机　农村观光的次要动机范围较为广泛,基本上各方面都包括,如考古、手工艺品、垂钓、骑马等,下面简单介绍几种:

①垂钓指的是有奖旅行钓鱼比赛,可吸引大批游客到邻近有河流、湖泊或池塘的乡村地区。例如爱尔兰的国家观光组织大力扩展该国的鱼钓资源,使贫瘠农村地区的副业收入大大增加。华明(Warmian)及马波宁(Poneraxln)等湖也都开放供垂钓。据国家观光组织报道,每日在营地的食宿费用很低。

②骑马是一种与乡村探险相一致的观光活动,已渐为城市居民所喜爱。一般农民,现在都把它看做一项收入来源。欧洲部分国家也在这方面进行倡导,并且获得广泛的响应,譬如波兰安排有骑马旅行(trips on horseback),爱尔兰提供有马拉篷车队(horse riding)等。

③另外一项重要的动机是城市居民对田园及农耕工作比较好奇。为此，一些爱尔兰和法国农民安排收费访问(paid visits)，自充导游，而观光者也可积极参与农事，尤其在秋收或葡萄收获季节。

a. 意大利

意大利是旅游业比较发达并在世界上有名的国家之一。意大利旅游业中的农业旅游，也称为"绿色假期"。20 世纪 70 年代兴起，80 年代得以发展，90 年代时已有相当发展。

b. 法国(巴黎)

法国巴黎大区虽然是高度城市化的地区，但农业仍然很发达。

巴黎的城郊农业，十分强调景观和生态方面的功能、休闲方面的功能和教育方面的功能。农业逐渐成为城市内在的不可缺少的生态、景观和教育的需要。因此，郊区农业出现了多种形式。主要有以下几种：

(a)家庭农园

此类家庭农园(Jardinsfamiliaux)与德国的市民农园(Kraingargen)相似。这类农园以利用土地让市民休闲地体验劳动为主，同时又不失为一种城市景观。

(b)家庭农场

巴黎大区农业的主要组织形式就是家庭农场。此种农场主要以生产活动为主。

(c)自然保护区

此种保护区以保护环境和景观遗产、文化遗产为主，还要保护农业和村落。保护区的功能首先是保护，其次才是经济开发。

(d)教育农场

它指的是由政府向土地所有者租用土地，并将一些作为农业部门所属培训中心的教育农场，辟为"自然之家"教育中心。

c. 波兰

波兰人较为喜欢的一种度假方式就是到果菜园里劳动休闲。

仲春的波兰市西南郊的果菜园内，蔬菜鲜嫩油绿，果树枝头鲜花盛开，极为诱人，除了果树和一些蔬菜外，园子里还有许多花卉和一些常绿灌木。在这优美的环境里松土、锄草、浇水，在花丛旁、树荫下，谈天说地实在为一种享受。

在节假日，家长常常带着孩子一起在小园子里共同劳动，以此密切两代人的关系，孩子们也增长了自然知识，感受到劳动的意义。

在果菜园里，人们同邻居一起探讨农活、谈心事、拉家常，心情舒畅。

果菜园人们每年都可以收获水果、鲜花和蔬菜。果菜园的小卖部、咖啡座和俱乐部，优惠服务较多，这里常常有举办婚礼、家庭聚会和年轻人晚会等活动。

波兰的这种果菜园最早在 1908 年就出现了。现在波兰全国的菜园总面积在 5.5 万 hm^2 以上。

d. 德国

德国的农业观光园主要是以市民农园为主。也就是农民或政府将都市或近郊的土地出租给城市居民，供其种植蔬菜、花草、果树等。

德国的市民农园是在自家的大庭院中，用一小部分作为园艺用地，亲手栽植，享受其中的乐趣。19 世纪初，德国政府提供小块田地，供市民作"小菜园"，可以自给自足。近年来，德国市民农园，主要转向耕作体验与休闲，与以往的以生产经营为方向有所不同。

德国的市民农园法中有一条规定是，在市民农园内，种草、种花、种菜、种水果、养鱼或开展庭院式的经营，都由承租人自己决定，不过生产的农产品不能出售，只能分赠亲朋好友。

德国市民农园有很多种经营利用方式，既有庭院花园，有果树、花卉、蔬菜混合种植，也有将草、花卉、蔬菜、果树等单独种植，也不乏养殖珍奇鱼类、搞迷宫式的植物栽植。

在德国的都市或中小城镇中，到处都有各种形式的市民农园，他们把在市民农园里参与农艺劳作看成是最高尚的休闲娱乐方式之一，德国市民农园的存在，在改善城市生态环境的生态性功能和为人们休闲、观光、娱乐、体验提供空间的生活性功能上起了很大的作用。这也表明城市与农业不是相互分隔开的，而是相互依存共同发展的。

在德国的村庄建设上也体现着观光农业。

德国的村庄建设与城市和城镇相比较，农村自然生态环境与民族民俗传统的融洽、和谐和统一就是其最大的特点。德国村庄建设充分考虑自然主义和传统民族特色，使其与天然的农村环境浑为一体。土色土香的古代建筑，绿树成荫、芳草遍地的美景，都尽现眼前；卵石或天然石块铺成的街道和路面绵延至庄外，与成片的农田相融合，一种宁静和淡泊的感觉油然而生。

2. 美国的观光农业发展状况

美国的农业游憩发展，早在1941年，有许多美国人驾车到乡间，以每小时0.60美元或1.5美元的价钱向农夫租马来观光。在1962年以后，政府政策进行鼓励，农业游憩迅速成长。其中“度假农庄”及观光牧场(Vacation Farm 及 Rude Ranches)的经营是最主要的。

与美国农业资源相关的游憩活动，根据不同性质可分为以下几种：

(1)利用农作过程型

1)生产过程操作

在休斯敦工作、生活的人们，周末或假日都回到其农场农耕，种植蔬菜，经营牛群，以一种休闲的方式度过这段时间。

2)参观生产过程

为使市民参观农业生产过程特举办农场访问团，并使他们享受一片绿意的开放空间。

(2)综合利用型

加州有产地直卖的草莓农场，而且提供涂草莓酱的糕点及咖啡，还有模拟的西部城如骑马、酒吧等，可供游乐。

除了以上形态外，美国亦注重保护农业景观(Aglandscape)，认为如果为了机械耕作而破坏绿篱、树木等将会导致景观品质受影响。所以景观建筑师们将注意力从都市及自然地区(urban and wildess area)的景观上，回到乡村景观(rual landscape)上，主要由美国农业部的土壤保育局负责执行。

(3)利用农业环境型

1)展示不同历史时期农业耕作

户外农业博物馆的经营。从1970年开始已经出现包括耕作方式、农业机械、农庄动物、作物种类、农舍等，在经过考证后，依各时代特色布置供游客参观欣赏。

2)展示特殊人文与其农业经营。

(4)利用产物型

1)农产(植物)

休斯敦的市民经常到乡间购买农妇自制的加工品,同时可享受一顿乡村风味的菜肴。加州 Brentwood,免费提供区内地图索引,介绍区内农家的距离、位置、作物及其季节、住址、电话等。产物有很多:各类干果、土产蜂蜜、苹果、梨、玉米、豌豆、绿豆、草莓、南瓜、制酒葡萄、番茄等。

2)畜产(动物)

Nebraska Sargent 附近的 Bankrupt 牧场,提供骑马、坐篷车、狩猎、钓鱼等多种活动。

3.亚洲观光农业的发展状况

旅游农业是东亚与东南亚发展中国家和地区的优势,如马来西亚、新加坡、菲律宾、泰国、印度尼西亚等充分利用热带农业资源优势,开发热带旅游农业,成为各国产业结构的一部分和创汇收入大户并且也吸引了各国游客。

(1)马来西亚

马来西亚热带雨林广阔,光热资源丰富。植物资源中有近1500种的各种花卉和树木,有关部门利用当地的有利条件,因地制宜建设富有热带特色的少数民族居住地,以其美丽的海滩、果园、热带雨林、商业区吸引很多游客。

1986年,马来西亚国家农业部投资创办了世界上第一座国家级农业公园。这是马来西亚用来作为生态保护和科技示范的,以此发展农林业观光旅游。这座农业公园占地1 295hm^2,展示农业生产的形式和方式,以提高全民重视农业生产的意识,有关企业公司响应国家农业部的号召,在农业公园设立永久展览中心,展出其产品,同时还决定每年国庆进行园艺比赛,以鼓励人民保护生态环境,以推动城乡的环境建设工作。农业公园除了供国内外游客观光游览之外,也启发和推动着农业的发展。

马来西亚国家农业公园充分利用资源和气候优势,建立可可园、水稻园、鸟类动物园、动物园、畜牧园、水产园、蘑菇园、宿营地、鼓岭水坝、鹿园、动物表演台、滴水园、农作物种植园、香料及饮料植物园、阿布罗园、农林示范区、丛林旅馆、零售店、假期营地(别墅)、儿童游乐场、蕨类植物园、休息室等。

马来西亚农业公园各项设施建设及规划布局都较合理,吸引很多前往访问、观光的游客,除此之外,国家在马六甲、槟城等地也建立了不少与农村风俗、农业相关的旅游圣地,吸引游客。

马来西亚历史上经济作物发展迅速,故形成特殊的农业结构,随着经济飞速发展,政府特别重视农业新技术的引进和消化吸收,并使开发观光农业与旅游业、花卉产业等充分结合。

(2)新加坡

新加坡根据国情,把高科技引入农业并与旅游事业相结合以便综合开发,并充分利用有限的土地。20世纪80年代,新加坡政府为了设立农业科技园(Agrotechnology),而拨出一些土地。经过长期建设,创建了具有休闲、观赏和出口创汇等多功能的10大高新科技农业开发区,建成了50个农业生态走廊,兼具旅游特点和提供鲜活农产品,形成了多功能的都市农业体系,每年还吸引很多国际旅游者,年创汇50亿美元以上,成为享誉世界的“绿色旅游王国”。

现在,全国已兴建了10个农业科技公园,占地264hm^2。目前,这些农业公园的建设都达到了预期目的,收到了良好效果。

公园内合理地安排了作物种植,精心布局了一些展览花卉、珍稀动物、观赏鱼、水果生产和名贵蔬菜,还配有一些娱乐场所。形成景色宜人、视野开阔、四季协调、鸟语花香的意境。很整齐的田间林荫大道旁栽种有各种瓜果,游人可尽情品尝。

(3)日本

由于日本乡村劳力外流、生产力结构老龄化,兼业、离农、离村情况较多,于是日本政府便积极开发农村观光,不但满足都市游憩需求,而且避免农村地区衰退。

从某个意义上来划分观光农业经营有以下几个方面:果实采收园、自然休养林、观光渔业园、观光牧场、观光草莓园、挖掘园、森林公园、观光植物园(农业公园)、山地狩猎园。其"农业"的范围包括农、林、渔、牧,有单一利用环境型、利用产物型、利用生产过程型及综合利用等方式。

1)利用农业环境型

此种方式有以下几种

①休闲学校:利用乡间旧式私塾(建筑物),供小学生过团体生活。

②农家"别墅":出租农家的旧屋,租用者自己做饭,以体验古时生活。

③故乡运动:为会员制,只要交纳会费即可,住在村民家中,称为故乡之家,会员和农民有亲戚式的交往。

④青少年之岛:以"不建设施"的开发方式,让青年居住于偏僻乡村的空房内,体验无水、无电等的原始生活。

2)利用产物型

部分与我国台湾经营方式相同,还有下列几种方式。

①静波茶园:提供茶史馆、茶教场、茶室、茶工场、野餐场、陶艺教室及特卖店是静波茶园的特点。

②特定分收林:贩卖乡产的杉、松、槐等的一半所有权,30 年后开发的利益由村民及契约者对分就是特定分收林。给购买者提供证明,方便其来此村度假时,享受产物的赠送及折扣。

③葡萄之乡:以当地所产的葡萄制酒,配合当地畜产牛肉,在当地具有地方风味的餐厅里供应,这就是其特点。

④梅园:举办梅加工制品比赛,供游客参观,并将其他地方无法模仿的比赛制品,如果酱、羊羹等,让观光客带回,这是梅园的特点。

3)利用生产过程型

贷农园的经营将农园分区,租借供都市居民亲自栽培,这就是生产过程的利用型。

4)综合利用型

主要是综合利用上述几种类型。

农业地区的游憩开发,在农业区资源丰富的情况下,仍应以其资源条件作最适当的开发,以合乎经济及自然的原则;在农业区本身资源贫乏的情况下,进行创造性的开发获得意外收获。

(4)以色列

以色列的乡村旅游出现较晚,但却发展迅速。

以色列乡村旅游的出现,原因有二,首先是人们收入不断增长、闲暇时间增多,竞争日趋激烈，人们渴望在乡村环境中放松神经；其次是国家和地方政府大力支持。

（二）国内观光农业发展概况

我国园林发展的初始阶段周朝的苑、囿中，便栽有大量的梅、桃、木瓜等农作物。而《诗经·周南》中的颂桃的诗句："桃之夭夭，其叶蓁蓁。之子于归，宜其家人。"生动地描述了枝叶茂盛，硕果累累的美景。而现在，在当前城市园林景观中，也运用到了蔬菜、果品等，如第五届深圳中国国际园林博览园"瓜果园"就是主要采用蔬菜品种、奇异瓜果来营造具有丰富园林色彩的栽培景区氛围，不但具有观赏价值，又有教育意义。入口的标志性景石，自然、简洁、大方，蜿蜒溪流贯穿果园，格外宁静、亲切，图案丰富、曲线优美的大理石园道给游客的观赏带来方便，园内精心设计的特色园林小品，如框景瓜果竹亭、竹架、园林木桥、花架廊、园林竹架、竹门、木架亭等增加了趣味性和观赏性。植物配置主要采用观赏、实用的奇花异果，运用岭南园林植物配置手法，使植物丰富的色彩、优美的姿态及风韵、柔和多变的线条有机结合起来，达到一种意想不到的景观效果。

我国的观光农业兴起于20世纪80年代后期，首先在深圳开办了一家荔枝观光园，随后又开办了一家采摘园。目前一些大中城市如上海、北京、深圳、广州、珠海、武汉等地也相继开展了观光休闲活动，并取得了一定效益，如无锡马山观光农业园、上海孙桥现代农业开发区、扬州高旻寺观光农业园等，山东的枣庄万亩石榴园、栖霞苹果基地、平度大泽山葡萄基地、莱阳梨基地等都取得了很好的经济效益，成为城市旅游的一大风景。

其中，我国各大城市中以台湾和北京的观光农业发展为最好。尤其是我国台湾观光农业的发展居世界领先地位，如今台湾观光农业经营状况为：观光农园385处；一乡镇一休闲农渔园区46处；休闲农场175处；市民农园56处；教育农园141处等。

三、我国观光农业旅游兴起的时代背景

由于现代旅游者追求"生态"与"个性"，现代旅游业的经营不断延伸到未知领域。随着近年来全球农业产业化的发展，传统农业正成为倍受旅游业重视的一个新兴领域，于是观光农业旅游应运而生。它是在充分利用现有农业资源的基础上，通过以旅游内涵为主题的规划、设计与施工，使农业建设、科学管理、农艺展示、农产品加工及旅游者的广泛参与相融合，使旅游者充分领略现代新型农业艺术。目前，在我国一些大中城市周边交通便利的农业地带，观光农业旅游已有相当程度的发展。它依赖于深广的社会、经济背景，并且今后仍将保持强劲的发展势头，具体原因如下：

1. 高效益的观光农业，为我国传统农业的现代化提供了一条可持续发展的途径。观光农业使我国人民仅仅专注于土地本身的大耕作农业的单一经营思想有所改变，他们把发展的思路拓展到关注人－地－人和谐共存的更广阔的背景之中，同时也与长期以来农民渴望脱贫致富的愿望相契合。由此可知，基于"天时、地利、人和"和新型观光农业，将成为我国传统农业向更高深度开发转移的农业现代化主流方向之一。

2. 观光农业旅游开发成为国家宏观经济调整时社会资金寻找新投资领域的必然选择，也将成为新的经济增长点。近年来的城市房地产、汽车，远远超过了现阶段大众的经济承受力，同时又缺乏相应的金融政策的支持，最终导致发展缓慢。观光农业旅游凭借其开发项目的农业特色，直接受到国家投资政策的优惠。城市周边农村地带基于这种优势，吸引了大批投资者，很可能成为以后房地产开发的热点地区。

3. 观光农业旅游项目是后工业文明社会回归自然的旅游主题。已拥有了辉煌工业文明的后工业社会，却同时失去与自然的和谐：拥挤的城市，忙碌的人们，高耸的大厦使人与自然、人与人的距离日趋疏远，紧张、烦躁充斥现代人的脑海，于是"休闲热"、"生态热"成为都市人的追求，而乡树田园的泥土气息与花香、广阔的大地、纯朴的农民、清新的绿色食品则强烈地诱惑着他们。除此之外，我国城市居民与农村的不同血缘联系，还有曾经的"上山下乡"的历史经历，寻根的潜意识油然而生并驱使他们寻找一个适当的时机与方式。

四、观光农业旅游开发中的问题与思考

观光农业旅游已极大地激起了房地产的投资热情、农村盼开发的热情、旅游企业的经营热情以及城市旅游者的参与兴趣。据初步统计，1996～1997 年已有 7 家以上已动工且计划投资在 1 亿元以上的开发项目，由南至北有关观光农业主题的各种开发项目投资累计超过 30 亿元。一哄而上的热潮导致新一轮"主题公园"的悲剧。因此，大量开发观光农业旅游，有必要结合现状中的问题进行一番思考：

1. 加强理论建设和区域间的经验交流。观光农业项目开发与规划主要依赖专家小组，却囿于个人经验和农业领域的侧重，此种操作模式具有明显的局限性。因此，目前观光农业项目真正集大成者很少。又由于急于开发项目，片面追求效应，导致难以进行理论上的及时总结和深入探讨。因此，开展国内外观光农业旅游开发区间的横向交流很有必要，这样可以互相借鉴学习，避免走太多弯路，以便形成观光农业开发设计理论体系。

2. 理顺管理体制，适时引导价值观。旅游开发区管理体制出现头绪混乱、政出多门的现象，导致很多各方利益纠纷不断。依托自然型的观光农业开发模式，宜采取"经济、行政、法律"相结合的综合管理体制，即以一元化行政领导为核心，以经济、法律为两翼，并在实施层次上相互补充。具体情况仍需因地制宜，系统的管理还逐步引导树立健康、文明的生活方式，营造使游客舒心的乡村环境，并提供有素养的初级接待服务。除此之外，我们考虑观光旅游与农业的关系时，不能仅仅讨论如何将农业资源转换为旅游资源，还应将区域可持续发展作为目标，将农村渴望脱贫致富与城市居民对回归自然的新型休闲需求及生态价值观相联系，建立一种促进心灵交流和切身体验的新型旅游关系。

3. 项目论证需要从多角度入手，有些从房地产经济角度看似乎完全可行的观光农业开发项目，开发不久即出现问题。由此可知，开发旅游项目要结合自身特点，需要从更广泛的角度去综合论证，一般宜包括以下四方面：

(1)分析本地区农业资源的基础　包括农业、资源基础，自然景观及乡村民俗的可展示性。

(2)分析市场定位　观光农业旅游不可能主要依托国际市场，因为它主要是供城市居民休闲的。

(3)分析区位选择　首先考虑大城市周边农业地带，然后是交通便利、农业基础较好的地带。

(4)分析目标市场地区旅游业的发展　是否成熟到了需要发展为观光农业园区。

4. 切实保证旅游与生态农业的协调，部分观光农业园已开始过分依赖非自然农业技术手段，将导致大兴土木，城市化、人工化明显，变成"中国非中国，农村非农村"的状态。其实观光农业旅游的"农业"内涵应表现为旅游与生态农业相协调所体现的地域特色。也就是地域生

态农业特色和地域农业文化特色。生态农业宜构造一种符合自然生态的农业景观,农村民俗文化宜根植于提炼和再现本土已具有浑厚传统的民俗文化,而并非刻意去追求和制造,这种旅游开发与生态农业的协调也恰恰是中国观光农业旅游未来发展应坚持的道路。

五、观光园的特点及类型

(一)农业观光园的特点

1. 广博的内容

农业旅游是农业与旅游业相结合的产物,内容丰富、宽泛。

(1)地域的差异

由于自然条件制约着农业生产,并且地域差异明显,各地形成了不同的传统习俗和农业生产方式,因而使农业旅游的内容更为丰富。

(2)广泛的资源

独特的农村田园风光、各季节的农事活动、农场机械化作业、农业高新技术、名优新特品种、风土人情和民俗文化等都可视为旅游资源开发利用。

(3)多样的形式

农业旅游不仅包括传统的观光游览,还包括娱乐、操作、健身、购物等高层次的旅游活动。

2. 活动的季节性

生产是社会经济再生产与自然再生产密切结合的生产过程,各个阶段的生产对热、光、土、水等条件有不同的要求,季节性和周期性比较明显,最终导致农业旅游因季节变化而使内容也有所变化,例如和季节条件密切相关的特殊旅游项目有三月的桃花节、八月的葡萄节等。

3. 使经济效益、社会效益、生态效益高度统一

目前,我国农业普遍存在的较低的经济效益和恶化的生态环境,严重地制约了农业的发展。旅游农业与高新技术发展有着特殊的关系,只有重视环保及高新技术的运用,才可提高农业的经济效益,才能促进农业更加符合生态平衡的要求,从而使经济效益、社会效益、生态效益达到高度统一。

(二)农业观光园的类型

1. 按开发内容的不同,可分为以下几种。

(1)农业公园

根据公园经营的思路,使农业生产场所、农产品消费场所和休闲旅游场所充分相结合起来,包括景观区、服务区、水果区、养殖区、花卉区等。如河南洛阳牡丹节。

(2)观光农园

指的是在城市风景区或郊区开辟特色菜园、果园、花圃等,客人可入园摘果、赏花等,是观光农业最普遍的一种形式。如大兴的西瓜节等。

(3)生态农业园

通过调整农村生态结构使其与功能相结合、建设农村生态文化及发展生态产业,形成独特的生态旅游资源的农村地域。如顺义的安利隆生态观光农业村等。

(4)民俗观光村

指的是利用民俗风情,提供可夜宿的农舍或乡村旅店等,使游客充分享受浓郁的乡土风情。如门头沟区的爨底下村明清古村落旅游区等。

(5)森林公园

是山谷、奇石、溪流等多景观的复合生态群体,是集观光、游览、娱乐、度假、休息等功能于一体的综合性旅游区。

(6)教育农园

指的是利用农园中栽种的作物等进行农业科技、示范、生态,给游客传授农业知识。如锦绣大地农业示范园等。

2. 由于观光农业的主要经营对象是游客,而不同游客又有不同的需求,因此要有不同的观光农业类型,其主要有以下几种。

(1)休闲型

此类型的观光农业主要对象是以渴望回归自然的都市居民为主,这部分游客以在农村渡过一段悠闲的时光为主要目的,而回归自然,接触自然,参与也成为其内容之列。因此建设时就应充分关注游客的参与,对农作物结构进行调整,创造良好的参与条件及配套的服务设施。休闲型观光农业以休闲为主要内容,其建设一般可以与现有村落分离,宜采用农场、农园形式。此类型观光农业主要以农产品、手工品的销售和食宿为主要经济来源,由于农场或农园的相对独立性,对附近农村的影响较小,但又必须按照游客的需要制定种植计划,对农作物构成进行调整,所以会影响正常的农业生产计划,因此宜控制其面积,对其进行统一的规划。

(2)区域型

此类型的观光农业从农村整体区域规划出发,人文景观,结合地理,把农业生产和上述3种类型的观光农业及农村整体规划有机地结合到一起,将指定区域建设成有地区特色的、自然环境保护和生产相结合的花园式新农村。

(3)观赏型

此类型的观光农业主要对象是短时间停留的国内外游客。

观赏型观光农业以看为主,主要包括农村风土人情、生活习俗、农户建筑及农产品生产过程、手工业加工过程和自然景观等。手工品和农产品的销售及面向游客的饮食服务是主要经济收入来源。观赏型观光农业一般以村落及其附近的农田为中心,很少影响整个农业生产的种植计划,然而我国目前的农业收入不高,而服务业的利润相对较高,因此有可能导致农民轻农重商,影响农业生产态度,发展观赏型观光农业时应充分重视。

(4)体验型

此类型的观光农业主要对象是希望了解、学习农业生产的都市学生和居民。相比于休闲型观光农业,有较长的参与停留时间和一定的参与计划,参与者根据农业生产的需求参与生产活动,所以很少影响正常的农业生产和农村生活,以提供食宿为主。

3. 按其发展阶段模式不同可分为自发式、自主式、开发式(表8-1)。

表 8-1 观光农业旅游发展的阶段模式

阶段模式	发展阶段	旅游主题	主导者	市场	市场消费强度(交通除外)
自发式	早期旅游萌芽阶段	不明确,仅作为休闲调剂	自发形成的个人或小群体	①供求关系模糊 ②个人需求导向	<30 元/(天·人)
自主式	初有经营阶段	有一定的主题和活动安排	中、小旅行社主动参与经营	①以短期赢利为目的 ②产品导向	90 ± 30 元/(天·人)
开发式	成熟的经营阶段	有明确的主题和系列的活动策划	大型(旅游)企业集团开发与经营管理	①以长期投资为目的 ②项目投资导向	> 120 元/(天·人)

4. 按其分布上的地域模式不同可分为依托自然型和依托城市型(表 8-2)。

表 8-2 观光农业旅游开发的地域模式

模式	区位及目标市场	特点	管理形式	举例
依托自然型	①距大中城市 20km 以外,但交通便利 ②以多个大中城市为目标市场	①农业基础较好,地貌类型齐全 ②以独立完整的农业自然景观单元为依托 ③范围广阔,6km^2 左右	①基本保留原有的农村各级组织 ②分散管理 ③接近原生自然	江西井冈山观光农业区
依托城市型	①距大中城市 10km 之内 ②以一个大中城市为目标市场	①借助一定的农业基础 ②主要通过人工构造农业景观,以某一大中城市为依托 ③范围较小,<2km^2 左右	①独立封闭的行政组织 ②集中管理 ③更接近人工主题公园	苏州"未来农林大世界" 珠海"现代农业公园"

5. 观光农业园区功能四分区方案(表 8-3)。

表 8-3 观光农业园区功能四分区方案

场所分区	所占规划面积	构成系统	功能导向	例注
Ⅰ. 观赏区	50% ~60%	①观赏型农田带、瓜果园 ②珍稀动物饲养场 ③花卉苗圃	使游客身临其境感受真切的田园风光和自然生机	珠海:蝴蝶公园 随州:银杏公园 木兰川:五彩田园
Ⅱ. 示范区	15% ~25%	①农业科技示范 ②生态农业示范 ③科普示范 (配研修所)	以浓缩的典型农业模式,传授系统的农业知识,增长效益	东莞年丰山庄:桑基渔塘 苏州"农林大世界"

续表

场所分区	所占规划面积	构成系统	功能导向	例注
Ⅲ.休闲区	10%～15%	①乡村居民 ②乡村活动场所	营造游客能深入其中的乡村生活空间,参与体验并实现精神交流	井冈山:农民客栈、公社食堂
Ⅳ.产品区	5%～10%	①可采摘的直销果园 ②乡村工艺作坊 ③乡村集市	让游客充分体验劳动过程,并以亲切的交易方式回报乡村经济	东莞年丰:动手果园 木兰川:“吱吱”土布坊

第二节　观光农业园的景观规划

一、观光休闲农业园区景观规划理论基础及理论依据

1. 景观生态学原理

景观生态学(Landseape Ecology)是研究在一个很大的区域内,不同生态系统所组成的整体的相互作用、空间结构、协调功能及动态变化的一门生态学新分支。如今,景观生态学主要研究在较大的时间和空间尺度上生态系统的生态过程和空间格局。景观生态学的生命力也主要是直接涉足农业景观、城市景观等人类景观课题。农业景观发展的高级形态为观光休闲农业园区,由于人类活动的频繁,其自然植被正逐渐减少,人地矛盾突出。观光休闲农业园区景观规划设计需依据景观生态学的原理。

从结构、功能、景观三个方面确定园区规划发展目标,因地制宜地增加绿色,发挥景观生态功能。

2. 景观美学原理

城市景象是最早的景观含意,城市是人们最早注意到的景观。由于景观含义不断延伸和发展,“景观范围由城市扩展到乡村,乡村也成为景观”。

农业拥有最多的自然资源,农业是提供体验最适当的来源。观光休闲农业园区实质是人们对生活的美的享受和体验,在园区内观花观果,感叹于万物抚育的大地,渴望和谐的、生态的大自然环境,使人们的多层次的美学体验尽现。

3. 景观安全格局原理

景观中存在的一些关键性的局部、点及位置关系,构成一种潜在空间格局。被称为景观生态安全格局,它们可以维护和控制某种生态过程。农业景观安全格局包括农田保护地的数目、保护地的面积以及与保护地之间的关系等,并对应于人口和社会安全水平,使农业生产过程维持一定的安全水平。在景观过程中,功能由格局决定,要使土地持续利用这一景观功能的稳定性得以实现,景观稳定性与景观受外界干扰的抵抗能力成正比,受干扰后的恢复

能力受景观稳定性影响。观光休闲农业园区规划建设中介入观光旅游者、园林绿化树种及引入名特优新品种等有助于维持景观的稳定性。景观稳定性以景观格局的空间异质性来维持景观功能的稳定性,一定程度上反映了土地持续利用的保护性与安全性目标。

二、规划的理念与原则

1. 规划设计的理念

观光休闲农业园区的景观规划建设采用破与立的方式,把城市—农田作为一个城市整体的出发点,强调了与城市生活的关系,创造“可游、可览、可居”的环境景观,一套“城市—郊区—乡间—田野”的空间休闲系统显现出来。景观规划设计营造景观充分采用原有绿化树种、农作物等植物材料,自然淳朴的园林小品,浓厚的田园气息,都突出以人为本的理念,同时又结合生产。根据不同树种、不同地块、品种的观赏价值进行安排,使人们在休闲体验中充分领略到农耕文化及乡土民风。

2. 景观规划设计的原则

(1)经济性原则

开展旅游观光和改造园林是为了带来更大的经济效益,把经济生产融合到园区建设中来是规划设计应考虑的内容。各类采摘园的经济效益很高,规划设计要能够使采摘更好地进行,同时考虑在非采摘季节吸引游人,以提高经济效益。

(2)多样性原则

无论是哪一种旅游,均要为旅游者提供多种自由选择的机会。园区景观规划在旅游线路、旅游产品开发、时间选取、游览方式、消费水平的确定上,宜有多种选择方案;更要突出园区品种选择、景观资源配置丰富多样的特点。

(3)生态原则

旅游带来大量的污染在所难免,就需要注意园区自身的生产生活,重视治理环境,更不要影响自身和周边环境。创造园区适宜、恬静、自然的生产生活环境是景观规划的生态原则,也是提高园区景观环境质量的基本依据。

(4)文化的原则

农业不仅具有生产功能,也是一种文化的体现,所以在园区的景观设计中应充分考虑深入挖掘农业的文化内涵,充分开发利用,提升园区的文化品位,从而使景观资源走上可持续发展的道路。

(5)突出特色的原则

特色是旅游发展的生命,特色性越强其竞争力和发展潜力也会越强,所以规划设计要结合好当地服务旅游。

(6)参与性原则

由于观光休闲农业园区空间开阔,内容丰富,极富参与性。而城市游客只有广泛参与到园区生活、生产的各方面,才能更充分地体验农产品采摘及农村生活的情趣,才能真正感受到乡村文化氛围。

三、观光农业园区景观规划设计的方法

在此将观光休闲农业园区特点与游客休闲度假的需要相结合,提出以观光休闲为中心

的景观旅游规划思路。具体如下：

1. 景观规划的核心

此规划把提供农产品为第一性生产，兼顾维持与保护生态环境平衡以及作为重要的旅游观光资源的三方面功能充分结合。将观光休闲作为规划核心，进行功能分区、规划布局，使园区的景观环境质量得以提高。

2. 景观规划的程序和内容

(1)收集和分析基础资料

以园区所在区域的农业发展状况、园区所在地的自然条件、交通条件、经济现状、社会人口现状、已有的相关的规划成果；现场踏勘工作所获得的现状资料为收集和分析基础资料的主要内容。

(2)目标定位

确定规划目标，规划时以目标为导向；确定园区的规模与性质、发展方向与主要功能；并在景观规划过程中讨论并进一步提炼目标。

(3)园区发展战略

以调查－分析－综合为基础，正确评估园区自身的特点，考虑园区发展战略；明确实现园区发展目标的途径；将农业观光休闲的市场潜力充分挖掘出来。

(4)园区功能布局

要将产业布局与园区功能布局充分结合，并重视游客观光休闲的需求，明确功能区，如接待服务区、观光采摘区、农产品示范区、生产区范围等；使园区功能布局图得以完善。

(5)园区产业布局

农业产业在园区中的基础地位要明确，规划要围饶生物高新技术、农作物良种繁育、蔬菜与花卉、农产品加工、畜禽水产养殖等产业，从而提高休闲度假、观光旅游等第三产业在园区景观规划中所起的作用。同时园区产业的布局必须与农业生产和旅游服务的要求相符合。

(6)解说系统规划设计

解说系统规划设计景观包括软件和硬件两部分，其中最主要的表达方式是牌示。使解说系统规划设计更完善，对旅游者进行宣传教育，增加游客的农耕文化和丰富的自然资源知识，例如农作物品种、生态系统、文化景观等。

(7)园区土地利用规划

将建筑、园林绿地、广场、道路、农业生产用地等各项用地的布局合理规定，并确定各项用地的范围与大小，用地平衡表也须绘制出来。适当评价不同土地类型的各个地块，使农业土地得以充分合理地利用，争取最大的经济效益。

(8)景观系统规划设计

景观系统规划设计强调对园区土地的利用，通过布局物质环境，设想园区景观空间结构的变化及重要景观节点。规划包括游憩空间、基础服务设施、道路系统、植物景观配置、水电设施等。

(9)实施景观规划与设计

实施景观规划与设计是进一步细化景观系统规划设计，是进一步修改和补充总体方案，并详细设计重要景观节点。完成广场、园路、树林、水池、花卉、灌木丛、山石、园林小品等景观要素的平面布局图。基于完成重要景观节点的详细设计，要进行施工设计。

(10)评价

指的是结合园区原有现状,对景观规划设计的过程和实施作一评价。主要有以下几方面:评价规划设计方案的适用性、评价投资与风险、评价客源市场分析与预测、评价环境影响分析、评价经济效益、评价社会效益等。

(11)管理

为了保证各项工作的顺利进行,要建立灵活高效、职能完善的管理机制。建立与现代化企业制度要求相符合的开发运营体制,结合自身,采取适当的合理的经营管理模式。

(12)规划成果

规划成果在形式上主要包括:可行性研究报告;图集、文本;基础资料汇编;从内容上讲主要包括:园区发展战略与目标定位;园区社会及自然条件现状分析;项目建设指导思想及原则;园区土地利用;园区空间布局;园区环境保障机制;园区功能分区及景观意向;园区游憩系统布置;经济效益、社会效益、生态效益评价;景观规划与设计的实施方案等。

3. 从观光休闲农业园区规划建设中所得的启发

(1)从旅游业发展的角度出发

目前我国旅游业已进入快速发展阶段,旅游产品正从观光型向度假、观光和专项旅游相结合的趋势发展。而观光旅游、度假旅游、专项旅游已成为21世纪我国旅游的3大亮点。传统的静态休憩模式受到冲击,现代都市人将更喜欢外出休闲模式,从而使旅游活动形式逐渐发展为多元化、特色化和参与化相结合的新型产业。

观光休闲农业园区规划建设中自然景观与人文景观相融合体现了人与自然的和谐,充分尊重和利用土地的自然环境,使整个环境的融合与渗透性更强,更有效地发挥空间环境构成的再创造价值及人文价值。将原有农田景观与农业旅游观光园建设联系在一起,提高基地自身的经济效益的同时,还可以推动城市绿色产业结构调整,提高农民收入,具有生态效益、社会效益及经济效益,要充分利用这种新型绿色产业模式,更好地发展观光休闲农业。

(2)从城市化进程的角度出发

城市在发展过程中出现了较快的扩张和蔓延,使城市边缘区农田景观演变有一种不确定的空间限制条件,它需要农业土地在经济上有利可图并转向专门化,还要求自然环境保留"原始野性",而农田应结合城市的绿地系统,成为城市景观的绿色基质。因此,我们认为城市化并非是城市景观向乡村蔓延,而扩展城市、提高田园城市公共生活的水平与质量等均应保持农田景观应有规模和乡村风光特色。

第三节 实例分析

实例一:浙江象山县生态文化园规划设计

1. 规划背景和现状条件

(1)区位及用地条件

象山县位于浙江省沿海中部象山港与三门港之间,以海洋经济和海洋旅游为主。象山县生态文化公园位于象山县丹城镇旧城东南，是规划新城的中心地带，南靠住宅区，东面与北侧为文教区，西与城市商业中心相连，生态文化公园规划所用地是由东二环路、丹阳路、东一环路和丹阳路所围合的地块，总面积约为15hm^2。东大河、史家井河两条河道和一个大鱼塘把用地分成零碎的4个部分，导致设计方案有一定的难度。现状用地地势平坦，北部有一小山丘，最高处高程为32.1m，相对高程约为28～29m，山丘西侧是挖方后留下的裸岩和土坑。此用地范围内虽无固定住户，但有家禽和家畜的养殖棚户。

(2)自然生态条件

象山县属亚热带季风性气候，四季分明，光照充足，雨量充沛，温暖湿润。象山县主要为山丘植被，属中亚热带常绿阔叶林北部亚地带。这里大面积的茂密常绿阔叶林即将绝迹，现状植被可分为五种型组：阔叶林型组、针叶林型组、灌丛型组、竹林型组、草丛型组。规划用地环状植被状况不太好，山丘部分有少量针叶阔叶乔木，其余均是次生灌丛。规划用地属沿海平原地带，土壤类型主要有盐土、潮土和水稻土三大类。

(3)历史文化背景

象山县始设于公元706年，历史悠久，文物古迹众多，全县共有县级、省级文物保护单位27个，重要文物保护点百余处。如著名的塔山、姚家山新石器时代遗址，以及众多的炮台、城墙、烽火台等古代海防遗址、遗迹。

象山县由一个传统的渔村发展而来，其具有深厚的海洋文化。现代的象山县是一个极富特色的滨海旅游城市，一年一度的传统节日"开渔节"全国闻名。

2. 规划要求与公园性质

规划要求："进一步发扬象山现代化生态型滨海旅游城市特色，挖掘其深厚文化底蕴，改善城市生态环境……建设一个集生态文化旅游和观光娱乐于一体的生态文化公园。"

从区位条件和用地现状出发，充分结合绿地系统规划和城市总体规划，公园宜被定性为"突出生态文化特色的综合性城市公园"，与东谷湖公园、凤跃山公园、松兰山风景区及"中国渔村"等构成象山县域核心公园系统和旅游网络。

3. 主题立意

地球生态系统离不开人类，"人和自然的关系问题是需要把自然作为生命的源泉，诲人的老师、社会的环境、神圣的场所来维护并非是一个为人类表演舞台提供一个装饰背景，已非只是为了改善肮脏的城市"，自然生态经过亿万年演进，已成为一个结构完整、组织严密的系统。现代科技日益发达，尽管人类驾御、改造自然的能力有很大程度的提高，但是自然界仍然是人类知识和智慧的宝贵源泉，人类学习、探索、模仿自然的行动将永远不会停止。

因此，将象山县生态文化公园的主题确定为：模拟自然的精致，塑造生态与人文结合的环境。规划目标是：营造欣欣向荣、生动活泼的盎然环境，为人们提供一个与自然亲密接触、和谐共处的场所。

4. 规划构思与整体布局

(1)规划构思

1)尊重用地的场地特征和原有格局，因地制宜，使规划最小程度地改变原有场所格局，从而确保最小程度地减少公园建设对场地现有生态环境的干扰。

2)依据生态原则，对场地进行生态复原和重建，营造欣欣向荣、生动活泼的盎然环境，给人们提供一个能与自然亲密接触、和谐共处的场所。

3)模拟自然的精致,塑造一个生态与人文相结合的环境。

(2)结构特点

公园的整体结构由3个层次叠合而成。

1)第一层——生态的基底:就是对场地进行生态复原与重建后形成的各种生态型的自然植物群落和自然环境,是组成整个公园的大背景。

2)第二层——自然的痕迹:通过三组同心圆结合的道路广场、绿化和波浪起伏的场地,象征在大自然沧海桑田的变迁过程中,水体消退后留下的波浪圈纹的痕迹。

3)第三层——人文的脉络和结节:曲线、直线和螺旋线3种道路线型,得之于规划对错综复杂的人文活动的轨迹进行抽象与提炼之后。集中的景点和活动区块体现了人文活动结节性的特点。

这三个层次的结合和叠加,体现人文与自然的冲突和融合的关系,构成一个组织严密、层次分明、结构完整的有机整体。

(3)功能分区和规划内容

规划将象山县生态文化园分为五大部分。

1)森林生态区:指大面积的森林植物群落,在森林外围布置景点,只有部分道路穿越森林,从而使森林生态景观更具完整性。规划景点有西入口的木构架休息设施和五龙广场;北侧沿河有以“休渔”为主题的系列广场,网架拉索构筑物作为主景,象征着晾晒的渔网;正对南入口广场有一个青少年活动中心,以贝壳形屋顶为特色。

2)文化展示区:以象山县博物馆为主体,包括文化廊、海底动员雕塑平台、波浪形绿地广场等。

象山县博物馆设计采用仿生象形的手法模拟鹦鹉螺精美的螺旋曲线作为平面形式,立体造型由高低错落的体块有机组合而成,背景场地则为开阔的波浪式起伏的草坪广场。整个建筑就像浮于大海中的美丽的鹦鹉螺,象征象山文化的海洋文化的“源于海洋,博大精深”的特点。

3)生态示范区:包括海生塔山、白鸽广场、“渔家灯火”和“小鸟天堂”等景点,规划将家畜、家禽的圈养和放养活动结合起来,塑造欣欣向荣、生动活泼的盎然环境,给人们提供一个能与动物亲密接触、和谐共处的场所。

4)街头绿地区:指的是公园南侧的,被河道分隔、紧邻丹河路的狭长形绿地,其中部有南入口广场,设置了装饰着海豚、海狮、鱼群、海螺等雕塑的喷泉,是以“海洋生物”为主题的海洋广场。

5)湿地生态区:设计湖、河、岛、溪等多种湿地景观形态,配置多种湿生、水生和岸滩植物群落,圆弧形的木栈道穿插在水杉和芦蒿等林木之中,呈现出一派湿地生态景观。景点有北入口广场、螺旋形木栈道、精卫填海雕塑和水乡茶舍等。

5. 道路交通组织

(1)出入口设置。公园采用开放式管理,规划设五处集中式出入口,分别位于公园四周的规划城市道路上。其中位于丹阳路的北入口为主要出入口,而东二环路入口为象山县博物馆出入口,兼顾公园东出入口功能。

公园出入口均被设计为广场形式,并将景观、停车、售卖、公厕等功能设施充分结合起来,形成主要人流集散广场。

(2)道路交通,公园道路被分为主次两级。主路宽3~3.5m,形成环路,将公园主要景点和活动区域相连接;次路宽2~2.5m,可通达全园各处。

道路平面采用直线、曲线和螺旋线3种线型布置,象征着人文发展的3种轨迹形式。网络交织和顺畅通达是其明显的结构特征,寓意人文与自然的冲突或融合。

6. 绿化配置

(1)绿化量大。规划尽量扩大绿化面积,绿地率应大于75%,尽量保证植物群落面积的完整性和足够多的种群数量。

(2)多样性。在植物配置上应体现3个多样性,也就是植物群落多样性、树种多样性及生态环境多样性。树种多样性和植物群落多样性主要体现在公园中有混交林也有纯林,有单层或多层的不同郁闭度的疏林、密林、灌木林、草地及爬藤等;生态环境多样性主要体现在公园中有山丘常绿针叶、阔叶密林环境、疏林草坪环境,还包括河湖与湿生环境等。如图8-1所示为该园规划图。

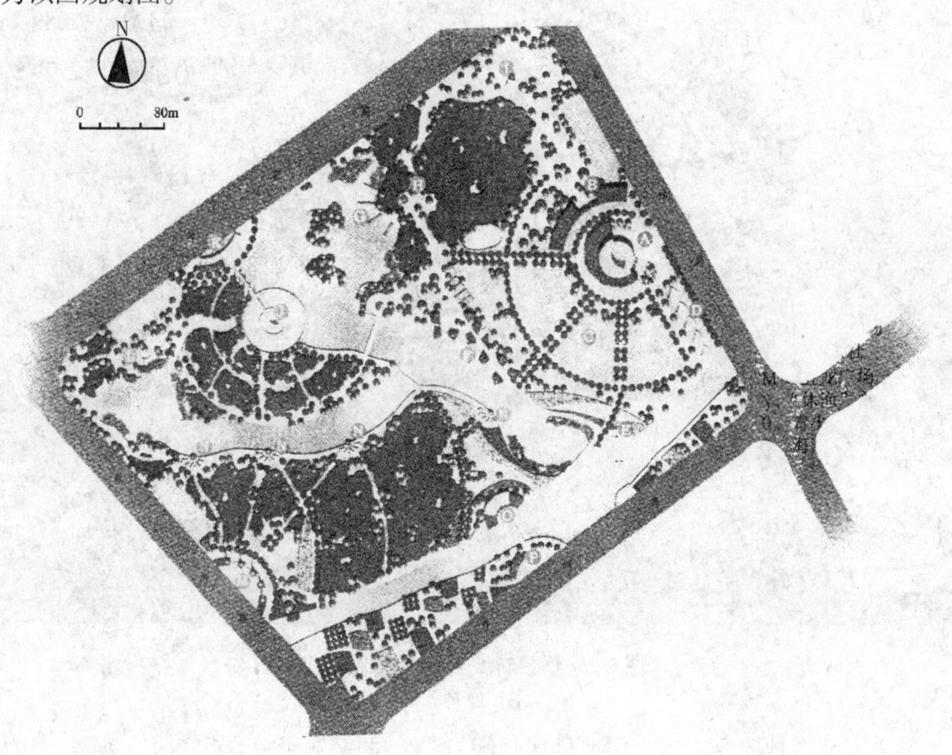

图8-1 浙江象山县生态文化园规划图

(3)地域性。规划以当地典型的自然植物群落为蓝本,以乡土树种为基调,突出植物景观的地方特色。

(4)生态性。规划以恢复良性自然态为主要目的,植物配置主要是乔木,并使乔灌花草相结合,创造优美的符合自然生态规律的植物景观,如有目的地配植能招引昆虫、鸟类等的植物。实现大部分林木花草的自然繁殖;大量采用自然群落式种植,减少人工修剪和人工灌溉。

实例二:华景生态园的规划设计

1. 概况

华景新城,全区总占地面积60万m^2,总建筑面积100万m^2以上,区内1至5期已有66栋低层和4栋高层住宅建成入户,6期、7期仍在规划建设之中。小区内“华景生态园”的建成,尤其将其开创为“青少年素质教育基地”,不仅增添了社区因毗邻暨南大学、华南师范大学而特有的文化气息,更因为生态园的相对完整性,自成一园,且造园风格淳朴自然、清新脱俗,使其在林林总总的广州各楼市园林中独树一帜,别具一格,引起很多人的广泛关注。更给社区住户提供了一个亲近自然、聆听天籁的空间。如图8-2所示为该园总平面图。

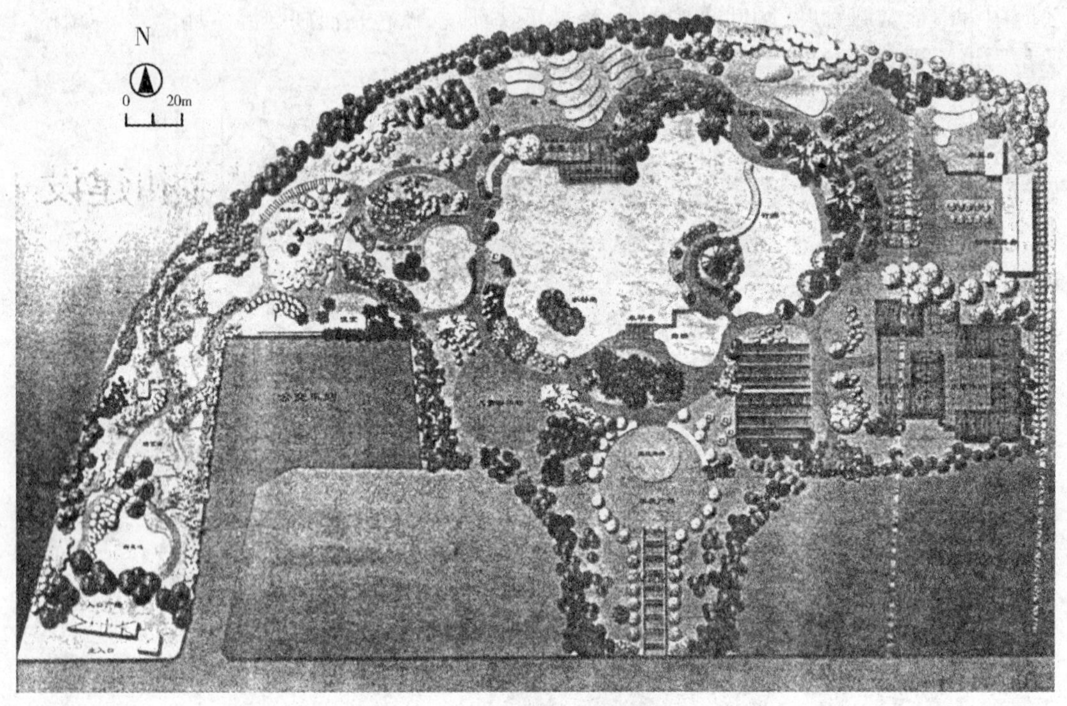

图8-2　华景新城生态园总平面图

华景生态园占地3.5万m^2,用地呈狭长的“L”形,西高东低、北邻广深线铁路,南面为天河北路及6期高层住宅。此处原为农科院实验农田,且有高压线穿过,发展商决定建为绿地。为小区住户提供一个活动空间的同时使小区的环境水平得以提升。

2. 设计构思

(1)本着“回归自然,再现田园景观”的理念及友善对待环境的设计观,以简朴的造园手法,运用天然、环保的造园材料,营造充满乡土气息的生态园。摒弃钢筋、水泥、玻璃等建筑材料,充分体现“物”的本质,体现人与自然间的原始、和谐、质朴、简单的关系。在密集的城市中,留出一片空旷之地,填抹一笔绿色,使繁忙的人们在闲暇之余感受一下绿色的美妙!

(2)以生态学观点营造植物景观,选用植物材料体现生物多样性,并充分考虑植物的生态习性,以健壮、粗生、茂盛的植物为主要材料,充分模仿及营造自然生境、自然群落,力求以粗放管理为主,减少人工养护的工作量,真正体现自然生态的理念。

(3)体现人性化设计,注重人的参与性,为社区居民提供丰富的活动场所,创造人与环境互动的空间。开设互动参与性的活动项目,如割韭菜、摘瓜果,躬耕垄田,牧养鸭鹅,池塘垂钓,让平日里繁忙的人们蓦然解脱,来亲身感受大自然的美妙,欣赏美景,释放心情,体验田间耕作,不失为一种休闲度假方式。

3. 分区及景点特色

根据原地形地貌以及自然水系,挖湖堆土,在北边靠近铁路的一侧,塑造高低错落、连绵起伏的山丘、缓坡,栽种高大的乔灌木,形成绿色屏障,可以减弱铁路噪音的干扰,南边构筑粉墙小青瓦的云墙。全园采用陶渊明"桃花源"的思维模式,整个园以山体、湖面、溪涧和岛为主景,形成不同的景观空间。从葫芦口入,观荷池,穿竹林、过木桥、沿溪行,路线曲折,引人入胜;浓郁葱绿的芭蕉林,果树繁茂的百果园,落英缤纷的花岩石园,豁然开朗的湖面上,都给人一种自然的美感,异常亲切,水边的茶寮及枕木平台可小憩观景,岛边水车碌碌,岛上杉树林立,水禽栖息;茶园依山而建。湖边一派热带风情的棕榈园,远处隐约可见白墙青瓦的农家小院,四周竹篱泥埂的菜园,绿泱泱的稻田都给人带来美景。其中的稚子戏乐园,为儿童创造了一处充满挑战、趣味无穷的游玩天地。丰收广场为社区提供了举行各种活动的场所,丰收廊侧通向另一入口,整个园使人们感受到田园景色的壮美和生机勃勃。

(1)入口景区

题有"华景生态园"匾额的仿木构架门坊,值班房为小木屋,嵌草铺装的前广场还可停车。置身园中,扑面而来的是清香的荷风,满池的荷花叶摇曳着,从荷池流淌的溪涧,伸向园深处,坡上植桂子,清香四溢,沿着溪流穿过了木桥,则有大片的竹林,林中有一草庐,可供人休息,树荫下设棋艺台。林后的大片芭蕉林,体现了一种岭南的田园风情。

(2)花溪岩石园景区

溪边种植耐水湿的植物,有香港野牡丹(Melastoma Polyanthum)、春羽(philodendron selloum)、旱伞草(Cyperus alrernifolius)以及各种花卉等,如四季秋海棠(Begonia semperflorens)、美女樱(Verbena tenera)等,岩石园以自然风化的花岗岩石蛋组景,将树干白色的白干层(Melaleuca leucadendra)作为主景,配以仙人掌(Opuntia dillenii)、旅人蕉(Ravenala madagascariensis)、毛杜鹃(Rhodlden dron simsii)、火殃勒(Euphorbia neriifolia)、红刺林投(Pandanus utilis)、花叶良姜(Alpinia sanderae)等沙漠植物及旱生植物,创造一种干旱且又充满阳光的岩石园景观。

(3)百果园景区

百果园里种植各种果树,沿着竹制弧形瓜果廊,构成一种景观。秋日里荔枝、木瓜、龙眼、杨桃等岭南佳果,硕果累累,清香宜人,极具诱惑。

(4)亲子种植园

亲子种植园目的是使住户有一处如同自家菜园的地方,体察农家耕作之辛劳,感受丰收之欢乐,可以增进与家人的情感交流。平时的亲子种植园有专人代为管理。

(5)茶寮

水边建有茶寮,杉木皮坡屋顶、原木的柱子,坐北朝南,面向水面敞开,伸出水面的枕木平台,为小憩观景、饮茶品茗之佳处,一眼望去,开阔的湖面上有小木船飘浮,悠闲地游来游去的鸭鹅,都是一种美景。湖面吹来徐徐的凉风,远处似有似无的火车汽笛声,一切都恍如隔世，引人入胜。水中有大小两个岛屿，大岛上有高压线换架，由S形竹桥、曲尺形木桥与岸边相连，岛边水车以及对岸的木平台成为茶寮的对景；另一孤岛为池杉岛，为湖中水禽栖息之处；湖边桥畔一角的芦苇荡，种植的芦苇在风中摇曳，增添了郊野的气息，远处的几栋高层住宅雄伟壮观。水池驳岸局部为虎皮石，大部分为自然的山石与泥土。

(6)农家小院

农家小院以粤北民居为原形，四合院落，白粉墙小青瓦，杉木原木的内走廊上挂满了玉米、贝壳、斗笠、红辣椒等，充满浓郁的农家气息，体现了一片悠闲与祥和。小院内还摆设一些简单的农具。诗书画廊、陶艺制作坊等，为社区住户提供了休憩、娱乐、学艺的场所，大大地丰富了小区的文化氛围。

(7)棕榈园

茶寮外，湖边起伏的山坡上种植了银海枣(pheeinx sylvestris)、华盛顿葵(Washing tonia robusta)、三角椰子(Neodypsis decaryi)等棕榈科植物，体现了南亚热带的地域风情。

(8)动物饲养房

设置的动物饲养房可培养小朋友与小动物的感情，从而增加爱心，饲养房内有小羊、孔雀、小白兔等小动物。

(9)稚子戏乐园

稚子戏乐园就是在一个大砂池中设置原木、铁索链、麻绳、汽车轮胎等制成的秋千、攀爬组合架，用原始、质朴的材料，给儿童创造一处创意无限的游玩天地，使他们逐渐地学会生活。

(10)丰收广场

丰收广场是根据业主的要求，而为社区提供的举行各种活动的场所，如节假日文艺晚会、露天跳舞等，如果在夏日的星空下，住户携子扶老，席地而坐，看一场露天电影，更是一种美的享受。

丰收廊由杉木原木与清水砖柱建成，廊内挂着串串玉米、贝壳、辣椒等，廊内铺地则用黑色鹅卵石按顺序拼写“立春、雨水、惊蛰、春分、清明、谷雨……”等二十四节气，反映传统的农历在农事活动中的重要性。

4. 种植设计

选择植物材料遵循生物多样性原则，进行多品种、多层次的搭配，竹园、果园、茶园、芭蕉园及农作物等设置成专类性种植园，其他配置成杂交林，多种植树荫浓密的乔木及易结果、可招引飞鸟的海南红豆、海南蒲桃等树种，山坡上的灌木以夹竹桃、桂花等为主，水边种植香根草、芦苇等水生植物，起到固堤、净化水质的作用。

选择的乔木有小叶榕、大叶榕、印度垂榕、橡胶榕、刺桐、水石榕、白干层、海南蒲桃、阴香、秋枫、木棉、尖叶杜英、水蒲桃、凤凰木、白兰等。

灌木有希美莉、红花夹竹桃、硬枝黄蝉、桂花、狗牙花、美蕊花、细叶紫薇、大红花、白蝉、海桐等。

棕榈科植物有华盛顿椰子、银海枣、蒲葵、棕榈、美丽针葵、三角椰子、鱼尾葵等。

竹园种有黄金间碧竹、粉单竹、佛肚竹等。

果园种有龙眼、紫花芒果、荔枝、杨桃、黄皮、柑橘、木瓜、番石榴、香蕉等。

岩石园种有仙人掌、白干层、火殃勒、龙舌兰、剑麻等。

实例三:云南天利生态农业观光园(图8-3)。

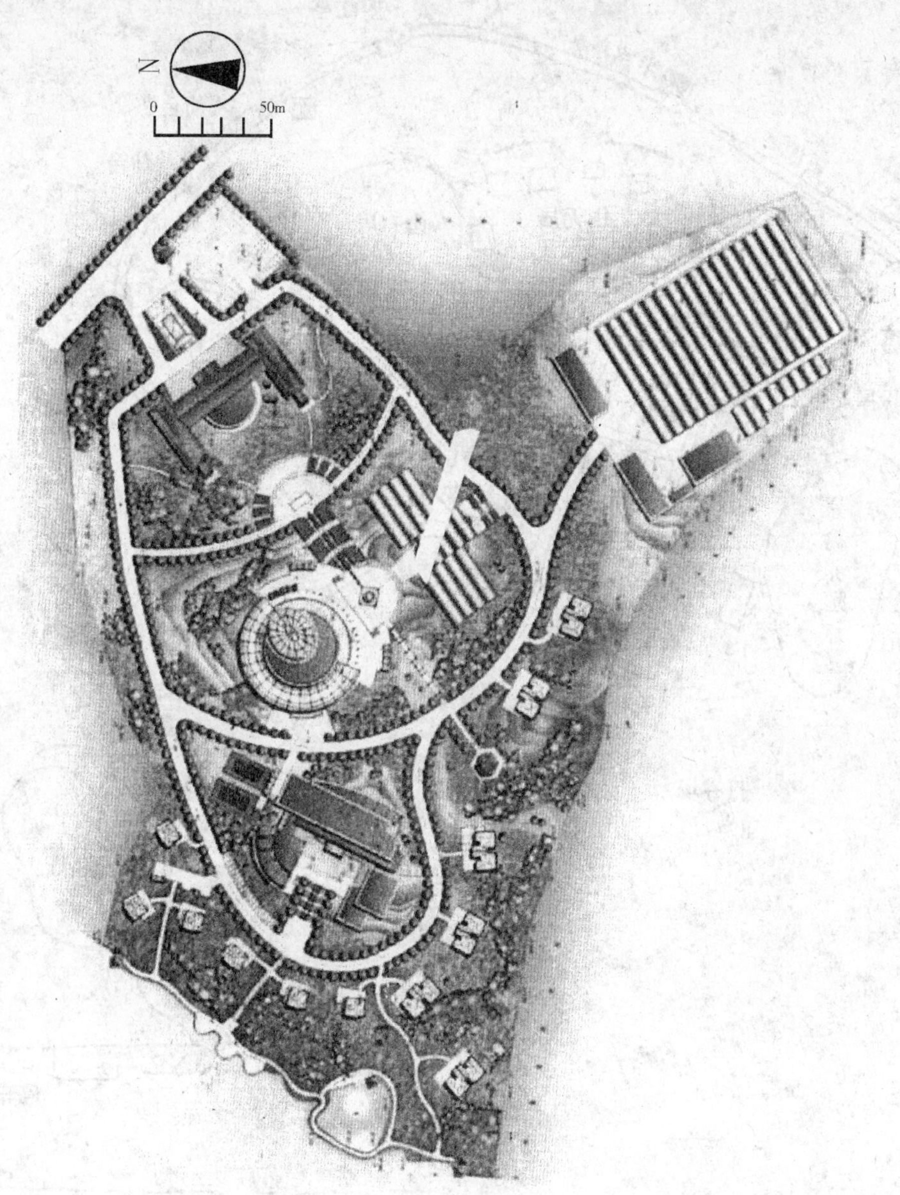

图8-3　云南天利生态农业观光园规划图

实例四:浙江萧山湘湖农场(山里人家)

萧山湘湖农场是杭州最具特色的农业观光旅游区。园区里展示了从刀耕火种到高科技的农业,保存完好的知青点,使人们回忆起那段苦涩的日子。展示完整的乡村环境,可使游人真正感受到回归自然的美妙。

山里人家在原农场林区的基础上,分为故乡区、森林区、农耕区三大部分。各部分注重游人的"参与性"。不失为一个"做一天山里人"的佳处,平面示意图如图 8-4 所示。

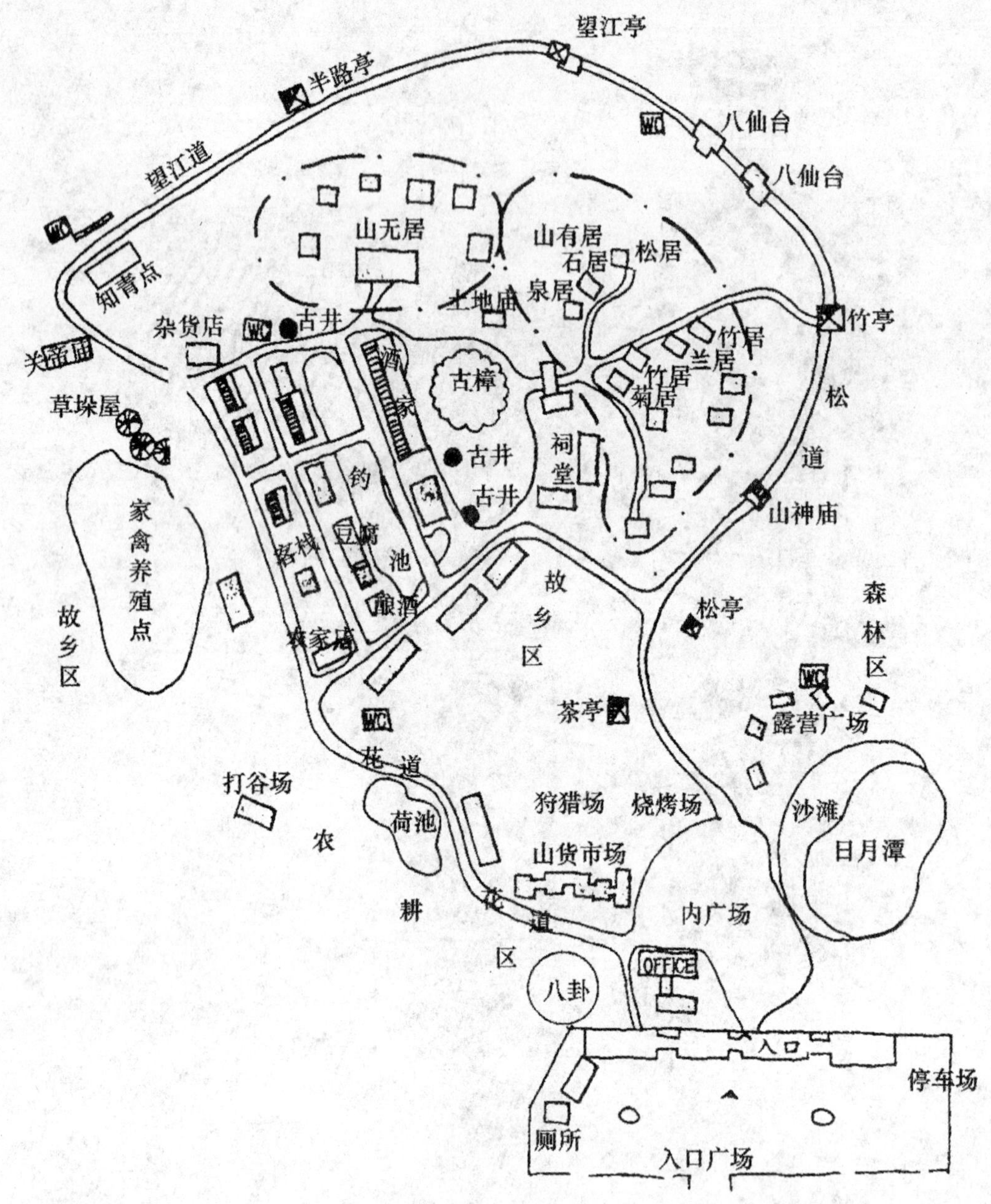

图 8-4　山里人家平面示意

实例五:日本千叶市故乡农园

日本千叶市故乡农园,主要栽培草本类型的植被,同时结合一些游憩设施、民房等,以梯田、果园、旱田及湿生植物等为主要栽培类型。平面图如图 8-5 所示。

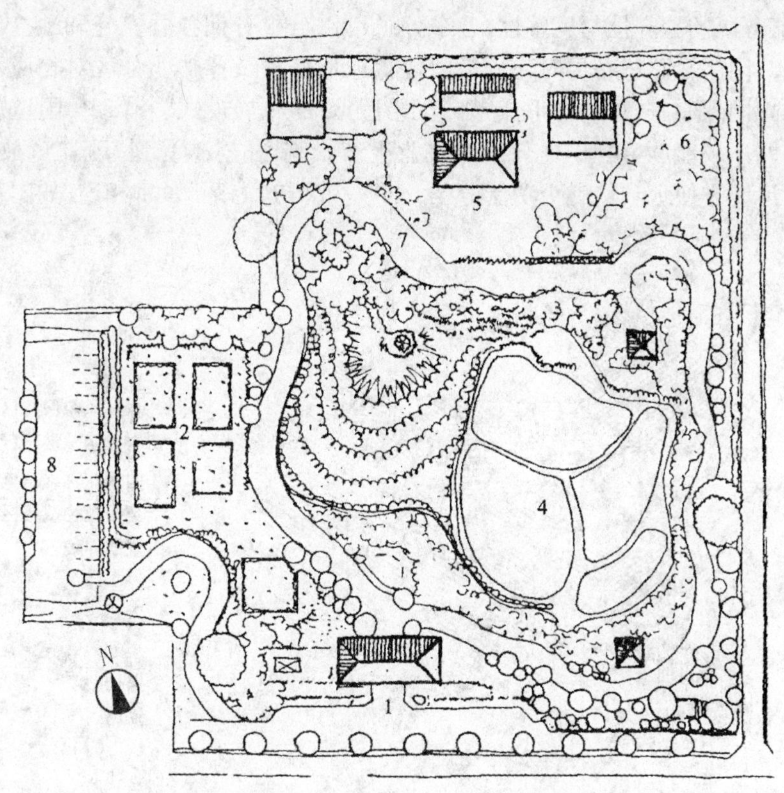

图 8-5　日本千叶市故乡农园平面图

1—入口;2—湿生植物;3—梯田;4—旱田;5—民家;6—果园;7—森林;8—停车场

实例六:江西萍乡市生态农业科技示范园

1. 概况

(1)地理位置

萍乡市生态农业科技示范园位于江西省萍乡市区南郊 5km 的五陂镇,前有几千亩农田的冲积盆地,后依连绵起伏的乌龙山脉,319 国道新线围绕乌龙山腰从基地内蜿蜒环山而过,规划中的高速公路也从园区基地旁边通过。园区基地有交通方便、区位优越等优势,具有很大的发展潜力。

(2)自然条件

园区基地属亚热带湿润季风气候,光照充足、四季分明、气候温和、雨量充沛、霜期较短,作物生长期长是其明显的特点。根据资料可知:园区所在地年平均气温 16.9℃,1 月平均气温 4.7℃,7 月平均气温 28.5℃,历年平均日照时间为 1 930 小时左右,历年平均降水量 1 580mm,全年无霜期 270 天。

2. 总体布局及分区规划

(1)规划布局　由于是综合性的园区,因此内容多、涉及面广,只有分区布局处理恰当才能避免给人造成杂乱无章的感觉。因此,全园宏观把握,既强调各分区之间的联系,同时又注重各功能分区的独立性与完整性,各个分区可以分批分期独立实施和独立经营。遵循这一指导思想,园区在总体布局时充分考虑现状地形条件及各功能分区对相应环境的不同要求,充分体现因地制宜,总体上形成“一带连七区”的布局模式。沿319国道新线形成综合观光带,沿路不仅能欣赏到田连阡陌的农业生产景观,还能感受到“万花竞放”的热烈氛围;从319国道能方便地到达七个功能分区,使“一带”与“七区”紧密相连,如图8-6所示。

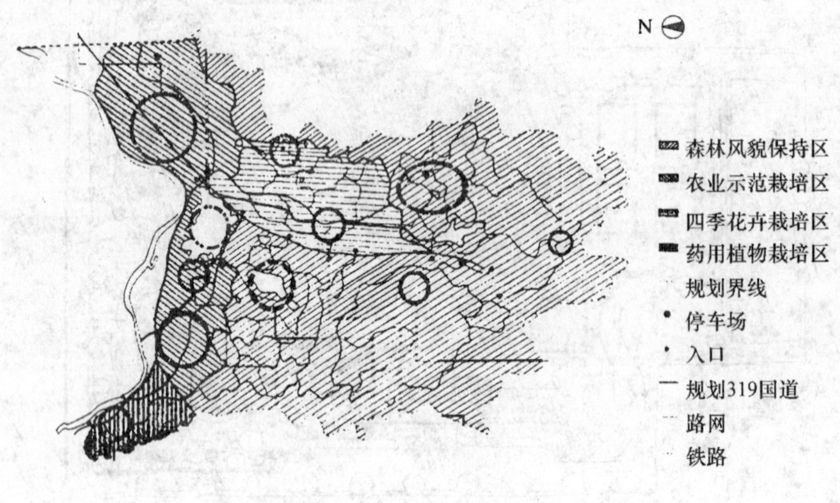

图8-6　总体规划布局

(2)出入口设置

主入口　位于319国道与规划中的滨河路、园区一级路相交汇地段附近,是沿319国道从城市进入园区的第一入口,规划要求大门形式现代、醒目,有很强的导向作用,是整个园区的引导性主入口,也是花卉园区的功能性主入口。

次入口　从城市外环路通过滨河路进入园区的入口,规划建筑形式为传统牌坊式,符合民俗文化活动区氛围,是全园区的引导性次入口。

标志性入口　沿319国道两侧,分别在通往农业示范观光区、花卉园区、健身娱乐区、休闲度假区和山林狩猎区等设七个标志性入口,形式新颖别致,与特定环境相符合,有一定的导向作用,同时又是各分区的功能性入口。在入口附近或园区内根据需要设停车场,全园区共设七个综合性停车场,另外服务设施附近还设有若干相对独立的专用停车场。

(3)分区规划

规划全园共分为七个功能区,分别为:花卉园区、农业示范观光区、林(绿)苑别墅园区、休闲度假园区、山林狩猎区、民俗文化活动区和健身娱乐区,如图8-7所示为分区规划图。

1)花卉园区

位于园区东北部,规划占地面积约90hm^2,是全园的一个“亮点”,也是一处特色性景区,主要有花卉苗木生产、鲜切花生产、珍稀树种栽培、盆景制作等。花卉园区内注重四季景观变化,强调四季有花,且有一定的规模,使游人能够四季赏花,该花卉园又可以在不同季节举办不同主题的活动,吸引广大游客前来观光。该区以花卉广场为中心,依次分布春、夏、秋、冬四个花

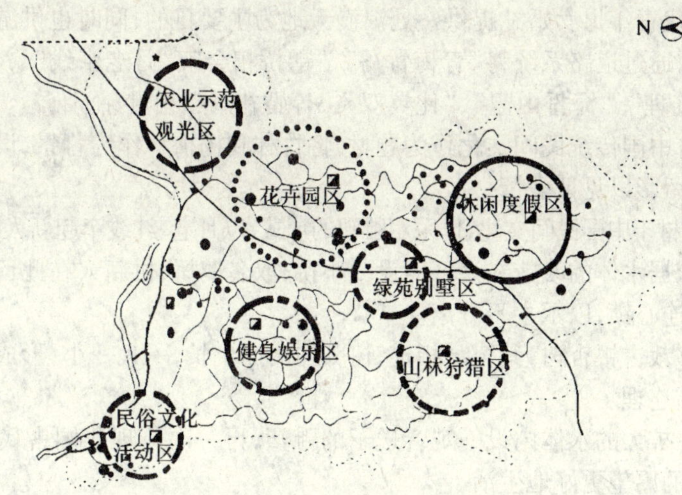

图 8-7　分区规划图

卉片区，园区内还设有鲜切花制作中心、观赏温室、盆景园、大棚等设施。

花卉广场　位于地势较为平坦的花卉园区西部，园区主路在此交汇，它为举办各季花卉主题活动提供场地，并有看台和演出场地，节假日又可举办文艺演出。整个广场结合地形形成一条轴线，依次布置有婚礼教堂、喷泉水池、演出广场、放鸽广场等设施。

春花区　主要种植桃花，另外还有木兰山茶园和杜鹃园，总面积约 33.3hm^2。桃花园：春暖花开，园中含苞欲放的红色花蕊与落日相辉映，一幅壮美的映日红霞风景尽现眼前。杜鹃园中不同色彩的杜鹃花成片丛植于林下，一幅层次丰富的花卉景观引人入胜。木兰山茶园是以春季观花为主体的群落式植物景观。

夏花区　主要种植紫薇，另有盆景制作，以檵木和紫薇为主要材料，总面积约 26.7hm^2，同时利用水面种植水生观赏花卉，如水生鸢尾、荷花等。

秋花区　位于花卉园区南部，面积约 33.3hm^2，栽植桂花，全方位、多角度地突出桂花主体，充分利用品种、种类不同的桂花配植于园内，直观上给人留下深刻印象，同时围绕桂花挖掘其文化内涵，以景点形成一种意境，创造出强烈的氛围。大面积的桂花林中形成两处有特色的景点：①月宫三景：利用中国民间传说中桂花和月亮的联系，在园内设置吴刚伐桂、月洞门、嫦娥奔月 3 个小景点。沿游步道向前走，月洞门景点首先映入眼帘，彩云、圆门等给人一种天上感觉，同时月洞门又是下两个景点的前奏，再向后依次是吴刚伐桂和嫦娥奔月景点，通过雕塑和植物造景的形式来表现。②诗词文化长廊：桂花是一种古老的树种，很早以前就有栽植和记载，古代文人墨客一般都偏爱桂花，流传下来许多赞美桂花的诗词。此处收录描写桂花的佳句以供游人欣赏，提高文化品位。该区主要种植桂花，同时注重搭配观花、乔木、观果树种等。

冬花区　以冬日赏梅为主，以栽植蜡梅和梅花为主，规划占地面积约 26.7hm^2。为避免季相和色彩单调，在配植时注重和常绿树种的搭配，选用竹、茶等树种与梅花共同配置，有目的地造景。此区可开展制茶、采茶等活动，使游客的参与意识增强。

园区景点规划如下：

· 花卉广场区

该区以为现代青年男女婚礼提供一处浪漫天地为主要目的，同时也供游人观赏，区内以混合式布置为主，通过道路系统将"青梅竹马"、"鹊桥相会"、"月老牵线"、"观音送子"、"心心相映"、"喜结连理"、"海誓山盟"、"比翼双飞"等婚礼景点相贯穿。

青梅竹马：将中国传统民间文化作为题材，将竹林和杨梅林作为背景，设置一雕塑景点，对对新人可在此留影以见证爱情。

月老牵线：取材于中国民间文化，仍采用雕塑的形式，以月老、红线牵起新人的爱情之手。

鹊桥相会：依据水体的改造在该区内设一小桥，取名鹊桥，供新人在此留影，同时也提供新婚夫妇在此结连心锁，以示永不分离。

喜结连理：移栽古银杏树，其树身相连，树头向两面生长，一大一小，形成连理树，暗示新人相互连结，永结连理。

观音送子：在扩大的水体内设一观音送子的雕塑，再一次体现我国古代民间传统文化，给新人一个美好的愿望更好地生活。

比翼双飞：其实质为放飞白鸽，在草坪上设有一放鸽平台，新人可在此放飞白鸽，将美好的祝愿带上蓝天。

西式教堂：区内轴线另一侧设一西式婚礼教堂，新人可通过连心桥、喷泉水池到达教堂举行异国风情的婚礼。

放鸽广场：在花卉广场轴线靠山体一侧设置一放鸽广场，新人可以在此表达美好的祝愿。

·春花区

香雪亭：以桃林为主，用竹做亭，有"竹外桃花三两枝"的意境。

桃花坞：合理保护现状山谷，适当建一两处民居建筑，竹篱、茅亭，再现"桃花源"的景观。

结义亭：位于园区一山顶上，为观景休憩亭，意为"桃园三结义"。

观景台：坐落于全区海拔最高点，主要为木制构造，以便游人远眺花海美景。

·夏花区

花红满堂：以紫薇园内的一环形花架为主，创造一种观赏夏日红花灿烂的紫薇园景观。

邀月阁：位于水生花卉区的水滨，夏日月明之夜可在此纳凉、赏景。

·秋花区

月洞门；桂园驿站；吴刚伐桂；诗词文化长廊。

·冬花区

梅花妆；暗香阁；待霜亭；归田园居。

·园区设施

服务中心：具有餐饮功能，以特色花卉食品为主。

盆景园：主要展示花果盆景、松柏盆景、树桩盆景、地方风格盆景以及微型盆景等。

花卉市场：百花齐放、万紫千红的花卉市场为旅游者提供了赏心悦目的花卉，给购买者提供了一个广阔的选择空间。

培训中心：主要是盆景制作及礼仪插花，培养人们相关的艺术素养与品质。

温室：收集了亚热带、热带的观赏植物与花卉，如兰科、棕榈科、多浆类植物、天南星科与秋海棠花卉等。

2）农业示范观光区

位于园区北部319国道沿线两侧，规划面积约123hm^2，地势平坦，主要包含农业科技示范园、农业观光区、山林采摘区、园林景观区和居民风情区，该区以现代科技手段来复制纯朴清真的大自然，为萍乡市农业生产提供高科技示范，并且利用农业生产的设备、场地、产品、研究成果等给游客提供从事观光游憩的活动。

农业科技示范园　此示范区采用科技手段展示农业新品种、新的种植模式等，并且设置了青少年科普教育基地、科研基地，为研究人员提供科研用地及设施等，同时给青少年提供了科普教育学习的场所。

科技中心(推广中心)　将农业新成果、新技术、经营方式、管理成功经验等通过有效手段介绍给广大需要者，内部设有住宿、教室等设施。

农史馆　主要运用简洁的线条，古朴的色泽，屋顶及两旁种植藤本豌豆角，渲染出一种纯朴、幽解的气氛，馆内以详尽的实物和资料展示介绍农业发展的历史。

陶吧　主要由彩釉室、拉胚室、展售厅、窑炉室、陶艺教室等构成，游客能欣赏到陶艺制作的全过程，并可在指导下动手设计制作属于自然的作品。

竹艺馆　由竹工艺品展示厅、制作室、取材室构成，游客能欣赏到竹艺制作的全过程，并可参与简单的竹艺制作。进入竹艺馆的路利用竹子的弯曲性将其种植成一个个拱门通道，并爬满了紫藤，内挂各式大大小小的竹工艺品，增加情趣，吸引众人目光。

“山野春晓”　保留基地原有农田，将其改造为具生产、游赏性质的综合开发地，在田埂交接处适当设置小憩之地，并与小雕塑，如犁、锄等结合起来，增加观赏情趣。

优良蔬菜栽培区　位于区内西北侧，与城市菜篮子工程充分结合，并采用新技术手段开发、生产优良蔬菜，同时考虑景观效果，将其规划得整齐有序。

园林景观区　有约 $20hm^2$ 的荷花塘，在荷塘西岸利用经过适当改造的现状居民点形成园林景观及参与性活动相对集中的区域。规划设置如下景点：

①归耕村：利用大田村的现状居民点来改造形成供游客乘凉、休憩、吃饭的处所，让游人去感受劳累了一天之后的悠然自得。现状居民点的建筑遵循利用加改造的原则对外观进行简要处理，突出农家情趣。重点改造建筑周围的环境，更加突出农家氛围。

②荷花映月：以 $20hm^2$ 的荷花塘作大背景形成观荷景点，水边设观景平台。

③古井：爬满青苔的古井，给人们诉说着一个久远的故事，同时又是归耕村的标志。

④水车：形状不同的古老水车置于村口水边，供游人娱乐、观赏，又能使人们回忆起古代农业生产，也标志着回归。

⑤山林采摘区　利用山体种植石榴、枇杷、桃、杏等果树，果熟季节可开展参与性采摘活动。

⑥居民风情区　位于319国道东侧，主要是本地居民的聚居区，规划以本地传统民居建筑风格为特点。小城镇有美食一条街和旅游购物一条街。在此能享受到具地方特色的腊肉和辣椒风味的各式菜肴，而且这里的纪念品、工艺品也令人爱不释手，是旅游观光者购物的好去处。

⑦落霞居：位于荷池边，早晚均可观赏到太阳的倒影。它是一组典型的当地传统民居建筑，周边种植各种色叶树种，如红枫、银杏等，创造一种农民享受秋季丰收喜悦的氛围。

⑧农业观光区　位于319国道北段东西两侧沿线，该区采用现代科技手段种植较大面积的农业新品种，大效果、大尺度，构成从城区进入园区的第一景观。

3)林苑别墅区

位于园区中部，319国道两侧，占地面积约 $23.6hm^2$。园区坐落于花卉园旁边，比较幽静，设置 4 组别墅区：松涛苑、桂香园、竹翠阁及桃园居，四组别墅区各具情趣和风格。

4）休闲度假区

位于园区南部，占地面积约 218.1hm²，入口标志用茅草搭建，极具乡村风格，也增加了度假区的吸引力。该区临规划中的水库，环境幽美，依据不同地形条件设置了各个分区，是旅游者休闲度假的好去所。主要有纪念怀旧区、游乐园区、静养休闲区、度假别墅区和疗养区五个部分。

游乐园区　位于休闲度假区北部山体结合部地带，与花卉园区相临，主要项目有露天影院、射击中心、卡丁车、过山车、儿童活动区、旱冰场、少儿乐园、水上滑道、青少年射箭中心、动感电影、攀岩区等。

度假别墅区　位于园区最南部山林之中，环境幽静，景色宜人，设有以下几个组团。

养龙山庄：该山庄为园区内一处较大的度假点，交通方便并具桃源诗意。该区充分结合农家乐活动，如用竹笋制作各种菜肴，竹筒蒸饭，采摘杨梅、柑橘及利用竹子制作竹雕、竹椅等各种竹制品，真实展现了农家人的居家生活。

瑶溪山庄：坐落于山林野趣中，醒目的红色屋顶是森林中一处美丽的风景，该山庄前顺势理水，为山庄增添山青水秀的自然气息，周围设置有烧烤、野营等活动点。

滴翠山庄：林间情趣和幽静是其独具特色之处。

山泉野炊：使游人真正进入大自然并享受其中的乐趣。

云溪竹径：用大面积竹林营造景点。

高尔夫球场　采用小型练习场满足高层次客人的需求。

纪念怀旧区　将原有的知青点改造成为别具特色的"流金岁月"度假区。

静养休闲区　与水库相邻，设有静养场、负离子呼吸区、临水茶室、垂钓俱乐部等。

疗养区　疗养所、商务中心、太阳能浴场。

5）山林狩猎区

位于园区西南部，占地面积约 207hm²，主要为山体。根据地形饲养了各种动物供旅游观光，并且放养了山鸡、野兔等动物，使人们享受狩猎的乐趣。由定点狩猪区、箭猎区、野生动物繁育区、飞碟靶场等组成。

6）健身娱乐区

位于农业科技示范园北部，占地面积约 115.8hm²，主要包括健身活动区、疗养保健区和密林风情区 3 部分。

健身活动区　有冲浪、沙滩浴场、青年健身基地、服务中心。

疗养保健区　位于规划中的水库大水面东部，设有以下几个组团。

夕阳红康乐中心：为城中老年人集中度假寓所。

闲情茶楼：依水而建，可休憩、可观景。

健疗中心：为老年人提供健疗服务。

观景台：临水而建，观景视线较佳。

百鸟争鸣斗禽区：为老年人溜鸟休闲提供场地和服务。

门球场：老年人活动场所。

森林娱乐区　有勇敢之旅、骑士驿道、夏令营基地。

7）民俗文化活动区

该区位于园区西北部,占地面积约 30.28hm^2,以三侯寺周围和慈云阁为中心,并设有医疗所、太极药圃和傩舞广场,寺周围布置了休憩石凳及各种自然景点,交通方便,自然风景引人入胜。

三侯寺　在现有的基础上增加服务设施,利用居民点增设旅游商品服务街。

太极药圃　依据中医学的五行、阴阳、归经等理论设计太极广场,周围种植很多药用植物。

慈云阁　是一个已新建寺庙的景点。

3. 景观规划

以 319 国道展开总体布局,利用现有基础条件和地形,通过合理规划形成"一条景观带,四主四副空间结点"布局形式。

规划景点设置主次两级,全园共形成 16 个主要景点,分别位于以下几个分区内,如图 8-8所示为分区图。

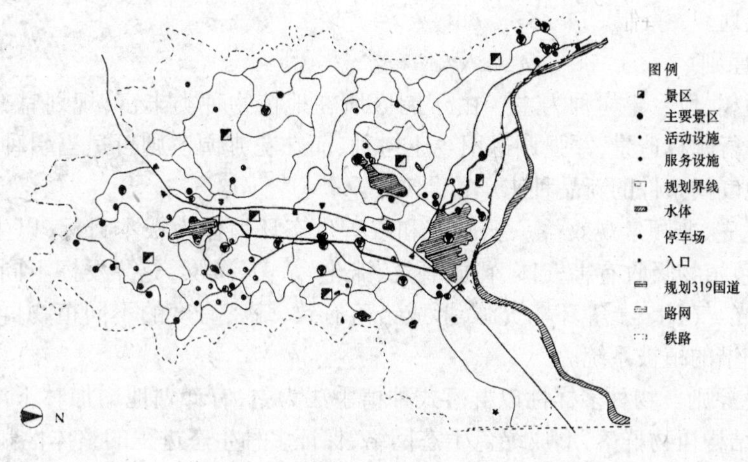

图 8-8　分区图

(1)民俗文化活动区

钟鸣山寺　三侯寺背靠叠嶂葱茏的乌龙山,面临萍水河,北对千年古刹册冈寺,在三侯寺山门东北向以牌楼、大雄宝殿、天王殿、藏经阁形成建筑主轴线,旁边以云佛殿、相公书院和舍利塔、仙水池为副轴线,构成严谨的建筑群。从三侯寺后门沿中轴线可沿伸到山坡上的钟楼。

慈云夕照　慈云阁的山门朝向与三侯寺相同,由药师殿、山门、圆通殿构成主轴线。

太极玄妙　为太极药圃的主要景点。药圃由 3 部分组成:太极广场、山顶草庐、风铃雅阁。太极广场是一个下沉式的广场,四周分 7 个小区种植与太极有关的草药。

(2)山林狩猎区

朝阳涌日　位于全园最高处,使游人有"高处不胜寒"之感,山坡上与之遥相呼应的,是一登高远眺景点。

(3)花卉园区

武陵春色、流花星海、香雪云蔚、九里香径、曲水流香、花卉广场。

(4)休闲度假区

朝晖夕月　此处观景最佳,规划建设标志性建筑,以便游人远观全园,同时又与北部的花卉广场相呼应。云溪竹径由天然翠竹形成,穿行于竹海之间,一种如诗如画的意境尽现眼前。

(5)农业示范观光区

荷风映月　以20hm^{2}荷塘为依托,设观景平台,夏夜临水观荷,微风拂面,别有一番韵味。

田园归耕　群落式布置的农家小院座落在大片农田之上,村外古老的水车咕咕声与村内织布机的机梭声交相呼应,仿佛一曲农家乐。每当炊烟袅袅升起时,游客可闻香而至,或品味农家饭,或品茶休憩,享受田园之乐。

山野春晓　把原有农田改造为将生产、游览充分融合的综合性生产地,农田旁栽植柳、桃、迎春等,与远处的归耕村遥相呼应,犹如在游客面前展示了一幅乡村山野的画面,一幅佳境,别有韵味。

(6)健身娱乐区

清碧明亮的池水,新鲜刺激的冲浪项目,具有热带风情的沙滩运动,均暗示此处是萍乡的"小夏威夷"。

4. 绿化规划

(1)规划原则

1)适地适树,以乡土树种为主　由于园区所在地植物种类丰富,规划宜充分利用当地的植物资源进行园林造景,并强调运用乡土树种,而在花卉园区则可适当引种观赏价值高,且能适应当地气候条件的新品种来丰富景观。

2)生态优先,兼顾景观效益　把调节和改善生态环境作为根本目标,以生态学原理为依据,利用绿色植物吸收有害气体、释放氧气、滞尘、杀菌、减噪,充分发挥不同植物的特性,充分利用温、光、气、水、土等环境资源,形成错落有致、疏密有度的不同植物群落,构成一个稳定、健全、和谐的植被系统。

3)多样性原则　物种多样性以群落式种植手法为主,有计划地增加林下灌木数量和种类,构成复层结构植物群落,形成绿色生态网络,保证多种生态进程的整体性和连续性,提高生态系统多样性,增进生态系统的稳定性和抗逆性。充分利用现状条件,综合运用环境艺术处理手法,创造出景观层次丰富的特色空间,形成多样的景观,如溪流景观、坡地景观、密林景观、疏林草地景观等。还可利用植物景观的季相变化,形成春花烂漫、夏日浓荫、秋日如染、冬季常绿的丰富景观。系统多样性宜充分考虑物种的生态位特征,合理选择植物,以免种间直接竞争,以形成结构合理、种群丰富、功能健全的生态系统。

(2)基本树种选择

以萍乡的地形条件与气候环境特点为依据,尽可能选择生长好、抗性强的乡土树种,尽量保持原有的植物群落,适当改造,营造出四季有景的效果并突出本区的主题氛围。选择树种具体分类如下。

常绿乔木　柳杉、马尾松、雪松、黑松、山杜英、杉木、木莲、含笑、广玉兰、女贞、香樟等;

落叶乔木　金钱松、榉树、银杏、梧桐、重阳木、水杉、合欢、青檀、枫香、无患子、乌桕、凹叶厚朴、枫杨、七叶树、杂交马褂木等;

灌木及小乔木　梅、桃花、桂花、李、鸡爪槭、日本樱花、垂丝海棠、罗汉松、结香、石榴、山茶、夹竹桃、枸骨、紫荆、山麻秆等;

林下植被　栀子花、凤尾竹、南天竹、杜鹃花、麦冬、瓜子黄杨、常春藤、二月蓝、卫矛、红花檵木等。

(3)树种配置原则

坚持“互惠共生”原理，协调植物之间的关系。绿化时，利用不同物种在时间、空间和营养生态位上的不同来配置植物，如银杏和杜鹃花，银杏树干直立高大，根深叶茂，可吸收群落上层较强的直射光和较深层土壤中的矿质养分，而杜鹃花是林下灌木，仅吸收林下较弱的散射光和较浅层土中的矿质养分，能较好利用银杏林下的荫生环境。两类植物在根系深浅、个体大小、养分需求和物候期方面有效差异较大，按时间、空间和营养生态位不同进行配置，既避免种间竞争，又充分利用光和养分等环境资源，使群落和景观更稳定。春天杜鹃花争妍斗艳，夏天银杏与杜鹃花乔灌错落有致、绿色浓郁，组成一个清凉世界。

以“三季有花，四季常绿”的原则指导于实践，力求不仅发挥生态效益，还能形成春花烂漫、夏日浓荫、秋日如染、冬季常绿的季相景观。

注重植物搭配与建筑色彩相协调，形成统一的自然开放空间。

注重植物的常绿、落叶搭配，乔、灌、草、地被合理搭配，创造层次丰富的植物景观。

(4)分区及道路绿化规划

1)农业科技示范园区　该区以本地特色树种为基础进行种植，重在展示农业生产景观，同时考虑了色彩变化，通过合理配置，形成一个景观层次丰富的空间。

2)山林狩猎区　此处的森林应力求保持其原有风貌，人工雕凿较少，以便使游人切实领略真正的山林野趣。其绿化规划把林下杜鹃花景观作为重点，大量种植杜鹃花类的其他品种作补充，灌木紫藤等其他花色灌木作为点缀也植于其中，辅以紫花地丁、海金沙等，形成美丽的山花景观。面上尽量保持原有的植物群落，而在景点处适当进行植物层次配置。

3)山地别墅区　根据别墅区不同名字，而种植不同树种，如松涛院中种植黑松、马尾松、雪松，同时合理搭配其他阔叶树种如广玉兰。

4)花卉园区　该区意在突出“四季花海”，分区明确，各区均有主栽树种，分别为：春看桃花、夏观紫薇和荷花、秋闻桂香、冬品梅花。

5)休闲度假区　根据各度假点的风格氛围不同而有所区别，如竹海探幽区，以毛竹、合欢、斑竹、柱竹等为主；瑶溪山庄的绿化则以烘托浓厚的乡土气息为主，房前屋后的绿化主要以乡土树种为主，如：榔榆、榉树、梧桐、盐肤木、刺槐，而将柿树、枇杷、石榴等一些果树为点缀。

6)道路绿化　园区道路一般不宜采用林荫道形式，配植疏林，留出视域空间也可，特别是道路临水一侧，保持开阔视野非常重要。为避免一味的开阔而导致单调，可在道路转弯处配置高低错落的树丛，使视线时抑时扬。在树种选择上应选择鹅掌楸、水杉、朴树、榉树等一类的落叶树种，可在坡上用络石、爬山虎、薜荔之类爬藤类植物做些十分随意的垂直绿化，不仅可以遮蔽裸露的土石，同时还可以增添野趣。

对于游步道，由于游客慢速运行，或走或停，沿线由低到高、层次分明，尽量创造山花夹道、佳木繁郁的景致。道路两侧可大量使用麦冬、杜鹃花等十分相宜的地被，可丰富游步道景观，然而不必改造登山活动区的游步道，可保持原貌，使登山者切实感受到真正的山林野趣。

7)健身娱乐区　根据区内各功能设施对环境的不同要求进行植物配置，重点进行水景营造，森林区尽可能保持原貌。

8)民俗文化活动区　选用枫香、银杏等带有宗教文化色彩的树种，产生良好的氛围和风景艺术效果。

5. 旅游开发规划

(1)项目设置

示范园旅游观光项目共分为观光型、运动娱乐型、综合型3类。

观光型　休闲度假区、花卉园区、民俗文化活动区、山林狩猎区、健身娱乐区、农业示范观光区。

运动娱乐型　健身娱乐区、山林狩猎区、休闲度假区。

综合型　健身娱乐区、花卉园区、山林狩猎区、休闲度假区、农业科技示范区。

(2)游线及旅游组织

萍乡市生态农业科技示范园功能分区基本是依托319国道,因此游线也是沿319国道展开,均采用陆上游览,沿园区主干道形成东西两条线路。

根据园区实际情况,旅游组织及日程安排可考虑安排半日游、一日游至多日游。

半日游　采用车行方式,领略全园概貌或在东西两条游线中选择一条游览2~3个功能区,较少参与甚至不参与园区内的活动项目。

一日游　粗略游览全园或选择一条线路充分游览,并可以在所选的线路功能区内参与活动项目。市区家庭或三五结伴用此种方式比较适合,他们可利用周末乘车到达,步行或乘坐园内公交车游览。

多日游　指的是2日或者2日以上的游览,多为度假型。萍乡市区或周边城市的游客利用节假日到园区休闲度假,来放松身心,不仅可以充分游览全园而且可以广泛参与各项活动。

(3)环境容量与游人规模

为了预测控制游览区今后游人规模发展趋势,以及参照旅游市场需求正确预测交通、服务接待和基础工程设施的建设开发规模而对萍乡市生态农业科技示范园环境容量和游人量进行分析。本规划在进行风景空间环境容量分析的基础上,结合一定的规划现状,得出萍乡生态农业科技示范园游人规模的最终的分析预测结果,以确保分析预测科学可靠,并保证生态环境保护和旅游经济开发相协调(表8-4)。

表8-4　各分区游人容量估算表

分　区	瞬时容量/人	日周转率/%	日容量/人	年活动天数/天	年容量/万人
农业观光区	5 000	1.2	6 000	200	120
健身娱乐区	2 000	1.1	2 200	200	44
休闲度假区	6 000	1.1	6 600	300	198
花卉园区	10 000	1.2	12 000	300	360
民俗文化区	1 000	3	3 000	300	90
山林狩猎区	500	1.1	550	300	16.5
合　　计			30 350		828.5

计算公式为:

瞬时容量＝风景空间面积/单位规模指标

日容量＝瞬时容量×日周转率

年容量＝日容量×每年可游天数

(4)服务设施

停车场　主要为综合性停车场和专用停车场两种,全园区共设7个综合性停车场,分别位于主要入口处或重要景区附近,可以停各种类型的车辆。专用停车场设在某一功能建筑旁,供内部专用。

公交车停靠点　沿319国道在园区7个标志性入口处均设置公交车停靠点。

餐饮　整个园区共设有10个公共就餐点,日均人数如下:狩猎场:100人,民俗文化区:300人,休闲度假区:200人,花卉园区:500人,健身娱乐区:100人,农业观光区:200人。

住宿　规划接待能力如下:健身娱乐区:60人,狩猎场区:30人,农业观光区:100人,休闲度假区:380人,民俗文化区:60人。

园区办公　园区办公地点设在农业观光区科技培训中心,成立园区管委会,根据各功能分区需要独立或与分区服务中心相结合设管理处。

6. 环境保护规划

示范园立足和发展的根本就是要有良好的自然生态环境,因此在开发建设过程中必须予以高度重视,确保能够维护园区及周边地区自然生态环境的平衡和资源的持续。本规划依据园区基地的实际情况和有关规定制定相应的分级保护体系,如图8-9所示为环境保护规划图。

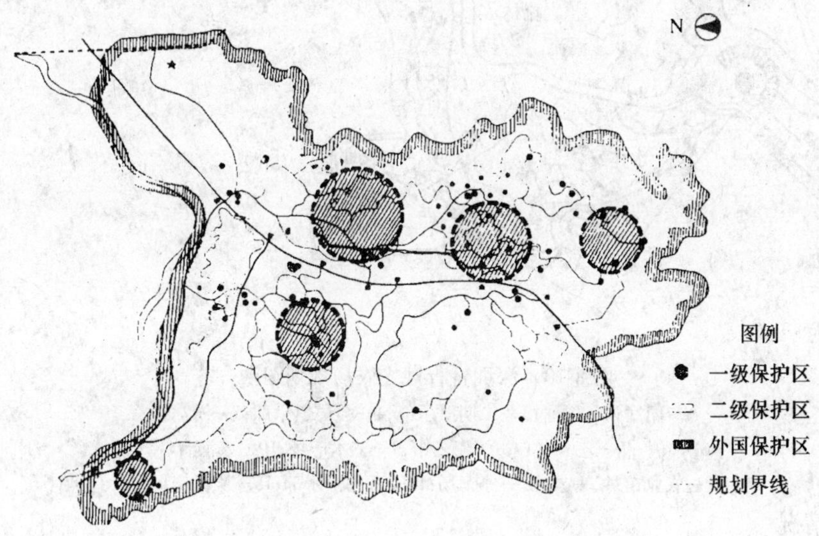

图8-9　环境保护规划图

(1)一级保护区

指的是严格保护的区域,在该区域内不得任意建设、改建或扩建;禁止开山采石、破坏植被;区内的开发建设必须根据规划进行,设计施工阶段应考虑进一步合理利用现有条件,避免进行大规模的集中建设活动。

其中三侯寺景点两个水库周围、度假别墅区、花卉广场区等5个区域作为一级保护区。

(2)二级保护区

在该区内可规划设置与环境相适应的有关设施,建筑形式、风格、体量宜与周边环境相协调。规划将本次示范园总体规划边界以内除一级保护区以外的区域作为二级保护区。

(3)外围保护区

将园区基地北至铁路及水系，其余方向规划界线以外0.5km范围内（具体以山体为界）作为外围保护区，禁止随意开发，如必须开发时，在规划建设过程中应考虑与园区风格相协调。

实例七：广东深圳青青观光农场

青青观光农场如图8-10所示。在深圳市南山区月亮湾大南山，基地内森林茂密、山坡陡峭、沟壑纵横，情况非常复杂。

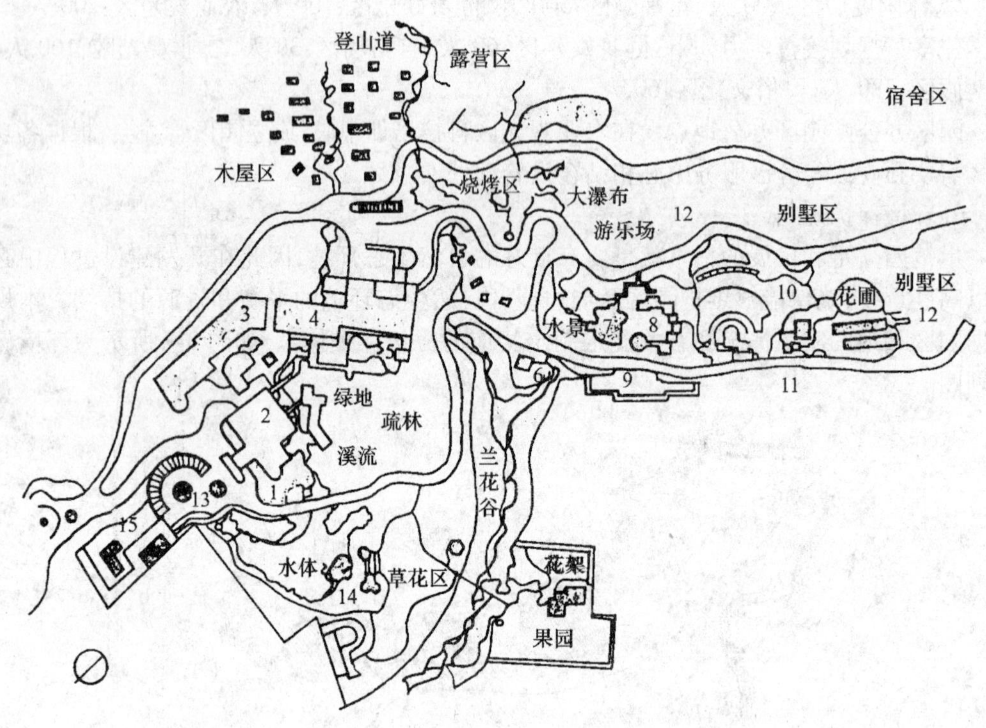

图8-10　深圳青青观光农场规划图

1—入口门厅；2—餐厅；3—二期俱乐部；4—会员俱乐部；5—游泳池；6—茶亭；7—艺术中心；8—陶艺馆；9—艺术广场；10—表演台；11—农业馆；12—亭；13—停车场；14—垂钓俱乐部；15—服务广场

1. 基本情况

基地位于深圳南山区月亮湾大南山，沿等高线呈长带状。东西宽120～200m，南北长约800m，高差达60m，占地面积12hm^2。范围内松林茂盛，植被丰富，遍布岩磐石景。松林、阳光、溪流、石景构成了这里特有的自然景观。基地周围是深圳市乃至全国最大的荔枝林保护区，绵延数里，颇为壮观。倚山远眺是烟波浩瀚的海面。整个环境十分优美。

2. 基本构思和规划设计原则

把青青观光农场建成一个以精致农业与休闲度假相结合的新型旅游区。基本是养殖业、瓜果种植加工、花卉栽培应用、陶艺设计制作等精致农业；休闲度假、观光旅游、健身参与融于其中；整体上具有游览、生产、休闲、服务度假的功能。

规划设计的原则：

(1)重点突出，布局合理。在布局上，既考虑生产、观光和休闲度假之间的分隔，又注重它们之间的融合。“农业”要具有观光休闲度假性。观光、休闲度假活动则和“田园”相关联。使服务功能突出，并以休闲度假为重点。

(2)分期建设，统一规划。根据项目本身的特殊性以及资金筹措情况，并配合周边地区的市政建设，分期进行，统一规划。

(3)建筑风格独树一帜。建筑布局宜顺应自然，顺应地形。在满足功能要求的前提下，强调人与自然的交融，给人一种清新雅致、轻松自然之感。

(4)充分利用地形及自然景物。

(5)增加水体，解决灌溉和消防用水问题。基地内溪涧冲沟在多数季节里干枯，水资源缺乏。采取截流贮水既可用于灌溉和消防，又可增加水面，使山体变得富有灵性。

3. 功能分区

农场分为旅游服务区、休闲别墅区、农业游览区等3个部分。

(1)旅游服务区

位于基地北部，地势较为平坦，紧靠市政道路，人流集中，建筑物比较密集。主要设置有主入口广场、餐厅、会员俱乐部、木屋等。

(2)休闲别墅区

此区位于基地南部，相连于南端次要入口。区内有各类休闲别墅和配套服务娱乐设施以及员工宿舍等。该区以为家庭和团体提供休闲度假及商务会议等服务为主。

(3)农业游览区

位于基地中间，不仅给会员和住户提供广泛的户外活动空间，也接待游客。主要设有以下几个组团。

健康中心　设有健康康复设施。也可举办健康讲座，举行太极、气功等交流活动。

垂钓俱乐部　主要是鱼类养殖、垂钓活动、垂钓技术交流以及器具展示，是休闲的好场所。

陶艺馆　馆内有拉胚室、陶艺设计室、窑炉房、彩釉室、展售厅等。游客在此能欣赏到陶艺设计制作的全过程，并且陶艺爱好者还可在指导下动手设计制作作品。

农业馆和花圃　两者组成农业情报资料搜集展示、农业科技普及交流、花卉生产应用和游客参与园艺活动的区域。

烧烤露营区　设有露营帐蓬、烧烤亭以及卫生间、浴室和管理房等。所有设施充分考虑安全、卫生，为客人提供更多的方便。该区与森林游乐场在布局上共同组成了可沐浴雨露、阳光，体验野趣的户外活动区域。

民艺广场　竹编、盆景制作、木雕、铁件加工等民间工艺按集市形式布置。制作场景和过程被民间艺人展现在游客面前。

表演场　在此可举行各类表演活动，放映露天电影或露天卡拉OK，充分考虑游客的参与。

森林游乐场　设置爬梯、弓箭、水车、戏水池等具有森林特色的游乐设施，配置相应服务建筑，将娱乐、体育、休闲、趣味充分融合。

果园　在保护利用原有荔林基础上，大量种植芒果、木瓜、菠萝、葡萄、番石榴以及瓜类。果林里设置休息平台、果汁屋等。

附录A 常见植物介绍

生态型	中名	学名	科名	高度/m	习性	观赏特性及园林用途	适用地区
常绿针叶树	赤松	*P. densiflora*	松科	20~30	强阳性,耐寒,要求海岸气候	庭荫树,行道树,园景树,风景林	华东及北部沿海地区
	雪松	*Cedrus deodara*	松科	15~25	弱阳性,耐寒性不强,抗污染力弱	树冠圆锥形,姿态优美;园景树,风景林	北京、大连以南各地
	日本冷杉	*Abies firma*	松科	30	阴性,喜冷凉湿润气候及酸性土	树冠圆锥形;园景树,风景林	华东、华中
	华山松	*P. armandi*	松科	20~25	弱阳性,喜温凉湿润气候	庭荫树,行道树,园景树,风景林	西南、华西、华北
	湿地松	*P. elliottii*	松科	25	强阳性,喜温暖气候,较耐水湿	庭荫树,行道树,造林绿化	长江流域至华南
	红松	*P. koraiensis*	松科	20~30	弱阳性,喜冷凉湿润气候及酸性土	庭荫树,行道树,风景林	东北地区
	白皮松	*P. bungeana*	松科	15~25	阳性,适应干冷气候,抗污染力强	树皮白色雅净;庭荫树,行道树,园景树	华北、西北、长江流域
	平头赤松	*P. d. cv. Umbraculifera*	松科	3~5	阳性,喜温暖气候,生长慢	树冠伞形,平头状;孤植、对植	华东地区
	黑松	*P. thunbergii*	松科	20~30	强阳性,抗海潮风,宜生长海滨	庭荫树,行道树,防潮林,风景林	华东沿海地区
	油松	*Pinus tablaeformis*	松科	25	强阳性,耐寒,耐干旱瘠薄和碱土	树冠伞形,庭荫树,行道树,园景树,风景林	华北,西北
	马尾松	*P. massoniana*	松科	30	强阳性,喜温湿气候,宜酸性土	造林绿化,风景林	长江流域及其以南地区
	日本五针松	*P. parviflora*	松科	5~15	中性,较耐荫,不耐寒,生长慢	针叶细短、蓝绿色;盆景,盆栽,假山园	长江中下游地区
	辽东冷杉	*A. holophylla*	松科	25	阴性,喜冷凉湿润气候,耐寒	树冠圆锥形,园景树,风景林	东北、华北
	白杄	*Picea meyeri*	松科	15~25	耐荫,喜冷凉湿润气候,生长慢	树冠圆锥形,针叶粉蓝色;园景树,风景林	华北
	杉木	*Cunninghamia Lanceolata*	杉科	25	中性,喜温湿气候及酸性土,速生	树冠圆锥形;园景树,造林绿化	长江中下游至华南
	柳杉	*Cryptomeria fortunei*	杉科	20~30	中性,喜温暖湿润气候及酸性土	树冠圆锥形;列植,丛植,风景林	长江流域及其以南地区
	侧柏	*Ptatycladus orientalis*	柏科	15~20	阳性,耐寒,耐干旱瘠薄,抗污染	庭荫树,行道树,风景林,绿篱	华北、西北及华南
	杜松	*J. rigida*	柏科	6~10	阳性,耐寒,耐干瘠,抗海潮风	树冠狭圆锥形;列植,丛植,绿篱	华北、东北
	刺柏	*Juniperus formosana*	柏科	12	中性,喜温暖多雨气候及钙质土	树冠狭圆锥形,小枝下垂;列植,丛植	长江流域、西南、西北
	沙地柏	*S. vulgalis*	柏科	0.5~1	阳性,耐寒,耐干旱性	强匍匐状灌木,枝斜上;地被,保土,绿篱	西北、华北及内蒙古
	龙柏	*S. c. cv. Kaizuka*	柏科	5~8	阳性,耐寒性不强,抗有害气体	树冠圆柱形,似龙体;对植,列植,丛植	华北南部至长江流域
	鹿角柏	*S. c. cv. Pfitzeriana*	柏科	0.5~1	阳性,耐寒	丛生状,干枝向四周斜展;庭园点缀	长江流域,华北

续表

生态型	中名	学名	科名	高度/m	习性	观赏特性及园林用途	适用地区
常绿针叶树	铺地柏	*S. procumbens*	柏科	0.3~0.5	阳性,耐寒,耐干旱	匍匐灌木;布置岩石园,地被	长江流域、华北
	千头柏	*P. o. cv. Sieboldii*	柏科	2~3	阳性,耐寒性不如侧柏	树冠紧密,近球形;孤植,对植,列植	长江流域、华北
	圆柏	*Sabina chinensis*	柏科	15~20	中性,耐寒,稍耐湿,耐修剪	幼年树冠狭圆锥形;园景树,列植,绿篱	东北南部、华北至华南
	日本扁柏	*Chamaecyparis obtusa*	柏科	20	中性,喜凉爽湿润气候,不耐寒	园景树,丛植	长江流域
	日本花柏	*C. pisifera*	柏科	25	中性,耐寒性不强	园景树,丛植,列植	长江流域
	云片柏	*C. o. cv. Breviramea*	柏科	5	中性,喜凉爽湿润气候,不耐寒	树冠窄塔形;园景树,丛植,列植	长江流域
	柏木	*Cupressus funebris*	柏科	25	中性,喜温暖多雨气候及钙质土	墓道树,园景树;列植,对植,造林绿化	长江以南地区
	紫杉	*Taxus cuspidata*	红豆杉科	10~20	阴性,喜冷凉湿润气候,耐寒	树形端正;孤植,丛植,绿篱	东北
	罗汉松	*Podocarpus macrophyllus*	罗汉松科	10~20	半阴性,喜温暖湿润气候,不耐寒	树形优美,观叶、观果;孤植,对植,丛植	长江以南各地
落叶针叶树	落羽杉	*Taxodium distichum*	杉科	20~30	阳性,喜温暖,不耐寒,耐水湿	树冠狭圆锥形,秋色叶;护岸树,风景林	长江流域及其以南地区
	水杉	*Metasequoia glyptostroboides*	杉科	20~30	阳性,喜温暖,较耐寒,耐盐碱	树冠狭圆锥形;列植、丛植,风景林	长江流域、华北南部
	水松	*Glyptostrobus pensilis*	杉科	8~10	阳性,喜暖热多雨气候,耐水湿	树冠狭圆锥形;庭荫树,防风、护堤树	华南
	池杉	*Tascendens*	杉科	15~25	阳性,喜温暖,不耐寒,极耐湿	树冠狭圆锥形,秋色叶;水滨湿地绿化	长江流域及其以南地区
	金钱松	*Pseudolarix amabilis*	松科	20~30	阳性,喜温暖多雨气候及酸性土	树冠圆锥形,秋叶金黄;庭荫树,园景树	长江流域
常绿阔叶乔木	广玉兰	*Magnolia grandiflora*	木兰科	15~25	阳性,喜温暖湿润气候,抗污染	花大,白色,6~7月;庭荫树,行道	长江流域及其以南地区
	白兰花	*Michelia alba*	木兰科	8~15	阳性,喜暖热,不耐寒,喜酸性土	花白色,浓香,5~9月;庭荫树,行道树	华南
	大叶桉	*Eucalyptus robusta*	桃金娘科	25	阳性,喜暖热气候,生长快	行道树,庭荫树,防风林	华南、西南
	蓝桉	*E. globulus*	桃金娘科	35	阳性,喜温暖,不耐寒,生长快	行道树,庭荫树,造林绿化	西南、华南
	柠檬桉	*E. citriodora*	桃金娘科	30	阳性,喜暖热气候,生长快	树干洁净,树姿优美;行道树,风景林	华南
	白千层	*Melaleuca leucadendra*	桃金娘科	20~30	阳性,喜暖热,耐干旱和水湿	行道树,防护林	华南
	桂花	*Osmanthus fragrans*	木犀科	10~12	阳性,喜温暖湿润气候	花黄、白色,浓香,9月;庭园观赏,盆栽	长江流域及其以南地区
	女贞	*Ligustrum lucidum*	木犀科	6~12	弱阳性,喜温湿,抗污染,耐修剪	花白色,6月;绿篱,行道树,工厂绿化	长江流域及其以南地区
	假槟榔	*Archontophoenix alexandra*	棕榈科	15	阳性,喜暖热气候,不耐寒	树形优美;行道树,丛植	华南

续表

生态型	中名	学名	科名	高度/m	习性	观赏特性及园林用途	适用地区
常绿阔叶乔木	棕榈	*Trachycarpus fortunei*	棕榈科	5~10	中性,喜温湿气候,抗有毒气体	工厂绿化,行道树,对植,丛植,盆栽	长江流域及其以南地区
	皇后葵	*Arecastrum romanzoffianum*	棕榈科	10~15	阳性,喜暖热气候,不耐寒	树形优美;行道树,园景树,丛植	华南
	蒲葵	*Livistona chinensis*	棕榈科	8~15	阳性,喜暖热气候,抗有毒气体	庭荫树,行道树,对植,丛植,盆栽	华南
	王棕	*Roystonea regia*	棕榈科	15~20	阳性;喜暖热气候,不耐寒	树形优美;行道树,园景树,丛植	华南
	银桦	*Grevillea robusta*	山龙眼科	20~25	阳性,喜温暖,不耐寒,生长快	干直冠大,花橙黄色,5月;庭荫树,行道树	西南、华南
	榕树	*Ficus microcarpa*	桑科	20~25	阳性,喜暖热多雨气候及酸性土	树冠大而圆整;庭荫树,行道树,园景树	华南
	木麻黄	*Casuarina equisetifolia*	木麻黄科	20	阳性,喜暖热,耐干瘠及盐碱土	行道树,防护林,海岸造林	华南
	苦槠	*Castanopsis sclerophylia*	山毛榉科	15	中性,喜温暖气候,抗有毒气体	枝叶茂密;防护林,工厂绿化,风景林	长江以南地区
	青冈栎	*Cyclobalanopsis gtauca*	山毛榉科	15	中性,喜温暖湿润气候	枝时茂密;庭荫树,背景树,风景林	长江以南地区
	台湾相思	*Acacia richii*	豆科	6~15	阳性,喜暖热气候,耐干瘠,抗风	花黄色,4~6月;庭荫树,行道树,防护林	华南
	羊蹄甲	*Bauhinia purpurea*	豆科	10	阳性,喜暖热气候,不耐寒	花玫瑰红色,10月;行道树,庭园风景树	华南
	蚊母	*Distylium racemosum*	金缕梅科	5~15	阳性,喜温暖气候,抗有毒气体	花紫红色,4月;街道及工厂绿化,庭荫树	长江中下游至东南部
	樟树	*Cinnamomum camPhora*	樟科	10~20	弱阳性,喜温暖湿润气候,较耐水湿	树冠卵圆形;庭荫树,行道树,风景林	长江流域至珠江流域
落叶阔叶乔木	皂荚	*Gleditsia sinensis*	豆科	20	阳性,耐寒,耐干旱,抗污染力强	树冠广阔,叶密荫浓;庭荫树	华北至华南
	山皂荚	*G. japonica*	豆科	15~25	阳性,耐寒,耐干旱,抗污染力强	树冠广阔,叶密荫浓;庭荫树,行道树	东北、华北至华东
	凤凰木	*Delonix regia*	豆科	15~20	阳性,喜暖热气候,不耐寒,速生	花红色,美丽,5~8月;庭荫观赏树,行道树	两广南部及滇南
	合欢	*Albiziajulibrissiy*	豆科	10~15	阳性,耐寒,耐干旱瘠薄	花粉红色,6~7月;庭荫观赏树,行道树	华北至华南
	槐树	*Sophora japonica*	豆科	15~25	阳性,耐寒,抗性强,耐修剪	枝叶茂密,树冠宽广;庭荫树,行道树	华北、西北、长江流域
	龙爪槐	*S. j. cv. Pendula*	豆科	3~5	阳性,耐寒	枝下垂,树冠伞形;庭园观赏,对植,列植	华北、西北、长江流域
	刺槐	*Robinia pseudoacacia*	豆科	15~25	阳性,适应性强,浅根性,生长快	花白色,5月;行道树,庭荫树,防护林	南北各地
	毛白杨	*Populus tomentosa*	杨柳科	20~30	阳性,喜温凉气候,抗污染,速生	行道树,庭荫树,防护林.	华北、西北、长江下游
	银白杨	*P. alba*	杨柳科	15~25	阳性,适应寒冷干燥气候	行道树,庭荫树,风景林,防护林	西北、华北、东北南部
	新疆杨	*P. alba cv. Pyramidalis*	杨柳科	20~25	阳性,耐大气干旱及盐渍土	树冠圆柱形,优美;行道树,风景树,防护林	西北、华北

续表

生态型	中 名	学 名	科 名	高度/m	习 性	观赏特性及园林用途	适用地区
落叶阔叶乔木	加 杨	*P. xcanadensis*	杨柳科	25~30	阳性,喜温凉气候,耐水湿、盐碱	行道树,庭荫树,防护林	华北至长江流域
	钻天杨	*P. nigra cv. ltalica*	杨柳科	30	阳性,喜温凉气候,耐水湿	树冠圆柱形,行道树,防护林,风景树	华北、东北、西北
	箭杆杨	*P. nigra cv. Thevestina*	杨柳科	30	阳性,适应干冷气候,稍耐盐碱土	树冠圆柱形,行道树,防护林,风景树	西北
	青 杨	*P. cathayana*	杨柳科	30	阳性,耐干冷气候,生长快	行道树,庭荫树,防护林	北部及西北部
	旱 柳	*Salix matsudana*	杨柳科	15~20	阳性,耐寒,耐湿,耐旱,速生	庭荫树,行道树,护岸树	东北、华北、西北
	涤 柳	*S. m. cv. Pendula*	杨柳科	15	阳性,耐寒,耐湿,耐旱,速生	小枝下垂;庭荫树,行道树,护岸树	东北、华北、西北
	银 杏	*Ginkgo biloba*	银杏科	20~30	阳性,耐寒,抗多种有毒气体	秋叶黄色,庭荫树,行道树,孤植,对植	沈阳以南、华北至华南
	鹅掌楸	*Liriodendron chinensis*	木兰科	20~25	阳性,喜温暖湿润气候	花黄绿色,4~5月;庭荫观赏树,行道树	长江流域及其以南地区
	喜 树	*Camptotheca acuminata*	蓝果树科	20~25	阳性,喜温暖,不耐寒,生长快	庭荫树,行道树	长江以南地区
	刺 楸	*Kalopana xseptemlobus*	五加科	10~15	弱阳性,适应性强,深根性,速生	庭荫树,行道树	南北各地
	枫 香	*Liquidambar formosana*	金缕梅科	30	阳性,喜温暖湿润气候,耐干瘠	秋叶红艳,庭荫树,风景林	长江流域及其以南地区
	悬铃木	*Platanus acerifolia*	悬铃木科	15~25	阳性,喜温暖,抗污染,耐修剪	冠大荫浓;行道树,庭荫树	华北南部至长江流域
	馒头柳	*S. m. cv. Umbraculifera*	杨柳科	10~15	阳性,耐寒,耐湿,耐旱,速生	树冠半球形;庭荫树,行道树,护岸树	东北、华北、西北
	龙爪柳	*S. m. cv. Tortuosa*	杨柳科	10	阳性,耐寒,生长势较弱,寿命短	枝条扭曲如龙游;庭荫树,观赏树	东北、华北、西北
	垂 柳	*S. babylonica*	杨柳科	18	阳性,喜温暖及水湿,耐旱,速生	枝细长下垂,庭荫树,观赏树,护岸树	长江流域至华南地区
	板 栗	*Castanea mollissima*	山毛榉科	15	阳性,适应性强,深根性	庭荫树,干果树	辽宁、华北至华南、西南
	麻 栎	*Quercusacutissima*	山毛榉科	25	阳性,适应性强,耐干旱瘠薄	庭荫树,防护林	辽宁、华北至华南
	栓皮栎	*Q. variabilis*	山毛榉科	25	阳性,适应性强,耐干旱瘠薄	庭荫树,防护林	华北至华南、西南
	核 桃	*Juglans regia*	胡桃科	15~25	阳性,耐干冷气候,不耐湿热	庭荫树,行道树,干果树	华北、西北至西南
	核桃楸	*J. mandshurica*	胡桃科	20	阳性,耐寒性强	庭荫树,行道树	东北、华北
	薄壳山核桃	*Carya illinoensis*	胡桃科	20~25	阳性,喜温湿气候,较耐水湿	庭荫树,行道树,干果树	华东
	枫 杨	*Pterocarya stenoptera*	胡桃科	20~30	阳性,适庖性强,耐水湿,速生	庭荫树,行道树,护岸树	长江流域、华北
	榆 树	*Ulmu spumila*	榆 科	20	阳性,适应性强,耐旱,耐盐碱土	庭荫树,行道树,防护林	东北、华北至长江流域

续表

生态型	中名	学名	科名	高度/m	习性	观赏特性及园林用途	适用地区
落叶阔叶乔木	榔榆	*U. paruifolia*	榆科	15	弱阳性，喜温暖，抗烟尘及毒气	树形优美；庭荫树，行道树，盆景	长江流域及其以南地区
	榉树	*Zelkova schneideriana*	榆科	15	弱阳性，喜温暖，耐烟尘，抗风	树形优美；庭荫树，行道树，盆景	长江中下游地区至华南
	小叶朴	*Celtis bungeana*	榆科	10~15	中性，耐寒，耐干旱，抗有毒气体	庭荫树，绿化造林，盆景	东北南部、华北
	朴树	*C. tetrandra ssp. sinensis*	榆科	15~20	弱阳性，喜温暖，抗烟尘及毒气	庭荫树，盆景	江淮流域至华南
	桑树	*Morus alba*	桑科	10~15	阳性，适应性强，抗污染，耐水湿	庭荫树，工厂绿化	南北各地
	构树	*Broussonetia papyrifera*	桑科	15	阳性，适应性强，抗污染，耐干瘠	庭荫树，行道树，工厂绿化	华北至华南
	黄葛树	*Ficus virens var. sublanceolata*	桑科	15~25	阳性，喜温热气候，不耐寒，耐热	冠大荫浓；庭荫树，行道树	华南、西南
	白桦	*Betula platyphylla*	桦木科	15~20	阳性，耐严寒，喜酸性土，速生	树皮白色美丽；庭荫树，行道树，风景林	东北、华北（高山）
	杜仲	*Eucommia ulmoides*	杜仲科	15~20	阳性，喜温暖湿润气候，较耐寒	庭荫树，行道树	长江流域、华北南部
	糠椴	*Tilla mandshurica*	椴树科	15	弱阳性，喜冷凉湿润气候，耐寒	树姿优美，枝叶茂密；庭荫树，行道树	东北、华北
	蒙椴	*T. mongolica*	椴树科	5~10	中性，喜冷凉湿润气候，耐寒	树姿优美，枝叶茂密；庭荫树，行道树	东北、华北
	紫椴	*T. amurensis*	椴树科	15~20	中性，耐寒性强，抗污染	树姿优美，枝叶茂密；庭荫树，行道树	东北、华北
	乌桕	*Sapium sebiferum*	大戟科	10~15	阳性，喜温暖气候，耐水湿，抗风	秋叶红艳；庭荫树，堤岸树	长江流域至珠江流域
	重阳木	*Bischofia polycarpa*	大戟科	10~15	阳性，喜温暖气候，耐水湿，抗风	行道树，庭荫树，堤岸树	长江中下游地区
	楝树	*Melia azedarach*	楝科	10~15	阳性，喜温暖，抗污染，生长快	花紫色，5月；庭荫树，行道树，四旁绿化	华北南部至华南、西南
	川楝	*M. toosendan*	楝科	15	阳性，喜温暖，不耐寒，生长快	庭荫树，行道树，四旁绿化	中部至西南部
	栾树	*Koelreuteria paniculata*	无患子科	10~12	阳性，较耐寒，耐干旱，抗烟尘	花金黄，6~7月；庭荫树，行道树，观赏树	辽宁、华北至长江流域
	全缘栾树	*K. bipinnata var. integrifolia*	无患子科	15	阳性，喜温暖气候，不耐寒	花金黄，8~9月，果淡红；庭荫树，行道树	长江以南地区
	无患子	*Sapindus mukorossi*	无患子科	15~20	弱阳性，喜温湿，不耐寒，抗风	树冠广卵形；庭荫树，行道树	长江流域及其以南地区
	黄连木	*Pistacia chinensis*	漆树科	15~20	弱阳性，耐干旱瘠薄，抗污染	秋叶橙黄或红色；庭荫树，行道树	华北至华南、西南
	南酸枣	*Choerospondias axillaris*	漆树科	20	阳性，喜温暖，耐干瘠，生长快	冠大荫浓；庭荫树，行道树	长江以南及西南各地
	火炬树	*Rhus chinensis*	漆树科	4~6	阳性，适应性强，抗旱，耐盐碱	秋叶红艳；风景林，荒山造林	华北、西北、东北南部
	元宝枫	*Acer truncatum*	槭树科	10	中性，喜温凉气候，抗风	秋叶黄或红色；庭荫树，行道树，风景林	华北、东北南部

续表

生态型	中　名	学　名	科　名	高度/m	习　性	观赏特性及园林用途	适用地区
落叶阔叶乔木	三角枫	*A. buergerianum*	槭树科	10~15	弱阳性,喜温湿气候,较耐水湿	庭荫树,行道树,护岸树,绿篱	长江流域各地
	茶条槭	*A. ginnala*	槭树科	6	弱阳性,耐寒,抗烟尘	秋叶红色,翅果成熟前红色;庭园风景林	东北、华北至长江流域
	羽叶槭	*A. negundo*	槭树科	15	阳性,喜冷凉气候,耐烟尘	庭荫树,行道树,防护林	东北、华北
	梧　桐	*Firiniana simplex*	梧桐科	10~15	阳性,喜温暖湿润,抗污染,怕涝	枝干青翠,叶大荫浓;庭荫树,行道树	长江流域、华北南部
	木　棉	*Bombax malabaricum*	木棉科	25~35	阳性,喜暖热气候,耐干旱,速生	花大,红色,2~3月;行道树,庭荫观赏树	华南
	丝绵木	*Euonymus-bungeanus*	卫矛科	6	中性,耐寒,耐水湿,抗污染	枝叶秀丽,秋果红色;庭荫树,水边绿化	东北南部至长江流域
	沙　枣	*Elaeagnus angustifolia*	胡颓子科	5~10	阳性,耐干旱、低湿及盐碱	叶银白色,花黄色,7月;庭荫树,风景树	西北、华北、东北
	枳　椇	*Hovena dulcis*	鼠李科	10~20	阳性,喜温暖气候	叶大荫浓;庭荫树,行道树	长江流域及其以南地区
	柿　树	*Diospyros kaki*	柿树科	10~15	阳性,喜温暖,耐寒,耐干旱	秋叶红色,果橙黄色,秋季;庭荫树,果树	东北南部至华南、西南
	臭　椿	*Ailanthus altissima*	苦木科	20~25	阳性,耐干瘠、盐碱,抗污染	树形优美;庭荫树,行道树,工厂绿化	华北、西北至长江流域
	流苏树	*Chionanthus rctusus*	木犀科	6~15	阳性,耐寒,也喜温暖	花白色美丽,5月;庭荫观赏树,丛植,孤植	黄河中下游及其以南
	白蜡树	*Frasxinus chinensis*	木犀科	10~15	弱阳性,耐寒,耐低湿,抗烟尘	庭荫树,行道树,堤岸树	东北、华北至长江流域
	洋白蜡	*F. pennsylvanica*	木犀科	10~15	阳性,耐寒,耐低湿	庭荫树,行道树,防护林	东北南部、华北
	绒毛白蜡	*F. velutina*	木犀科	8~12	阳性,耐低洼、盐碱地,抗污染	庭荫树,行道树,工厂绿化	华北
	水曲柳	*F. mandshurica*	木犀科	10~20	弱阳性,耐寒,喜肥沃湿润土壤	庭荫树,行道树	东北
	梓　树	*Catalpa ovaia*	紫葳科	10~15	弱阳性,适生于温带地区,抗污染	花黄白色,5~6月,庭荫树,行道树	黄河中下游地区
	楸　树	*C. bungei*	紫葳科	10~20	弱阳性,喜温和气候,抗污染	白花有紫斑,5月;庭荫观赏树,行道树	黄河流域至淮河流域
	蓝花楹	*Jacaranda acutifolia*	紫葳科	10~15	阳性,喜暖热气候,不耐寒	花蓝色美丽,5月;庭荫观赏树,行道树	华南
	泡　桐	*Paulownia fortunei*	玄参科	15~20	阳性,喜温暖气候,不耐寒,速生	花白色,4月;庭荫树,行道树	长江流域及其以南地区
	毛泡桐	*P. tomentosa*	玄参科	10~15	强阳性,喜温暖,较耐寒,速生	白花有紫斑,4~5月;庭荫树,行道树	黄河中下游至淮河流域
	枇　杷	*Eriobotryajaponica*	蔷薇科	4~6	弱阳性,喜温暖湿润,不耐寒	叶大荫浓,初夏黄果;庭园观赏,果树	南方各地
	石　楠	*Photinia serrulata*	蔷薇科	3~5	弱阳性,喜温暖,耐干旱瘠薄	嫩叶红色,秋冬红果;庭园观赏,丛植	华东、中南、西南
	七叶树	*Aesculus chinensis*	七叶树科	20	弱阳性,喜温暖湿润,不耐严寒	花白色,5~6月;庭荫树,行道树,观赏树	黄河中下游至华东

续表

生态型	中名	学名	科名	高度/m	习性	观赏特性及园林用途	适用地区
落叶阔叶乔木	大花紫薇	*Largerstroemia speciosa*	千屈菜科	8~12	阳性，喜暖热气候，不耐寒	花淡紫红色，夏秋；庭荫观赏树，行道树	华南
	苏铁	*Cycas revoluta*	苏铁科	2	中性，喜温暖湿润气候及酸性土	姿态优美；庭园观赏，盆栽，盆景	华南、西南
	含笑	*Michelia figo*	木兰科	2~3	中性，喜温暖湿润气候及酸性土	花淡紫色，浓香，4~5月；庭园观赏，盆栽	长江以南地区
	洒金珊瑚	*Aucuba japonica cv. Variegata*	山茱萸科	2~3	阴性，喜温暖湿润，不耐寒	叶有黄斑点，果红色；庭园观赏，盆栽	长江以南各地
	珊瑚树	*Viburnum awabuki*	忍冬科	3~5	中性，喜温暖，抗烟尘，耐修剪	白花6月，红果9~10月；绿篱；庭园观赏	长江流域及其以南地区
	黄杨	*Buxus sinica*	黄杨科	2~3	中性，抗污染，耐修剪，生长慢	枝叶细密；庭园观赏，丛植，绿篱，盆栽	华北至华南、西南
	雀舌黄杨	*B. bodinieri*	黄杨科	0.5~1	中性，喜温暖，不耐寒，生长慢	枝叶细密；庭园观赏，丛植，绿篱，盆栽	长江流域及其以南地区
	山茶花	*Camellia japonica*	山茶科	2~5	中性，喜温湿气候及酸性土壤	花白，粉、红色，2~4月；庭园观赏，盆栽	长江流域及其以南地区
	茶梅	*C. sasanqua*	山茶科	3~6	弱阳性，喜温暖气候及酸性土壤	花白、粉、红色，11~1月；庭园观赏，绿篱	长江以南地区
	南天竹	*Nandina domestica*	小檗科	1~2	中性，耐荫，喜温暖湿润气候	枝叶秀丽，秋冬红果；庭园观赏，丛植，盆栽	长江流域及其以南地区
	十大功劳	*Mahonia fortune*	小檗科	1~1.5	耐阴，喜温暖湿润气候，不耐寒	花黄色，果蓝黑色；庭园观赏，丛植，绿篱	长江流域及其以南地区
	凤尾兰	*Yucca gloriosa*	百合科	1.5~3	阳性，喜亚热带气候，不耐严寒	花乳白色，夏、秋；庭园观赏，丛植	华北南部至华南
	丝兰	*Y. flaccida*	百合科	0.5~2	阳性，喜亚热带气候，不耐严寒	花乳白色，6~7月；庭园观赏，丛植	华北南部至华南
	棕竹	*Rhapis humilis*	棕榈科	1.5~3	阴性，喜湿润的酸性土，不耐寒	观叶；庭园观赏，丛植，基础种植，盆栽	华南、西南
	筋头竹	*R. excelsa*	棕榈科	2~3	阴性，喜湿润的酸性土，不耐寒	观叶；庭园观赏，丛植，基础种植，盆栽	华南、西南
	海桐	*Pittosporum tobira*	海桐科	2~4	中性，喜温湿，不耐寒，抗海潮风	白花芳香，5月；基础种植，绿篱，盆栽	长江流域及其以南地区
	枸骨	*Flex cornuta*	冬青科	1.5~3	弱阳性，抗有毒气体，生长慢	绿叶红果，甚美丽；基础种植，丛植，盆栽	长江中下游各地
	大叶黄杨	*Euonymus japomca*	卫矛科	2~5	中性，喜温湿气候，抗有毒气体	观叶；绿篱，基础种植，丛植，盆栽	华北南部至华南、西南
	胡颓子	*Elaeagnus pungens*	胡颓子科	2~3	弱阳性，喜温暖，耐干旱、水湿	秋花银白芳香，红果5月；基础种植，盆景	长江中下游及其以南地区
	云南黄素馨	*Jasminum mesnyi*	木犀科	1.5~3	中性，喜温暖，不耐寒	枝拱垂，花黄色，4月；庭园观赏，盆栽	长江流域、华南、西南
	夹竹桃	*Nerium indicum*	夹竹桃科	2~4	阳性，喜温暖湿润气候，抗污染	花粉红色，5~10月，庭园观赏，花篱，盆栽	长江以南地区
	栀子	*Gardenia jasminoides*	茜草科	1~1.6	中性，喜温暖气候及酸性土壤	花白色，浓香，6~8月；庭园观赏，花篱	长江流域及其以南地区

续表

生态型	中名	学名	科名	高度/m	习性	观赏特性及园林用途	适用地区
落叶阔叶小乔木及灌木	玉兰	*Magnolia denudata*	木兰科	4~8	阳性,稍耐荫,颇耐寒,怕积水	花大洁白,3~4月;庭园观赏,对植,列植	华北至华南、西南
	紫玉兰	*M. liliflora*	木兰科	2~4	阳性,喜温暖,不耐严寒	花大紫色,3~4月;庭园观赏,丛植	华北至华南、西南
	二乔玉兰	*M. xsoulangeana*	木兰科	3~6	阳性,喜温暖气候,较耐寒	花白带淡紫色,3~4月;庭园观赏	华北至华南、西南
	白鹃梅	*Exochorda racenlosa*	蔷薇科	2~3	弱阳性,喜温暖气候,较耐寒	花白色美丽,4月;庭园观赏,丛植	华北至长江流域
	笑靥花	*Spiraea prunifolia*	蔷薇科	1.5~2	阳性,喜温暖湿润气候	花小,白色美丽,4月;庭园观赏,丛植	长江流域及其以南地区
	珍珠花	*S. thunbergii*	蔷薇科	1.5~2	阳性,喜温暖气候,较耐寒	花小,白色美丽,4月;庭园观赏,丛植	东北南部、华北至华南
	麻叶绣线菊	*S. cantoniensis*	蔷薇科	1~1.5	中性,喜温暖气候	花小,白色美丽,4月;庭园观赏,丛植	长江流域及其以南地区
	菱叶绣线菊	*S. x vanhouttei*	蔷薇科	1~2	中性,喜温暖气候,较耐寒	花小,白色美丽,4~5月;庭园观赏,丛植	华北至华南、西南
	粉花绣线菊	*S. japonica*	蔷薇科	1~2	阳性,喜温暖气候	花粉红色,6~7月;庭园观赏,丛植,花篱	华北南部至长江流域
	珍珠梅	*Sorbaria kirilowii*	蔷薇科	1.5~2	耐荫,耐寒,对土壤要求不严	花小,白色,6~8月;庭园观赏,丛植,花篱	华北、西北、东北南部
	月季	*Rosa chinensis*	蔷薇科	1~1.5	阳性,喜温暖气候,较耐寒	花红、紫色,5~10月;庭园观赏,丛植,盆栽	东北南部至华南、西南
	现代月季	*R. hybrida*	蔷薇科	1~1.5	阳性,喜温暖气候,较耐寒	花色丰富,5~10月;庭植,专类园,盆栽	东北南部至华南、西南
	玫瑰	*R. rugosa*	蔷薇科	1~2	阳性,耐寒,耐干旱,不耐积水	花紫红色,5月;庭园观赏,丛植,花篱	东北、华北至长江流域
	黄刺玫	*R. xanthina*	蔷薇科	1.5~2	阳性,耐寒,耐干旱	花黄色,4~5月;庭园观赏,丛植,花篱	华北、西北、东北南部
	棣棠	*Kerria japonica*	蔷薇科	1~2	中性,喜温暖湿润气候,较耐寒	花金黄,4~5月,枝干绿色;丛植,花篱	华北至华南、西南
	鸡麻	*Rhodotypos scarnderts*	蔷薇科	1~2	中性,喜温暖气候,较耐寒	花白色,4~5月;庭园观赏,丛植	北部至中部、东部
	杏	*Prunus armemaca*	蔷薇科	5~8	阳性,耐寒,耐干旱,不耐涝	花粉红,3~4月;庭园观赏,片植,果树	东北、华北至长江流域
	梅	*P. mume*	蔷薇科	3~6	阳性,喜温暖气候,怕涝,寿命长	花红、粉、白色,芳香,2~3月;庭植,片植	长江流域及其以南地区
	桃	*P. persica*	蔷薇科	3~5	阳性,耐干旱,不耐水湿	花粉红色,3~4月;庭园观赏,片植,果树	东北南部、华北至华南
	碧挑	*P. persica cv. Duplex*	蔷薇科	3~5	阳性,耐干旱,不耐水湿	花粉红色,重瓣,3~4月;庭植,片植,列植	东北南部、华北至华南
	山桃	*P. davidiana*	蔷薇科	4~6	阳性,耐寒,耐干旱,耐碱土	花淡粉、白色,3~4月;庭园观赏,片植	东北、华北、西北
	紫叶李	*P. cerasifera cv. Atropurpurea*	蔷薇科	3~5	弱阳性,喜温暖湿润气候,较耐寒	叶紫红色,花淡粉红色,3~4月;庭园点缀	华北至长江流域
	樱花	*P. serrulata*	蔷薇科	3~5	阳性,较耐寒,不耐烟尘和毒气	花粉白色,4月;庭园观赏,丛植,行道树	东北、华北至长江流域

续表

生态型	中 名	学 名	科 名	高度/m	习 性	观赏特性及园林用途	适用地区
落叶阔叶小乔木及灌木	东京樱花	*P. xyedoensis*	蔷薇科	5~8	阳性,较耐寒,不耐烟尘	花粉白色,4月;庭园观赏,丛植,行道树	华北至长江流域
	日本晚樱	*P. lannesiana*	蔷薇科	4~6	阳性,喜温暖气候,较耐寒	花粉红色,4月;庭园观赏,丛植,行道树	华北至长江流域
	榆叶梅	*P. triloba*	蔷薇科	1.5~3	弱阳性,耐寒,耐干旱	花粉、红、紫色,4月;庭园观赏,丛植,列植	东北南部、华北、西北
	郁李	*P. japonica*	蔷薇科	1~1.5	阳性,耐寒,耐干旱	花粉、白色,4月,果红色;庭园观赏,丛植	东北、华北至华南
	麦李	*Prunus glandulosa*	蔷薇科	1~1.5	阳性,较耐寒,适应性强	花粉、白色,4月,果红色;庭园观赏,丛植	华北至长江流域
	平枝栒子	*Cotoneaster-horizontalis*	蔷薇科	0.5	阳性,耐寒,适应性强	匍匐状,秋冬果鲜红色;基础种植,岩石园	华北、西北至长江流域
	火棘	*Pyracantha fortuneana*	蔷薇科	2~3	阳性,喜温暖气候,不耐寒	春白花,秋冬红果色;基础种植,丛植,篱植	华东、华中、西南
	山楂	*Crataegus pinnatifida*	蔷薇科	3~5	弱阳性,耐寒,耐干旱瘠薄土壤	春白花,秋红果;庭园观赏,园路树,果树	东北南部、华北
	木瓜	*Chaenomeles sinensis*	蔷薇科	3~5	阳性,喜温暖,不耐低湿和盐碱土	花粉红色,4~5月,秋果黄色;庭园观赏	长江流域至华南
	贴梗海棠	*C. speciosa*	蔷薇科	1~2	阳性,喜温暖气候,较耐寒	花粉、红色,4月,秋果黄色;庭园观赏	华北至长江流域
	海棠果	*Malus prunifolia*	蔷薇科	4~6	阳性,耐寒性强,耐旱,耐碱土	花白色,4~5月;秋果红色;庭园观赏,果树	东北、华北、西北
	海棠花	*M. spectabilis*	蔷薇科	4~6	阳性,耐寒,耐干旱,忌水湿	花粉红色,单或重瓣,4~5月;庭园观赏	东北南部、华北、华东
	垂丝海棠	*M. halliana*	蔷薇科	3~5	阳性,喜温暖湿润,耐寒性不强	花鲜玫瑰红色,4~5月;庭园观赏,丛植	华北南部至长江流域
	白梨	*Pyrus bretschneideri*	蔷薇科	4~6	阳性,喜干冷气候,耐寒	花白色,4月;庭园观赏,果树	东北南部、华北、西北
	沙梨	*P. pyrifolia*	蔷薇科	5~8	阳性,喜温暖湿润气候	花白色,3~4月;庭园观赏,果树	长江流域至华南、西南
	紫荆	*Cercischinensis*	豆科	2~3	阳性,耐干旱瘠薄,不耐涝	花紫红色,3~4月叶前开放;庭园观赏,丛植	华北、西北至华南
	毛刺槐	*Robinia hispida*	豆科	2	阳性,耐寒,喜排水良好土壤	花紫粉色,6~7月;庭园观赏,草坪丛植	东北、华北
	紫穗槐	*Amorpha fruticosa*	豆科	1~2	阳性,耐水湿,耐干瘠和轻盐碱土	花暗紫色,5~6月;护坡固堤,林带	南北各地
	锦鸡儿	*Caraguna sinica*	豆科	1~1.5	中性,耐寒,耐干旱瘠薄	花橙黄色,4月;庭园观赏,岩石园,盆景	华北至长江流域
	胡枝子	*Lespedeza bicolor*	豆科	1~2	中性,耐寒,耐干旱瘠薄	花紫红色,8月;庭园观赏,护坡,林带	东北至黄河流域
	太平花	*Philadelphus pekinensis*	虎耳草科	1~2	弱阳性,耐寒,怕涝	花白色,5~6月;庭园观赏,丛植,花篱	华北、东北、西北
	山梅花	*P. incanus*	虎耳草科	2~3	弱阳性,较耐寒,耐旱,忌水湿	花白色,5~6月;庭园观赏,丛植,花篱	华北、华中、西北
	溲疏	*Deutzia scabra*	虎耳草科	1~2	弱阳性,喜温暖,耐寒性不强	花白色,5~6月;庭园观赏,丛植,花篱	长江流域各地

续表

生态型	中名	学名	科名	高度/m	习性	观赏特性及园林用途	适用地区
落叶阔叶小乔木及灌木	蜡梅	*Chimonanthuspraecox*	蜡梅科	1.5~2	阳性,喜湿暖,耐干旱,忌水湿	花黄色,浓香,1~2月;庭园观赏,盆栽	华北南部至长江流域
	红瑞木	*Cornus alba*	山茱萸科	1.5~3	中性,耐寒,耐湿,也耐干旱	茎枝红色美丽,果白色;庭园观赏,草坪丛植	东北、华北
	四照花	*C. kousa* var. *chinensis*	山茱萸科	3~5	中性,喜温暖气候,耐寒性不强	花黄白色,5~6月,秋果粉红;庭园观赏	华北南部至长江流域
	糯米条	*Abelia chinensis*	忍冬科	1~2	中性,喜温暖,耐干旱,耐修剪	花白带粉色,芳香,8~9月;庭园观赏,花篱	长江流域至华南
	猬实	*Kolkwitzia amabilis*	忍冬科	2~3	阳性,颇耐寒,耐干旱瘠薄	花粉红色,5月,果似刺猬;庭园观赏,花篱	华北、西北、华中
	锦带花	*Weigela florida*	忍冬科	1~2	阳性,耐寒,耐干旱,怕涝	花玫瑰红色,4~5月;庭园观赏,草坪丛植	东北、华北
	海仙花	*W. coraeensis*	忍冬科	2~3	弱阳性,喜温暖,颇耐寒	花黄白色变红,5~6月;庭园观赏,草坪丛植	华北、华东、华中
	木本绣球	*Viburnum macrocephalum*	忍冬科	2~3	弱阳性,喜温暖,不耐寒	花白色,成绣球形,5~6月;庭植观花	华北南部至长江流域
	蝴蝶树	*V. plicatum* f. *tomentosa*	忍冬科	2~3	中性,耐寒,耐干旱	花白色,4~5月,秋果红色;庭园观赏	长江流域至华南、西南
	天目琼花	*V. sargentii*	忍冬科	2~3	中性,较耐寒	花白色,5~6月,秋果红色,庭植观花观果	东北、华北至长江流域
	香荚蒾	*V. farreri*	忍冬科	2~3	中性,耐寒,耐干旱	花白色,芳香,4月;庭植观花	华北、西北
	金银木	*Lonicera maackii*	忍冬科	3~4	阳性,耐寒,耐干旱,萌蘖性强	花白、黄色,5~7月,秋果红色;庭园观赏	南北各地
	接骨木	*Sambucus williamsii*	忍冬科	2~4	弱阳性,喜温暖,抗有毒气体	花小,白色,4~5月,秋果红色;庭园观赏	南北各地
	杜鹃	*Rhododendron simsii*	杜鹃花科	1~2	中性,喜温湿气候及酸性土	花深红色,4~5月;庭园观赏,盆栽	长江流域及其以南地区
	白花杜鹃	*R. mucronatum*	杜鹃花科	0.5~1	中性,喜温暖气候,不耐寒	花白色,4~5月;庭园观赏,盆栽	长江流域
	无花果	*Ficus carica*	桑科	1~2	中性,喜温暖气候,不耐寒	庭园观赏,盆栽	长江流域及其以南地区
	结香	*Edgeworthiachrysantha*	瑞香科	3~4	阳性,抗旱、涝、盐碱及沙荒	花黄色,芳香,3~4月叶前开放;庭园观赏	长江流域各地
	柽柳	*Tamarix chinensis*	柽柳科	2~3	弱阳性,喜温暖气候,较耐寒	花粉红色,5~8月;庭园观赏,绿篱	华北至华南、西南
	木槿	*Hibiscus syriacus*	锦葵科	2~3	阳性,喜温暖气候,不耐寒	花淡紫、白、粉红色,7~9月;丛植,花篱	华北至华南
	木芙蓉	*H. mutabilis*	锦葵科	1~2	中性偏阴,喜温湿气候及酸性土	花粉红色,9~10月;庭园观赏,丛植,列植	长江流域及其以南地区
	金丝桃	*Hypericum chinense*	藤黄科	2~5	阳性,喜温暖气候,较耐干旱	花金黄色,6~7月;庭园观赏,草坪丛植	长江流域及其以南地区
	石榴	*Puntca granatum*	石榴科	2~5	中性,耐寒,适应性强	花红色,5~6月,果红色;庭园观赏,果树	黄河流域及其以南地区
	花椒	*Zanthoxylum bungeanum*	芸香科	3~5	阳性,喜温暖气候,较耐寒	丛植,刺篱	华北、西北至华南

续表

生态型	中名	学名	科名	高度/m	习性	观赏特性及园林用途	适用地区
落叶阔叶小乔木及灌木	枸橘	*Poncirus trifoliata*	芸香科	3~5	阳性,耐寒,耐干旱及盐碱土	花白色,4月,果黄绿,香;丛植,刺篱	黄河流域至华南
	鸡爪槭	*Acer palmatum*	槭树科	2~5	中性,喜温暖气候,不耐寒	叶形秀丽,秋叶红色;庭园观赏,盆栽	华北南部至长江流域
	红枫	*A. p. cv. Atropurpureum*	槭树科	1.5~2	中性,喜温暖气候,不耐寒	叶常年紫红色:庭园观赏,盆栽	华北南部至长江流域
	羽毛枫	*A. p. cv. Dissectum*	槭树科	1.5~2	中性,喜温暖气候,不耐寒	树冠开展,叶片细裂;庭园观赏,盆栽	长江流域
	红羽毛枫	*A. p. cv. Dissectum Ornatum*	槭树科	1.5~2	阳性,喜温暖气候,不耐水湿	树冠开展,叶片细裂;红色;庭园观赏,盆栽	长江流域
	小蜡	*Ligustrum sinensis*	木犀科	2~3	中性,喜温暖,较耐寒,耐修剪	花小,白色,5~6月;庭园观赏,绿篱	长江流域及其以南地区
	小叶女贞	*L. quihoui*	木犀科	1~2	中性,喜温暖气候,较耐寒	花小,白色,5~7月;庭园观赏,绿篱	华北至长江流域
	迎春	*Jasminum nudiflorum*	木犀科	1~2	喜光,稍耐阴,喜温暖,喜湿润,忌涝	花黄色,早春叶前开放;庭园观赏,丛植	华北至长江流域
	丁香	*Syringa oblata*	木犀科	2~3	弱阳性,耐寒,耐旱,忌低湿	花紫色,香,4~5月;庭园观赏,草坪丛植	东北南部、华北、西北
	暴马丁香	*S. reticulata var. mandshurica*	木犀科	5~8	阳性,耐寒,喜湿润土壤	花白色,6月;庭园观赏,庭荫树,园路树	东北、华北、西北
	连翘	*Forsythia suspensa*	木犀科	2~3	阳性,耐寒,耐干旱	花黄色,3~4月叶前开放;庭园观赏,丛植	东北、华北、西北
	金钟花	*F. viridissima*	木犀科	1.5~3	阳性,喜温暖气候,较耐寒	花金黄色,3~4月叶前开放;庭园观赏,丛植	华北至长江流域
	雪柳	*Fomtanesia fortuner*	木犀科	3~5	中性,耐寒,适应性强,耐修剪	花小,白色,5~6月;绿篱,丛植,林带下木	东北南部至长江中下游
	紫珠	*Callicarpa dichotoma*	马鞭草科	1~2	中性,喜温暖气候,较耐寒	果紫色美丽,秋冬;庭园观赏,丛植	华北、华东、中南
	海州常山	*Clerodendron trichotoma*	马鞭草科	2~4	中性,喜温暖气候,耐干旱、水湿	白花,7~8月,紫萼蓝果,9~10月;庭植	华北至长江流域
	秋胡颓子	*Elaeagnus umbellata*	胡颓子科	3~5	阳性,喜温暖气候,不耐严寒	秋果橙红色;庭园观赏,绿篱,林带下木	长江流域及其以北地区
	文冠果	*Xanthoceras sorbifolia*	无患子科	3~5	中性,耐寒	花白色,4~5月;庭园观赏,丛植,列植	东北南部、华北、西北
	黄栌	*Cotinus coggygria*	漆树科	3~5	中性,喜温暖气候,不耐寒	霜叶红艳美丽;庭园观赏,片植,风景林	华北
	醉鱼草	*Buddleia lindleyana*	马钱科	2~3	中性,喜温暖气候,耐修剪	花紫色,6~8月;庭园观赏,草坪丛植	长江流域及其以南地区
	牡丹	*Paeonia suffruticosa*	毛茛科	1~2	中性,耐寒,要求排水良好土壤	花白、粉、红、紫色,4~5月;庭园观赏	华北、西北、长江流域
	小檗	*Berberis thunbergii*	小檗科	1~2	中性,耐寒,耐修剪	花淡黄色,5月,秋果红色;庭园观赏,绿篱	华北、西北、长江流域
	紫叶小檗	*B. t. cv. Atropurpurea*	小檗科	1~2	中性,耐寒,要求阳光充足	叶常年紫红色,秋果红色;庭园点缀,丛植	华北、西北、长江流域
	紫薇	*Lagerstroemia indica*	千屈菜科	2~4	阳性,喜温暖气候,不耐严寒	花紫、红色,7~9月;庭园观赏,园路树	华北至华南、西南

续表

生态型	中名	学名	科名	高度/m	习性	观赏特性及园林用途	适用地区
藤本植物	木通	*Akebia qutnata*	木通科	10	中性,喜温暖,不耐寒,落叶	花暗紫色,4月;攀缘篱垣、棚架、山石	长江流域至华南
	三叶木通	*A. trifoliata*	木通科	8	中性,喜温暖,较耐寒,落叶	花暗紫色,5月;攀缘篱垣、棚架、山石	华北至长江流域
	蔷薇	*Rosa multiflora*	蔷薇科	3~4	阳性,喜温暖,较耐寒,落叶	花白、粉红色,5~6月;攀缘篱垣、棚架等	华北至华南
	十姊妹	*R. m. cv. Platyphylla*	蔷薇科	3~4	阳性,喜温暖,较耐寒,落叶	花深红色,重瓣,5~6月;攀缘篱垣、棚架等	华北至华南
	木香	*R. banksiae*	蔷薇科	6	阳性,喜温暖,较耐寒,半常绿	花白或淡黄色,芳香,4~5月;攀缘篱架等	华北至长江流域
	紫藤	*Westeria sinensis*	豆科	15~20	阳性,耐寒,适应性强,落叶	花堇紫色,4月;攀缘棚架、枯树等	南北各地
	多花紫藤	*W. floribunda*	豆科	4~8	阳性,喜温暖气候,落叶	花紫色,4月;攀缘棚架、枯树,盆栽	长江流域及其以南地区
	常春藤	*Hedera helix*	五加科		阴性,喜温暖,不耐寒,常绿	绿叶长青;攀缘墙垣、山石,盆栽	长江流域及其以南地区
	中华常春藤	*H. nepalensis var. chinensis*	五加科		阴性,喜温暖,不耐寒,常绿	绿叶长青;攀缘墙垣、山石等	长江流域及其以南地区
	猕猴桃	*Actinidia chinensis*	猕猴桃科		中性,喜温暖,耐寒性不强,落叶	花黄白色,6月;攀缘棚架、篱垣,果树	长江流域及其以南地区
	猕猴梨	*A. arguta*	猕猴桃科	25~30	中性,耐寒,落叶	花乳白色,6~7月;攀缘棚架、篱垣等	东北、西北、长江流域
	葡萄	*Vitis vinifera*	葡萄科		阳性,耐干旱,怕涝,落叶	果紫红或黄白色,8~9月;攀缘棚架、栅篱等	华北、西北、长江流域
	爬山虎	*Parthenocissus tricuspidata*	葡萄科	15	耐荫,耐寒,适应性强,落叶	秋叶红、橙色;攀缘墙面、山石、栅篱等	东北南部至华南
	五叶地锦	*P. quinquefolia*	葡萄科		耐荫,耐寒,喜温湿气候,落叶	秋叶红、橙色;攀缘墙面、山石、栅篱等	东北南部、华北
	铁线莲	*Clematisflorida*	毛茛科	4	中性,喜温暖,不耐寒,半常绿	花白色,夏季;攀缘篱垣、棚架、山石	长江中下游至华南
	五味子	*Schisandra chinensis*	木兰科	8	中性,耐寒性强,落叶	果红色,8~9月;攀缘篱垣、棚架、山石	东北、华北、华中
	薜荔	*Ficus pumila*	桑科		耐荫,喜温暖气候,不耐寒,常绿	绿叶长青;攀缘山石、墙垣、树干等	长江流域及其以南地区
	叶子花	*Bougainvillca spectabilis*	紫茉莉科		阳性,喜暖热气候,不耐寒,常绿	花红、紫色,6~12月;攀缘山石、园墙、廊柱	华南、西南
	扶芳藤	*Euonymusfortunei*	卫矛科		耐荫,喜温暖气候,不耐寒,常绿	绿叶长青;掩覆墙面、山石、老树干等	长江流域及其以南地区
	胶东卫矛	*E. kiautshovicus*	卫矛科	3~5	耐荫,喜温暖,稍耐寒,半常绿	绿叶红果;攀附花格、墙面、山石、老树干	华北至长江中下游地区
	南蛇藤	*Celastrus orbiculatus*	卫矛科		中性,耐寒,性强健,落叶	秋叶红、黄色;攀缘棚架、墙垣等	东北、华北至长江流域
	凌霄	*Campsis grandiflora*	紫葳科	9	中性,喜温暖,稍耐寒,落叶	花橘红、红色,7~8月;攀缘墙垣、山石等	华北及其以南各地
	美国凌霄	*C. radicans*	紫葳科	10	中性,喜温暖,耐寒,落叶	花橘红色,7~8月;攀缘墙垣、山石、棚架	华北及其以南各地

续表

生态型	中名	学名	科名	高度/m	习性	观赏特性及园林用途	适用地区
藤本植物	炮仗花	*Pyrostegia ignea*	紫葳科		中性,喜暖热,不耐寒,常绿	花橙红色,夏季;攀缘棚架、墙垣、山石等	华南
	金银花	*Lonicera japonica*	忍冬科		喜光,也耐荫,耐寒,半常绿	花黄、白色,芳香,5~7月;攀缘小型棚架	华北至华南、西南
	络石	*Trachelospermum jasminoides*	夹竹桃科		耐荫,喜温暖,不耐寒,常绿	花白色,芳香,5月;攀缘墙垣、山石,盆栽	长江流域各地
竹类植物	孝顺竹	*Bambusa multiplex*	禾本科	2~3	中性,喜温暖湿润气候,不耐寒	秆丛生,枝叶秀丽,庭园观赏	长江以南地区
	凤尾竹	*B. m. var. nana*	禾本科	1	中性,喜温暖湿润气候,不耐寒	秆丛生,枝叶细密秀丽;庭园观赏,篱植	长江以南地区
	慈竹	*Dendrocala musafrinis*	禾本科	5~8	阳性,喜温湿气候及肥沃疏松土壤	秆丛生,枝叶茂盛;庭园观赏,防风、护堤林	华中、西南
	菲白竹	*Pleioblastus argenteostriatus*	禾本科	0.5~1	中性,喜温暖湿润气候,不耐寒	叶有白色纵条纹;绿篱,地被,盆栽	长江中下游地区
	毛竹	*Phyllostachys-pubescens*	禾本科	10~20	阳性,喜温暖湿润气候,不耐寒	秆散生,高大;庭园观赏,风景林	长江以南地区
	桂竹	*P. bambusoides*	禾本科	10~15	阳性,喜温暖湿润气候,稍耐寒	秆散生;庭园观赏	淮河流域至长江流域
	斑竹	*P. b. f. tanakae*	禾本科	10	阳性,喜温暖湿润气候,稍耐寒	竹秆有紫褐色斑;庭园观赏	华北南部至长江流域
	刚竹	*P. viridis*	禾本科	8~12	阳性,喜温暖湿润气候,稍耐寒	枝叶青翠;庭园观赏	华北南部至长江流域
	罗汉竹	*P. aurea*	禾本科	5~8	阳性,喜温暖湿润气候,稍耐寒	竹秆下部节间肿胀或节环交互歪斜;庭园观赏	华北南部至长江流域
	紫竹	*P. nigra*	禾本科	3~5	阳性,喜温暖湿润气候,稍耐寒	竹秆紫黑色;庭园观赏	华北南部至长江流域
	淡竹	*P. nigra var. henonis*	禾本科	7~15	阳性,喜温暖湿润气候,稍耐寒	秆灰绿色;庭园观赏	长江流域及其以南地区
	早园竹	*P. propinqua*	禾本科	5~8	阳性,喜温暖湿润气候,较耐寒	枝叶青翠;庭园观赏	华北至长江流域
	黄槽竹	*P. aureosulcata*	禾本科	3~5	阳性,喜温暖湿润气候,较耐寒	竹秆节间纵漕内黄色;庭园观赏	华北
一二年生花卉	五色苋	*Alternanthera-bettzichiana*	苋科	0.4~0.5	阳性,喜暖畏寒,宜高燥,耐修剪	株丛紧密,叶小,叶色美丽;毛毡花坛材料	全国各地
	三色苋	*Amaranthus tricolor*	苋科	1~1.4	阳性,喜高燥,忌湿热积水	秋天梢叶艳丽,宜丛植,花境背景,基础栽植	全国各地
	鸡冠花	*Celosia argenteavar. cristata*	苋科	0.2~0.6	阳性,喜干热,不耐寒,宜肥忌涝	花色多,8~10月;宜花坛,盆栽,干花	全国各地
	凤尾鸡冠	*C. argentea var. cristata f. plumosa*	苋科	0.6~1.5	阳性,喜干热,不耐寒,宜肥忌涝	花色多,8~10月;宜花坛,盆栽,干花	全国各地
	千日红	*Gomphrenae-globosa*	苋科	0.4~0.6	阳性,喜干热,不耐寒	花色多,6~10月;宜花坛,盆栽,干花	全国各地
	须苞石竹	*Dianthus barbatus*	石竹科	0.6	阳性,耐寒喜肥,要求通风好	花色变化丰富,5~10月;花坛,花境,切花	全国各地

续表

生态型	中名	学名	科名	高度/m	习性	观赏特性及园林用途	适用地区
一二年生花卉	锦团石竹	*D. chinensis varhedewigii*	石竹科	0.2~0.3	阳性,耐寒喜肥,要求通风好	花色变化丰富,5~10月,宜花坛,岩石园	全国各地
	花菱草	*Eschscholtzia californica*	罂粟科	0.3~0.6	耐寒,喜冷凉,直根性,阳性	叶秀花繁,多黄色,5~6月,花带,丛植	全国各地
	虞美人	*Papaver rhoeas*	罂粟科	0.3~0.6	阳性,喜干燥,忌湿热,直根性	艳丽多采,6月;宜花坛,花丛,花群	全国各地
	月见草	*Oenothera biennis*	柳叶菜科	1~1.5	喜光照充足,地势高燥	花黄色,芳香,6~9月;丛植,花坛,地被	全国各地
	待宵草	*O. drummondii*	柳叶菜科	0.5~0.8	喜光照充足,地势高燥	花黄色,芳香,6~9月;丛植,花坛,地被	全国各地
	大花牵牛	*Pharbitis nil*	旋花科	3	阳性,不耐寒,较耐旱,直根蔓性	花色丰富,6~10月,棚架,篱垣,盆栽	全国各地
	羽叶茑萝	*Quamoclit pennata*	旋花科	6~7	阳性,喜温暖,直根蔓性	花红、粉、白色,夏秋;宜矮篱,棚架,地被	全国各地
	扫帚草	*Kochia scoparia*	藜科	1~1.5	阳性,耐干热瘠薄,不耐寒	株丛圆整翠绿;宜自然丛植,花坛中心,绿篱	全国各地
	紫茉莉	*Mirabilisjalapa*	紫茉莉科	0.8~1.2	喜温暖向阳,不耐寒,直根性	花色丰富,芳香,夏至秋;林缘草坪边,庭院	全国各地
	半支莲	*Portulaca grandiflora*	马齿苋科	0.15~0.2	喜暖畏寒,耐干旱瘠薄	花色丰富,6~8月;宜花坛镶边,盆栽	全国各地
	飞燕草	*Consolida ajacis*	毛茛科	0.3~1.2	阳性,喜高燥凉爽,忌涝,直根性	花色多,5~6月,花序长,宜花带,切花	全国各地
	银边翠	*Euphorbiamargtnata*	大戟科	0.5~0.8	阳性,喜温暖,耐旱,直根性	梢叶白或镶白边,林缘地被或切花	全国各地
	凤仙花	*Impatiens balsamina*	凤仙花科	0.3~0.8	阳性,喜暖畏寒,宜疏松肥沃土壤	花色多,6~7月,宜花坛,花篱,盆栽	全国各地
	三色堇	*Viola tricolor*	堇菜科	0.15~0.3	阳性,稍耐半荫,耐寒,喜凉爽	花色丰富艳丽,4~6月;花坛,花径、镶边	全国各地
	福禄考	*Phlox drummondii*	花葱科	0.15~0.4	阳性,喜凉爽,耐寒力弱,忌碱涝	花色繁多,5~7月,宜花坛岩石园,镶边	全国各地
	羽衣甘蓝	*Brassica oleraceavar. acephala f. tricolor*	十字花科	0.3~0.4	阳性,耐寒,喜肥沃,宜凉爽	叶色美,宜凉爽季节花坛,盆栽	全国各地
	香雪球	*Lobularia maritima*	十字花科	0.15~0.3	阳性,喜凉忌热,稍耐寒耐旱	花白或紫色,6~10月;花坛,岩石园	全国各地
	紫罗兰	*Matthiola incuna*	十字花科	0.2~0.8	阳性,喜冷凉肥沃,忌燥热	花色丰富,芳香,5月;宜花坛,切花	全国各地
	心叶藿香蓟	*Agerathum houstonianum*	菊科	0.15~0.25	阳性,适应性强	花蓝色,夏秋;宜花坛,花径,丛植,地被	全国各地
	雏菊	*Bellis perennis*	菊科	0.07~0.15	阳性,较耐寒,宜冷凉气候	花白、粉、紫色,4~6月,花坛镶边,盆栽	全国各地
	金盏菊	*Calendula officinalis*	菊科	0.3~0.6	阳性,较耐寒,宜凉爽	花黄至橙色,4~6月;春花坛,盆栽	全国各地
	翠菊	*Callistephus chinensis*	菊科	0.2~0.8	阳性,喜肥沃湿润,忌连作和水涝	花色丰富,6~10月;宜各种花卉布置和切花	全国各地
	矢车菊	*Centaurea cyartus*	菊科	0.2~0.8	阳性,好冷凉,忌炎热,直根性	花色多,5~6月;宜花坛,切花,盆栽	全国各地

续表

生态型	中名	学名	科名	高度/m	习性	观赏特性及园林用途	适用地区
一二年生花卉	蛇目菊	*Coreopsis tinctoria*	菊科	0.6~0.8	阳性,耐寒,喜冷凉	花黄、红褐或复色,7~10月;宜花坛,地被	全国各地
	波斯菊	*Cosmos bipennatus*	菊科	1~2	阳性,耐干燥瘠薄,肥水多易倒伏	花色多,6~10月;宜花群,花篱,地被	全国各地
	万寿菊	*Tagetes erecta*	菊科	0.2~0.9	阳性,喜温暖,抗早霜,抗逆性强	花黄、橙色,7~9月;宜花坛,篱垣,花丛	全国各地
	孔雀草	*T. patula*	菊科	0.15~0.4	阳性,喜温暖,抗早霜,耐移植	花黄色带褐斑,7~9月;花坛,镶边,地被	全国各地
	百日草	*Zinnia elegans*	菊科	0.2~0.9	阳性,喜肥沃,排水好	花大色艳,6~7月;花坛,丛植,切花	全国各地
	美女樱	*Verbena hybrida*	马鞭草科	0.3~0.5	阳性,喜湿润肥沃,稍耐寒	花色丰富,铺覆地面,6~9月;花坛,地被	全国各地
	醉蝶花	*Cleome spinosa*	白花菜科	1	喜肥沃向阳,耐半阴,宜直播	花粉繁、白色,6~9月;花坛,丛植,切花	全国各地
	一串红	*Salvia splendens*	唇形科	0.7~1	阳性,稍耐半阴,不耐寒,喜肥沃	花红色或白、粉、紫色,7~10月;花坛,盆栽	全国各地
	矮牵牛	*Petunia hybrida*	茄科	0.2~0.6	阳性,喜温暖干燥,畏寒,忌涝	花大色繁,6~9月;花坛,自然布置,盆栽	全国各地
	金鱼草	*Antirrhinum majus*	玄参科	0.12~1.2	阳性,较耐寒,宜凉爽,喜肥沃	花色丰富艳丽,花期长,花坛,切花,镶边	全国各地
宿根花卉	瞿麦	*Dianthus superbus*	石竹科	0.3~0.4	阳性,耐寒,喜肥沃,排水好	花浅粉紫色,5~6月,花坛,花境,丛植	华北、华中
	皱叶剪夏罗	*Lychnis chalcedonica*	石竹科	0.6~0.8	阳性,耐寒,喜凉爽湿润	花序半球状,砖红色,6~7月;花境,花坛	华北、华东
	石碱花	*Saponaria officinalis*	石竹科	0.2~1	阳性,不择干湿,地下茎发达	花白、淡红、鲜红色,6~8月;地被	华北
	耧斗菜	*Aquilegia vulgaria*	毛茛科	0.6~0.9	炎夏宜半荫,耐寒,宜湿润排水好	花色丰富,初夏;自然式栽植,花境,花坛	全国各地
	翠雀	*Delphininum grandiflorum*	毛茛科	0.6~0.9	阳性,喜凉爽通风,排水好	花蓝色,6~9月;自然式栽植,花境,花坛	东北、华北、西北
	费菜	*Sedum kamtschaticum*	景天科	0.2~0.4	阳性,多浆类,耐寒,忌水湿	花橙黄色,6~7月;花境,岩石园,地被	华北、西北
	八宝	*S. spectabile*	景天科	0.3~0.5	阳性,多浆类,耐寒,忌水湿	花淡红色,7~9月;花境,岩石园,地被	华北、华东
	蜀葵	*Althaea rosea*	锦葵科	2~3	阳性,耐寒,宜肥沃排水良好	花色多,6~8月;宜花坛,花境,花带背景	全国各地
	芙蓉葵	*Hibiscus palustris*	锦葵科	1~2	阳性,喜温暖湿润,耐寒,排水好	花色多,6~8月;宜丛植,花境背景	华北、华东
	千叶蓍	*Achillea millefolium*	菊科	0.3~0.6	阳性,耐半荫,耐寒,宜排水好	花白色,6~8月;宜花境,群植,切花	东北、西北、华北
	蓍草	*A. sibirica*	菊科	0.5~1.5	阳性,耐半荫,耐寒,宜排水好	花白色,夏秋;宜花境,群植,切花	东北、华北、华东
	木茼蒿	*Argyranthemum-frutescens*	菊科	0.8~1	阳性,常绿,喜凉惧热,畏寒	花白色,周年开花;花坛,花篱,切花,盆栽	全国各地
	荷兰菊	*Aster novibelgii*	菊科	0.5~1.5	阳性,喜湿润肥沃,通风排水良好	花蓝紫,白色,8~9月;花坛,花境,盆栽	全国各地

续表

生态型	中名	学名	科名	高度/m	习性	观赏特性及园林用途	适用地区
宿根花卉	大金鸡菊	*Coreopsis lanceolata*	菊科	0.3~0.6	阳性,耐寒,不择土壤,多为野生	花黄色,6~8月;宜花坛,花境,切花	华北、华东
	菊花	*Dendranthema morifolium*	菊科	0.6~1.5	阳性,多短日性,喜肥沃湿润	花色繁多,10~11月;花坛,花境,盆栽	全国各地
	大天人菊	*Gaillardia aristata*	菊科	0.7~0.9	阳性,要求排水良好	花黄或瓣基褐色,6~10月;花坛,花境	华北、东北,华东
	牛眼菊	*Leucanthemum vulgare*	菊科	0.3~0.6	阳性,耐寒、喜肥沃,排水好	花白色,5~9月;宜花坛,花境,丛植	华北、西北、东北
	黑心菊	*Rudbeckia hybrida*	菊科	0.8~1	阳性,耐干旱,喜肥沃,通风好	花金黄或瓣基暗红色,5~9月;宜花境	东北、华北、华东
	芍药	*Paconia lactiflora*	芍药科	1~1.4	阳性,耐寒,喜深厚肥砂质土	花色丰富,5月;专类园,花境,群植,切花	全国各地
	荷包牡丹	*Dicentra spectabilis*	罂粟科	0.3~0.6	喜侧荫,湿润,耐寒惧热	花粉红或白色,春夏;丛植,花境,疏林地被	全国各地
	宿根福禄考	*Phlox paniculata*	花葱科	0.6~1.2	阳性,宜温和气候,喜排水良好	花色多,7~8月;花坛,花境,切花,盆栽	华北、华东、西北
	随意草	*Physostegia virginiana*	唇形科	0.6~1.2	阳性,耐寒,喜疏松肥沃,排水好	花白,粉紫色,7~9月;花坛,花境	华北
	桔梗	*Platycodon grandiflofum*	桔梗科	0.3~1	阳性,喜凉爽湿润,排水良好	花蓝,白色,6~9月;花坛,花境,岩石园	全国各地
	萱草	*Hemerocallis-fulva*	百合科	0.3~0.8	阳性,耐半荫,耐寒,适应性强	花艳叶秀,6~8月;丛植,花境,疏林地被	我国大部地区
	玉簪	*Hosta plantaginea*	百合科	0.75	喜阴耐寒,宜湿润,排水好	花白色,芳香,6~8月;林下地被	全国各地
	火炬花	*Kniphofia uvaria*	百合科	0.6~1.2	耐半荫,耐寒,宜排水好	花黄,晕红色,夏花;宜花坛,花境,切花	华北、华东
	阔叶麦冬	*Liriope platyphylla*	百合科	0.3	喜阴湿温暖,常绿性	株丛低矮,宜地被,花坛,花境边缘,盆栽	我国中部及南部
	沿阶草	*Ophiopogon japonicus*	百合科	0.3	喜阴湿温暖,常绿性	株丛低矮,宜地被,花坛,花境边缘,盆栽	我国中部及南部
	德国鸢尾	*Iris germanica*	鸢尾钭	0.6~0.9	阳性,耐寒,喜湿润而排水好	花色丰富,5~6月;花坛,花境,切花	全国各地
	鸢尾	*I. tectorum*	鸢尾科	0.3~0.6	阳性,耐寒,喜湿润而排水好	花蓝紫色,3~5月;花坛,花境,丛植	全国各地
球根花卉	花毛莨	*Ranunuulusasiaticus*	毛莨科	0.2~0.4	阳性,喜凉忌热,宜肥沃而排水好	花色丰富,5~6月;宜丛植,切花	华东、华中、西南
	大丽花	*Dahliapinnata*	菊科	0.3~0.2	阳性,畏寒惧热宜高燥、凉爽	花型,花色丰富,夏秋;宜花坛,花境,切花	全国各地
	卷丹	*Lilium tigrinum*	百合科	0.5~1.5	阳性,稍耐荫,宜湿润肥沃,忌连作	花橙色,7~8月;丛植,花坛,花境,切花	全国各地
	葡萄风信子	*Muscari botryoides*	百合科	0.1~0.3	耐半荫,喜肥沃湿润,凉爽,排水	陈矮,花蓝色,春花;疏林地被,丛植,切花	华北、华东
	郁金香	*Tulipa gesneriana*	百合科	0.2~0.4	阳性,宜凉爽湿润,疏松,肥沃	花大,艳丽多采,春花;宜花境,花坛,切花	全国各地
	鹿葱	*Lycoris squamigera*	石蒜科	0.6以上	阳性,喜凉爽湿润,疏松,排水好	花粉红色,8月;林下地被,丛植,切花	华东、华北、华中

续表

生态型	中名	学名	科名	高度/m	习性	观赏特性及园林用途	适用地区
球根花卉	喇叭水仙	*Narcissus pseudonarcissus*	石蒜科	0.25~0.4	阳性,喜温暖湿润,肥沃而排水好	花大,白、黄色,4月;花坛,花境,群植	华东、华中、华北
	晚香玉	*Polianthes tuberosa*	石蒜科	1~1.2	阳性,喜温暖湿润,肥沃,忌积水	花白色,芳香,7~9月;切花,夜花园	全国各地
	葱兰	*Zephyranthes candida*	石蒜科	0.15~0.2	阳性,耐半荫,宜肥沃而排水	花白色,夏秋;花坛镶边,疏林地被,花径	全国各地
	唐菖蒲	*Gladiolus hybridus*	鸢尾科	1~1.4	阳性,喜通风好,忌闷热湿冷	花色丰富,夏秋;宜切花,花坛,盆栽	全国各地
	西班牙鸢尾	*Iris xiphium*	鸢尾科	0.45~0.6	阳性,稍耐荫,喜凉忌热,宜排水好	花色丰富,春花;花坛,花境,丛植,切花	华东、华北
	美人蕉	*Canna generalis*	美人蕉科	0.8~2	阳性,喜温暖湿润,肥沃而排水好	花色变化丰富,夏秋;花坛,列植,花坛中心	全国各地
	花毛茛	*Ranunculus asiaticus*	毛茛科	0.2~0.4	阳性,喜凉忌热,宜肥沃而排水好	花色丰富,5~6月;宜丛植,切花	华东、华中、西南
	大丽花	*Dahlia pinnata*	菊科	0.3~1.2	阳性,畏寒惧热,宜高燥凉爽	花型、花色丰富,夏秋;宜花坛,花境,切花	全国各地
水生花卉	荷花	*Nelumbo nucifera*	睡莲科	1.8~2.5	阳性,耐寒,喜湿暖而多有机质处	花色多,6~9月;宜美化水面,盆栽或切花	全国各地
	萍蓬草	*Nuphar pumilum*	睡莲科	约0.15	阳性,喜生浅水中	花黄色,春夏;宜美化水面和盆栽	东北、华东、华南
	白睡莲	*NymPhaea alba*	睡莲科	浮水面	阳性,喜温暖通风之静水,宜肥土	花白或黄、粉色,6~8月;美化水面	全国各地
	睡莲	*N. tetragona*	睡莲科	浮水面	阳性,宜温暖通风之静水,喜肥土	花白色,6~8月;水面点缀,盆栽或切花	全国各地
	千屈菜	*Lythrum salicaria*	千屈菜科	0.8~1.2	阳性,耐寒,通风好,浅水或地植	花玫红色,7~9月;花境,浅滩,沼泽地被	全国各地
	水葱	*Scirpus validus*	莎草科	1~2	阳性,夏宜半阴,喜湿润凉爽通风	株丛挺立;美化水面,岸边,亦可盆栽	全国各地
	凤眼莲	*Eichhirnia crassipes*	雨久花科	0.2~0.3	阳性,宜温暖而富有机质的静水	花叶均美,7~9月;美化水面,盆栽,切花	全国各地
草坪地被植物	匍匐剪股颖	*Agrosrtis stolonifera*	禾本科	0.3~0.6	稍耐荫,耐寒,湿润肥沃,忌旱碱	绿色期长,宜为潮湿地区或疏林下草坪	华北、华东、华中
	地毯草	*Axonopus compressus*	禾本科	0.15~0.5	阳性,要求温暖湿润,侵占力强	宽叶低矮;宜庭园,运动场,固土护坡草坪	华南
	野牛草	*Buckloedactyloides*	禾本科	0.05~0.25	阳性,耐寒,耐瘠薄干旱,不耐湿	叶细,色灰绿;为我国北方应用最多的草坪	我国北方广大地区
	狗牙根	*Cynodon dactylon*	禾本科	0.1~0.4	阳性,喜湿耐热,不耐荫,蔓延快	叶绿低矮;宜游憩,运动场草坪	华东以南温暖地区
	草地早熟禾	*Poa pratensis*	禾本科	0.5~0.8	喜光亦耐阴,宜温湿,忌干热,耐寒	绿色期长;宜为潮湿地区草坪	华北、华东、华中
	结缕草	*Zoysia japonica*	禾本科	0.15	阳性,耐热、寒、旱、践踏	叶宽硬;宜游憩,运动场,高尔夫球场草坪	东北、华北、华南
	细叶结缕草	*Z. tenuifolia*	禾本科	0.1~0.15	阳性,耐湿,不耐寒,耐践踏	叶极细,低矮;宜观赏,游憩,固土护坡草坪	长江流域及其以南地区
	二月蓝	*Orychophragmus violaceus*	十字花科	0.1~0.5	宜半荫,耐寒,喜湿润	花淡蓝紫色,春夏;疏林地被,林缘绿化	东北南部至华东

续表

生态型	中　名	学　名	科　名	高度/m	习　性	观赏特性及园林用途	适用地区
草坪地被植物	白车轴草	*Trifolium repens*	豆　科	0.3～0.6	耐半荫,耐寒、旱、酸,喜温湿	花白色,6月;宜地被稳固水土	东北、华北至西南
	连钱草	*Glechoma longituba*	唇形科	0.1～0.2	喜阴湿,阳处亦可,耐寒忌涝	花淡蓝至紫色,3～4月;疏林或泥叶地被	全国各地
	羊胡子草	*Carex rigescens*	莎草科	0.05～0.4	稍耐荫,耐寒、旱、瘠薄,不耐践踏	叶鲜绿;宜观赏,或人流少的庭园草坪	我国北方广大地区

附录B 图例图示标准

1 建 筑

序号	名 称	图 例	说 明
1.1	规划的建筑物		用粗实线表示
1.2	原有的建筑物		用细实线表示
1.3	规划扩建的预留地或建筑物		用中虚线表示
1.4	拆除的建筑物	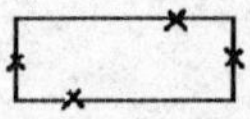	用细实线表示
1.5	地下建筑物		用粗虚线表示
1.6	坡屋顶建筑		包括瓦顶、石片顶、饰面砖顶等
1.7	草顶建筑或简易建筑		
1.8	温室建筑		

2 山 石

序号	名 称	图 例	说 明
2.1	自然山石假山		
2.2	人工塑石假山		
2.3	土石假山		包括“土包石”、“石包土”及土假山
2.4	独立景石		

3 水 体

序号	名 称	图 例	说 明
3.1	自然形水体		
3.2	规则形水体		
3.3	跌水、瀑布	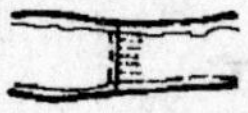	
3.4	旱涧		
3.5	溪涧		

4 小品设施

序号	名 称	图 例	说 明
4.1	喷泉		仅表示位置,不表示具体形态,以下同 也可依据设计形态表示
4.2	雕塑		
4.3	花台	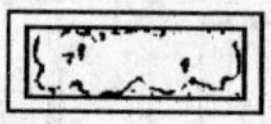	
4.4	座凳		
4.5	花架	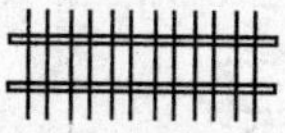	
4.6	围墙	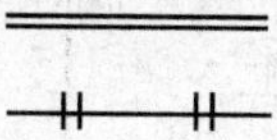	上图为实砌或漏空围墙; 下图为栅栏或篱笆围墙
4.7	栏杆	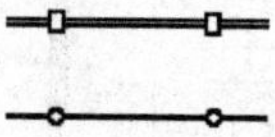	上图为非金属栏杆; 下图为金属栏杆
4.8	园灯		
4.9	饮水台		
4.10	指示牌		

5 工程设施

序号	名称	图例	说明
5.1	护坡		
5.2	挡土墙	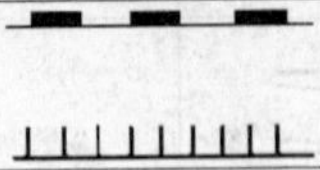	实出的一侧表示被挡土的一方
5.3	排水明沟	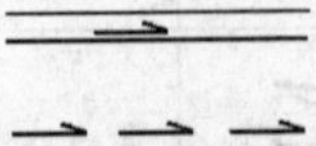	上图用于比例较大的图面； 下图用于比例较小的图面
5.4	有盖的排水沟	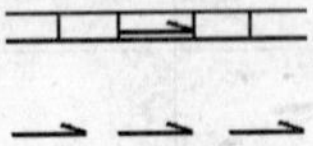	上图用于比例较大的图面； 下图用于比例较小的图面
5.5	雨水井		
5.6	消火栓井		
5.7	喷灌点		
5.8	道路		
5.9	铺装路面		
5.10	台阶	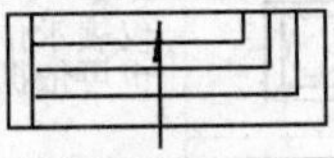	箭头指向表示向上
5.11	铺砌场地	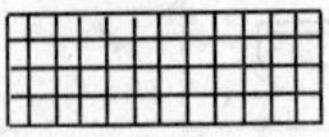	也可依据设计形态表示
5.12	车行桥	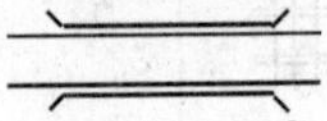	也可依据设计形态表示
5.13	人行桥	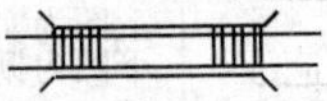	
5.14	亭桥		
5.15	铁索桥	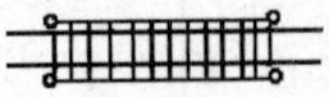	
5.16	汀步		
5.17	涵洞	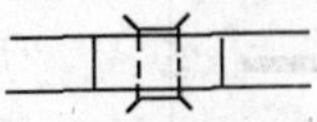	

续表

序号	名　称	图　例	说　明
5.18	水闸	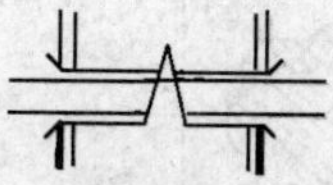	
5.19	码头	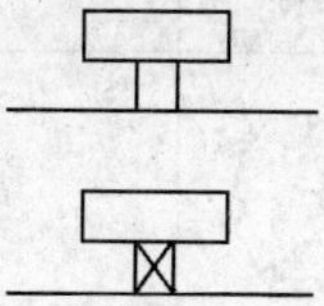	上图为固码头； 下图为浮动码头
5.20	驳岸	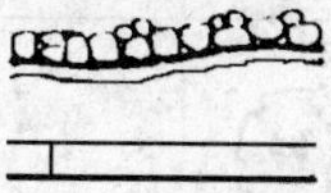	上图为假山石自然式驳岸； 下图为整形砌筑规划驳岸

6　植　物

序号	名　称	图　例	说　明
6.1	落叶阔叶乔木		3.6.1～3.6.14 中 落叶乔、灌木均不填斜线； 常绿乔、灌木加画 45 度细斜线。 阔叶树的外围线用弧裂形或园形线； 针叶树的外围线用锯齿形或斜刺形线。 乔木外形成圆形； 灌木外形成不规则形乔木图例中粗线小圆表示现有乔木，细线小十字表示设计乔木。 灌木图例中黑点表示种植位置。 凡大片树林可省略图例中的小圆、小十字及黑点
6.2	常绿阔叶乔木	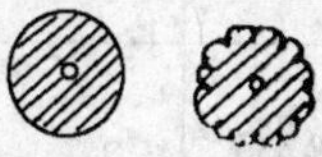	
6.3	落叶针叶乔木	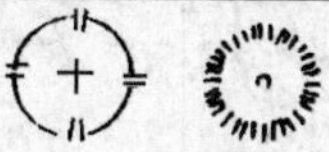	
6.4	常绿针叶乔木		
6.5	落叶灌木		
6.6	常绿灌木		
6.7	阔叶乔木疏林		常绿林或落叶林根据图面表现的需要加或不加 45 度细斜线
6.8	针叶乔木疏林		
6.9	阔叶乔木密林		

续表

序号	名　称	图　例	说　明
6.10	针叶乔木密林		
6.11	落叶灌木疏林	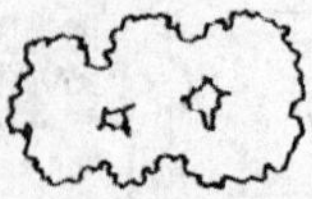	
6.12	落叶花灌木疏林		
6.13	常绿灌木密林	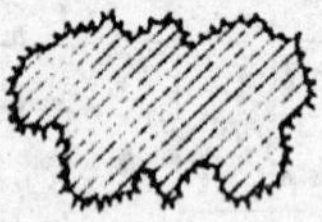	
6.14	常绿花灌木密林		
6.15	自然形绿篱		
6.16	整形绿篱		
6.17	镶边植物	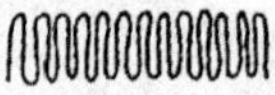	
6.18	一、二年生草本花卉		
6.19	多年生及宿根草本花卉		
6.20	一般草皮		
6.21	缀花草皮	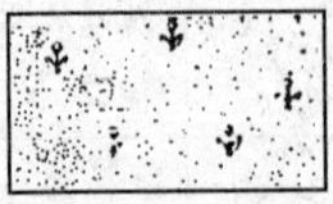	
6.22	整形树木	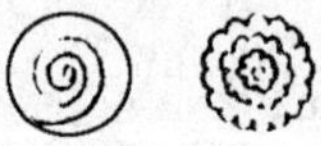	

续表

序号	名　称	图　例	说　明
6.23	竹丛		
6.24	棕榈植物	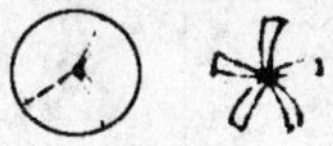	
6.25	仙人掌植物		
6.26	藤本植物		
6.27	水生植物	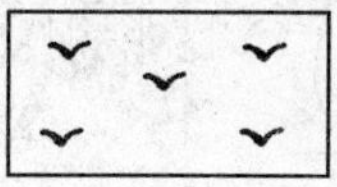	

7　树木形态图示

7.1　枝干形态

序号	名　称	图　例	说　明
7.1.1	主轴干侧分枝形		
7.1.2	主轴干无分枝形		
7.1.3	无主轴干多枝形	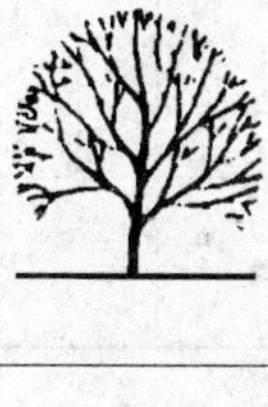	

续表

序号	名　称	图　例	说　明
7.1.4	无主轴干垂枝形		
7.1.5	无主轴干丛生形		
7.1.6	无主轴干匍匐形		

7.2　**树冠形态**

序号	名　称	图　例	说　明
7.2.1	圆锥形		树冠轮廓形,凡针叶树用锯齿形;凡阔叶树用弧裂形表示
7.2.2	椭圆形	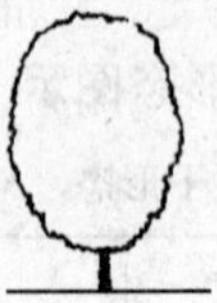	
7.2.3	圆球形		
7.2.4	垂枝形		
7.2.5	伞形		
7.2.6	匍匐形		

参考文献

1. 何平,彭重华. 城市绿地植物配置及其造景[M]. 北京:中国林业出版社,2001.

2. 黄晓鸾. 园林绿地与建筑小品[M]. 北京:中国建筑工业出版社,2001.

3. 梁永基,王莲清. 居住区园林绿地设计[M]. 北京:中国林业出版社,2001.

4. 中国城市规划学会, 中国建筑工业出版社. 商业区与步行街[M]. 北京:中国建筑工业出版社,2003.

5. 中国城市规划学会,中国建筑工业出版社. 城市广场Ⅱ[M]. 北京:中国建筑工业出版社,2001.

6. 钱健,宋雷. 建筑外环境设计[M]. 上海:同济大学出版社,2001.

7. 王汝诚. 园林规划设计[M]. 北京:中国建筑工业出版社,1999.

8. 刘文军,韩寂. 建筑小环境设计[M]. 上海:同济大学出版社,1999.

9. 郑宏. 环境景观设计[M]. 北京:中国建筑工业出版社,2000.

10. 温扬真. 园林景物布置[M]. 南宁:广西科学技术出版社,2000.